阳鸿钧 等 编著

门窗技能
一本通

设计·制作·安装·应用

U0332401

化学工业出版社

·北京·

内 容 简 介

本书是一本门窗知识技能全书，由 3 篇、14 章组成，第一篇介绍门窗的常识性、通用性知识，第二篇详细介绍 18 种具体门窗的知识与技能，第三篇讲授实际门窗工程中 4 类实用技能技术的掌握。为了满足读者的多方位需求，本书特别注重门窗普及知识、技能的讲解，以及从业领域知识、技能的讲解。本书脉络清晰、重点突出、实用性强，还采用图文结合的方式进行解说，辅之以视频讲解，让读者轻松快速地掌握门窗知识与技能。

本书可作为建筑工程、装饰工程、门窗制造企业相关人员，以及门窗安装工、门窗业务员、设计师等的职业培训用书或者工作参考用书，也可作为大中专院校相关专业的教材和辅导用书，以及普通业主、灵活就业人员、想快速掌握一门技能手艺的人员的自学参考书。

图书在版编目（CIP）数据

门窗技能一本通：设计·制作·安装·应用 / 阳鸿钧
等编著 . —北京：化学工业出版社，2023.12
ISBN 978-7-122-44177-5

Ⅰ. ①门… Ⅱ. ①阳… Ⅲ. ①门 - 建筑设计②窗 -
建筑设计③门 - 建筑安装工程④窗 - 建筑安装工程　Ⅳ.
①TU228 ②TU759.4

中国国家版本馆 CIP 数据核字（2023）第 179862 号

责任编辑：彭明兰　　　　　　　　　　文字编辑：李旺鹏
责任校对：宋　玮　　　　　　　　　　装帧设计：韩　飞

出版发行：化学工业出版社（北京市东城区青年湖南街 13 号　邮政编码 100011）
印　　刷：北京云浩印刷有限责任公司
装　　订：三河市振勇印装有限公司
787mm×1092mm　1/16　印张 18¼　字数 467 千字　2024 年 3 月北京第 1 版第 1 次印刷

购书咨询：010-64518888　　　　　　　　　售后服务：010-64518899
网　　址：http://www.cip.com.cn
凡购买本书，如有缺损质量问题，本社销售中心负责调换。

定　　价：78.00 元

⮕ 前 言

窗户是建筑的"眼睛",而门是建筑的"脸面"。门窗的重要性不言自明。

门窗是家居生活的必备,是人们居住安全保障的必备,也是建筑住宅的必备。随着生活水平的提高,人们对门窗的舒适性、功能性、美观性、安全性、智慧性等要求越来越高,也越来越多样。标准化、系统化、工业化、技术先进、安全可靠、经济合理、节能环保等,成为门窗行业的发展趋势。门窗行业相关从业人员众多,他们也需要掌握门窗知识与相关技能。为此,特策划编写了本书,以飨读者。

本书是一本门窗知识技能全书,由3篇、14章组成,具体内容如下。

(1)第一篇——"入门入行很容易",详细介绍了门窗、门窗洞口、门窗型材、五金与附件等的基础知识,以及常识性、通用性知识技能。

(2)第二篇——"具体门窗轻松会",详细介绍了18种具体门窗的知识与技能:系统门窗、铝合金门窗、塑料门窗、铝木复合门窗、铝塑复合门窗、塑钢门窗、不锈钢门窗、钢塑门窗、木门窗、防盗安全门、钢门窗、彩钢门、卷帘门窗、防火门、伸缩门、玻纤增强聚氨酯节能门窗、防护门窗、遮阳等。

(3)第三篇——"实用技能技术超简单",详细介绍了实际门窗工程中4大实用技能技术的掌握:门窗设计一般性要求、门窗加工安装一般性要求、门窗制图识图、实测实量技术等。

本书内容全面且系统性强,基本涵盖了门窗从设计、制作、安装到应用的必备知识和技能。在表现方式上,本书采用大量线条图和现场照片,以双色的形式,将图中重点内容区分表达,让读者能一目了然地看到图中的关键信息,使读者阅读起来更方便、更直观。同时,书中还配有视频,扫描书中二维码,就能观看现场视频,使读者学习起来更轻松,从而达到"高效学习、快速入行、能够精通"等工地职场与学习进阶的需要。

在本书编写过程中,参考了一些珍贵的资料、文献、网站,在此向这些资料、文献、网站的作者深表谢意!由于部分参考文献标注不详细或者不规范,暂时没有或者没法在参考文献中列举鸣谢,在此特意说明,同时深表感谢。另外,还参考了最新现行有关标准、规范、要求、政策、方法等资料,从而保证本书内容新,符合现行要求。

本书的编写得到了一些同行、朋友及有关单位的帮助与支持,在此,向他们表示衷心的感谢!本书由阳鸿钧、阳育杰、阳许倩、欧小宝、许四一、阳红珍、许小菊、阳梅开、阳苟妹等人员参加编写或支持编写。

由于时间和水平有限,书中难免存在不足之处,敬请读者批评、指正。

⊒ 目 录

┌── **Part ❶** ──┐
└ 入门入行很容易 ┘

第3章　门窗型材、五金与附件

Part ❷
具体门窗轻松会

第4章 系统门窗

第5章 铝合金门窗

第6章 塑料门窗

第7章 铝木复合门窗与铝塑复合门窗

Part ❸
实用技能技术超简单

第13章 门窗设计安装一般性要求

第14章 门窗制图识图与实测实量技术

Part 1

入门入行很容易

第1章

门窗基础

1.1 门窗常识

1.1.1 门窗的特点与作用

门窗的作用如图 1-1 所示。门窗的尺度、比例、形状、组合、透光材料类型等，均影响着建筑的实用性与艺术效果。

民用建筑是居住建筑和公共建筑的总称。本书主要讲述民用建筑门窗的知识与技能。

民用建筑门窗有外门窗、内门窗之分。其中，外门窗就是分隔建筑物室内、室外空间的门或窗。内门窗，就是建筑物室内的门或窗。建筑外窗，是建筑外围护结构的开口部位，具有建筑外立面和室内环境两重装饰效果，直接关系到建筑的使用安全、舒适性、节能性。

窗的作用——主要是采光、通风、眺望

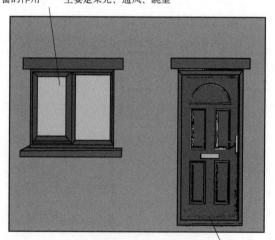

扫码看视频

门窗的作用

门的作用——主要是联系交通，兼顾采光、通风作用

不同情况下，门与窗还有分隔、保温、隔声、防火、防辐射、防风沙等要求

图1-1　门窗的作用

轻松通

　　一般要求外窗主型材主要受力部位基材公称壁厚应≥1.8mm，组合窗拼樘杆件主要受力部位基材公称壁厚应≥2.2mm。成品外窗，是指对外窗的材料、构造、生产工艺等进行优化设计，以及定性，并且对外窗的规格尺寸进行规定，其各项性能指标符合标准规定与工程设计要求，具有一定通用性与互换性的外窗。

1.1.2　门窗的结构

　　门窗的结构包括门窗框、附框、门窗扇等，具体见表1-1。

　　门窗主要受力杆件是门窗立面内承受并且传递外窗自身重力、水平风荷载等作用力的扇梃、中横框、中竖框、边框等主型材，以及组合外窗拼樘框型材。

　　门窗主型材，就是门窗框构架，可以装配玻璃、辅型材、开启扇、其他附件的门窗框型材。

　　外窗型材截面主要受力部位，是指外窗型材横截面中承受垂直方向、水平方向荷载作用力的腹板、翼缘，以及固定其他杆件、零配件的连接受力部位。

　　辅型材，是指门窗杆件体系中，镶嵌或固定在主型材杆件上，起到传递荷载或某种功能作用的附加型材。

表1-1　门窗的结构

名称	解　说
框	主要用于安装门窗活动扇与固定部分（例如固定扇、玻璃、镶板等），以及与门窗洞口或附框连接固定的门窗杆件系统
附框	是预埋或预先安装在门窗洞口中，用于固定门窗的杆件系统
门框	是安装玻璃、镶板、门扇，以及与门窗洞口或附框连接固定的杆件系统
活动扇	是安装在门窗框上的可开启、可关闭的组件
先开扇	是多扇门或窗中的一扇，在开启门或窗时先开启的扇
后开扇	是多扇门或窗中的一扇，先开扇开启后才能开启的扇
固定扇	是安装在门窗框上不可开启的组件
门扇	是整樘门中固定扇、活动扇的总称
平口扇	是周边没有企口凸边的扇
企口扇	是单边或多边有企口凸边的扇
单企口扇	是单边或多边有一个企口凸边的扇
双企口扇	是单边或多边有两个企口凸边的扇
多企口扇	是单边或多边有两个以上企口凸边的扇
可开启部分	是门或窗中的活动扇的总称
固定部分	是门窗的固定扇、玻璃、镶板、框等不可开启部件的总称
镶板	是镶嵌在门窗扇构架或框构架开口中的板或组件（除玻璃外）
筒子板	是门窗洞口侧面与顶面的墙面装饰板
贴脸板	是筒子板侧面的墙面装饰板

轻松通

　　披水条，是用于外窗框、扇横向缝隙位置的挡风、排泄雨水的型材杆件。披水板，是安装于外窗室外侧下框底部，具有一定倾斜坡度用于排水的部件。民用建筑外窗台披水板，可以采用热镀锌钢板、铝合金板、不锈钢板等制作。其中，金属披水板厚度一般要求不应小于1.5mm。热镀锌钢板披水板的镀锌层厚度一般要求不应小于45μm。金属披水板表面需要进行防腐处理，并且切口部位不应裸露，表面颜色需要根据设计等要求来确定。

1.1.3　门窗的类型

　　门窗的类型如图1-2所示。

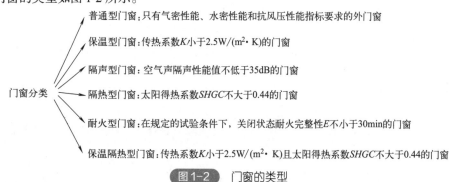

门窗分类
- 普通型门窗：只有气密性能、水密性能和抗风压性能指标要求的外门窗
- 保温型门窗：传热系数K小于2.5W/(m²·K)的门窗
- 隔声型门窗：空气声隔声性能值不低于35dB的门窗
- 隔热型门窗：太阳得热系数$SHGC$不大于0.44的门窗
- 耐火型门窗：在规定的试验条件下，关闭状态耐火完整性E不小于30min的门窗
- 保温隔热型门窗：传热系数K小于2.5W/(m²·K)且太阳得热系数$SHGC$不大于0.44的门窗

图1-2　门窗的类型

轻松通

　　衡量建筑门窗是否节能，主要考虑三个要素：热量的传导、热量的对流、热量的辐射。

1.2　门的基础知识

1.2.1　门的内开与外开

　　门的内开与外开如图1-3所示。

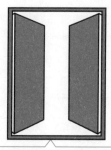

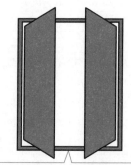

外开，就是门窗打开时门窗扇是朝外的(室外)　　内开，就是门窗打开时门窗扇是朝内的(室内)

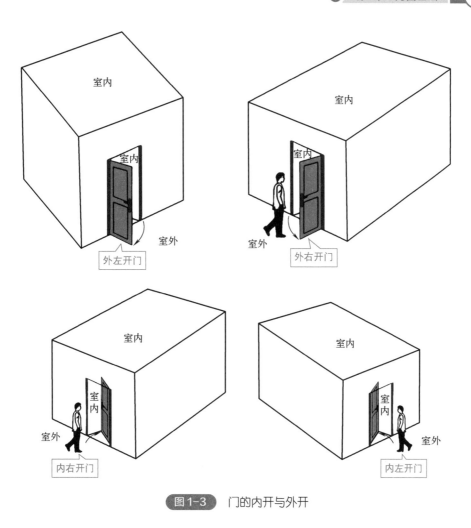

室内

室内

室内

室内

室外

室外

外左开门

外右开门

室内

室内

室内

室内

室外

室外

内右开门

内左开门

图1-3　门的内开与外开

轻松通

内开与外开方位示意如图1-4所示。

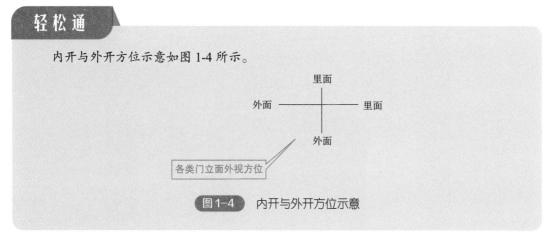

里面

外面————————里面

外面

各类门立面外视方位

图1-4　内开与外开方位示意

1.2.2　门的尺度

门的尺度，常指门洞的高度宽度尺寸。门的尺度取决于人的通行要求、家具器械的搬运要

门尺度的设计依据

求，也包括与建筑物的比例关系，以及需要符合现行《建筑模数协调标准》（GB/T 50002—2013）等规定的要求。

门尺度的设计依据如图1-5所示。

1.2.2.1 门的高度

门的高度，一般是以3M（1M=100mm）为模数，如图1-6所示。门常见的高度有2100mm、2400mm、2700mm、3000mm等。特殊情况下门的高度是以1M为模数，高度一般不宜小于2000mm。

一般民用建筑门的高度不宜小于2100mm。如果门设有亮子时，亮子高度一般为300～600mm，则门洞高度变为门扇高＋亮子高，再加门框及门框与墙间的缝隙尺寸，也就是门洞高度一般为2700～3000mm。

公共建筑大门（公建门）高度，可根据需要适当提高。

1.2.2.2 门的宽度

门的宽度，一般是以1M为模数。门宽度大于1200mm时，一般是以3M为模数，如图1-7所示。

单扇门的宽度一般为700～1000mm。双扇门的宽度一般为1200～1800mm。

门扇不宜过宽，门扇过宽易产生翘曲变形，也不利于开启。门宽度在2100mm以上时，则一般做成三扇门、四扇门、双扇带固定扇的门等方式。

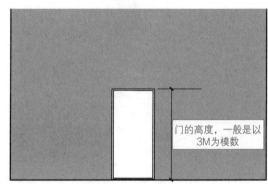

图1-6 门的高度

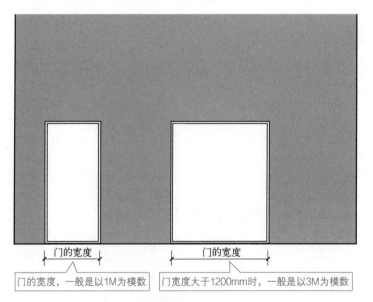

图1-7 门的宽度

卧室门宽度一般大约为 900mm，户门宽度一般为 1000mm 以上。公共建筑门宽一般为 900mm 以上。

浴厕、贮藏室等辅助房间门的宽度可窄一些：

（1）贮藏室门一般最小可为 700mm；

（2）居住建筑浴厕门的宽度最小为 800mm。

扫码看视频

门的类型

1.3 门按开启方式分类

根据开启方式分类，门的常见形式有推拉门、折叠门、平开门、弹簧门、升降门、卷门、转门、上翻门等，如图 1-8 所示。

以下列举了一些门的常见形式的特点。

（1）推拉门 具有不占空间、不易变形、受力合理，但关闭时严密性较差、构造较复杂等特点。

（2）平开门 平开门是转动轴位于门侧边，门扇向门框平面外旋转开启的一种门，具有开启灵活、构造简单、制作简便、易于维修、使用广泛等特点。

（3）弹簧门 广泛用于学校、医院、商店、办公、商业建筑。弹簧门不适合用于幼儿园、中小学出入口等处。弹簧门也不可以作为防火门。为了避免人流相撞，弹簧门的门扇或门扇上部一般镶嵌玻璃。

（4）卷门 具有开启时不占用室内外空间，但造价高、构造复杂、一般适用于商业建筑的外门和厂房大门等特点。

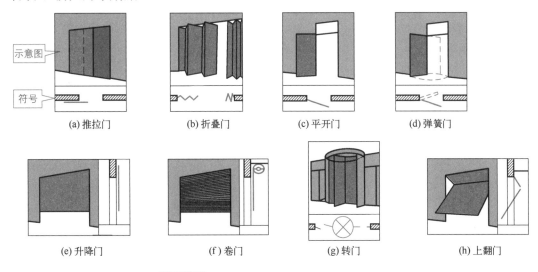

图 1-8 门的常见形式（按开启方式分类）

轻松通

整樘门是安装好的门组合件，包括门框与一个或多个门扇、五金配件，需要时门上部还带有亮窗。折叠门是开启时门扇可以折叠在一起，门的开启不影响空间使用的一种门。活动门是具有可开启部分的一种门。固定门是只带有固定扇的一种门。

下面将对各种形式的门的细分类型展开介绍。

1.3.1 单扇平开门

平开门的细分类型，包括单扇平开门、双扇平开门等。

单扇平开门，是只有一个活动扇的一种平开门。单扇平开门可以分为左开单扇外平开门、左开单扇内平开门、右开单扇外平开门、右开单扇内平开门、左开单扇双向弹簧门、右开单扇双向弹簧门、左开单扇双向地弹簧门、右开单扇双向地弹簧门等种类，如图1-9所示。

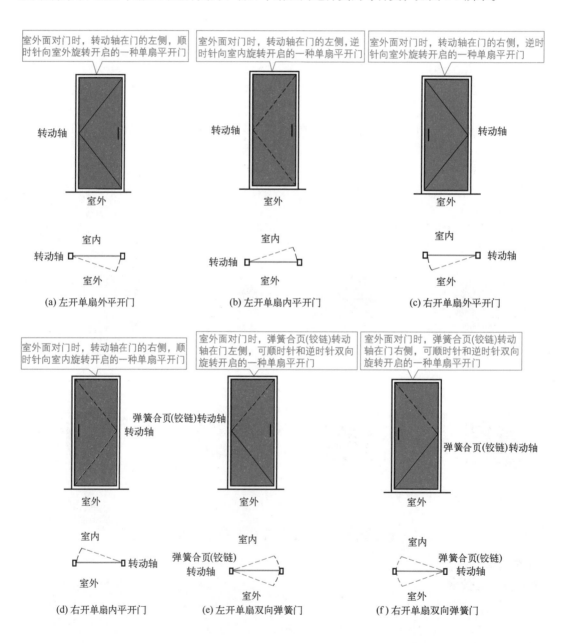

(a) 左开单扇外平开门   (b) 左开单扇内平开门   (c) 右开单扇外平开门

(d) 右开单扇内平开门   (e) 左开单扇双向弹簧门   (f) 右开单扇双向弹簧门

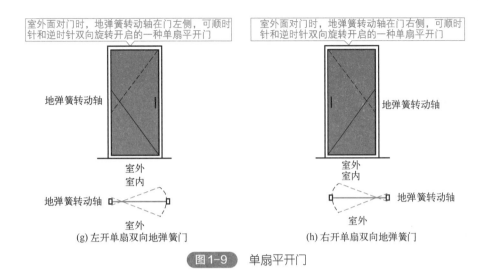

(g) 左开单扇双向地弹簧门 (h) 右开单扇双向地弹簧门

图1-9 单扇平开门

1.3.2 双扇平开门

双扇平开门，是具有两个门扇的一种平开门。双扇平开门可以分为左开双扇外平开门、左开双扇内平开门、右开双扇外平开门、右开双扇内平开门、左开双扇双向弹簧门、右开双扇双向弹簧门、左开双扇双向地弹簧门、右开双扇双向地弹簧门等种类，如图1-10所示。

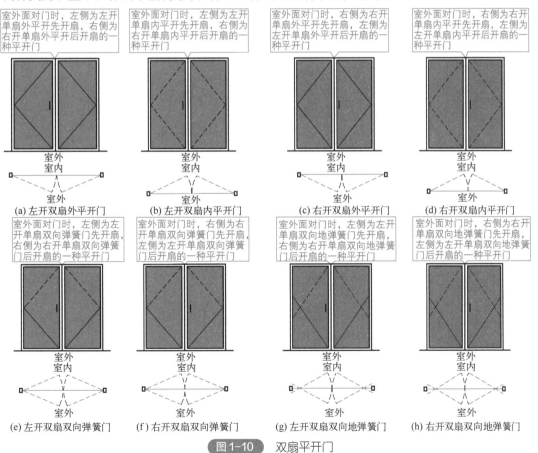

(a) 左开双扇外平开门 (b) 左开双扇内平开门 (c) 右开双扇外平开门 (d) 右开双扇内平开门

(e) 左开双扇双向弹簧门 (f) 右开双扇双向弹簧门 (g) 左开双扇双向地弹簧门 (h) 右开双扇双向地弹簧门

图1-10 双扇平开门

1.3.3 推拉门

推拉门，是门扇在平行门框的平面内沿水平方向移动启闭的一种门。推拉门可以分为单扇推拉门、双扇推拉门。单扇推拉门可以分为墙外单扇左推拉门、墙外单扇右推拉门、墙中单扇左推拉门、墙中单扇右推拉门等。双扇推拉门可以分为单推拉门（左推拉门、右推拉门）、双推拉门（左外扇双推拉门、右外扇双推拉门、墙外左外扇推拉门、墙外右外扇推拉门、墙中左外扇推拉门、墙中右外扇推拉门）等种类，如图 1-11 所示。

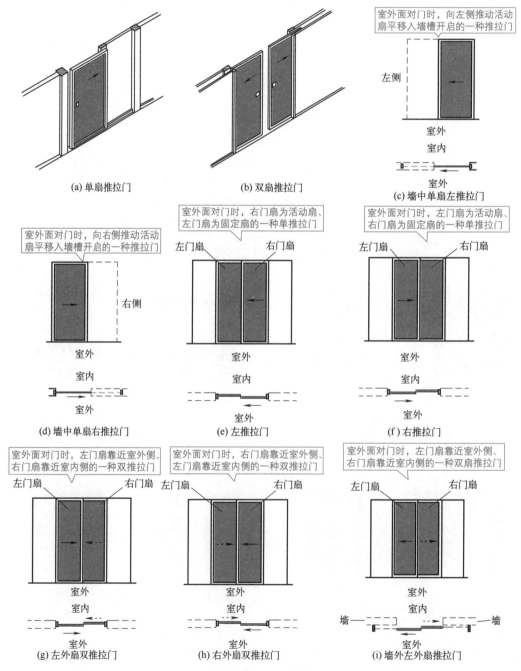

(a) 单扇推拉门　　　　　　(b) 双扇推拉门　　　　　　(c) 墙中单扇左推拉门

(d) 墙中单扇右推拉门　　　　(e) 左推拉门　　　　　　(f) 右推拉门

(g) 左外扇双推拉门　　　　(h) 右外扇双推拉门　　　　(i) 墙外左外扇推拉门

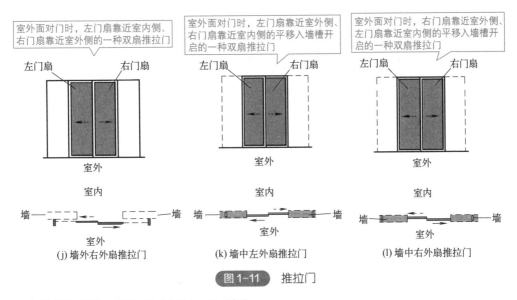

图1-11 推拉门

各类推拉门的立面与尺寸如图1-12所示。

洞高	洞宽					
	1500	1800	2100	2400	2700	3000
2100	1470 / 2070	1770	2070	2370	2670	2970
2400	2370					
2700	2670 / 600					

图1-12 各类推拉门的立面与尺寸（单位：mm）

轻松通

单推拉门是指具有一个活动扇的双扇推拉门。双推拉门是指具有两个活动扇的双扇推拉门。

1.3.4 提升推拉门

提升推拉门，是指启扇需先垂直向上升起一定高度后，再水平移动开启的一种推拉门。提升推拉门可以分为提升右推拉门、提升左推拉门，如图 1-13 所示。

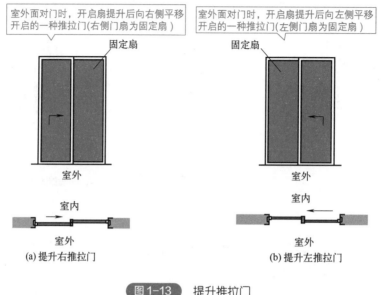

室外面对门时，开启扇提升后向右侧平移开启的一种推拉门(右侧门扇为固定扇)

室外面对门时，开启扇提升后向左侧平移开启的一种推拉门(左侧门扇为固定扇)

固定扇

固定扇

室外

室外

室内

室内

室外

室外

(a) 提升右推拉门

(b) 提升左推拉门

图1-13 提升推拉门

1.3.5 推拉下悬门

推拉下悬门，是指开启扇可分别采取下悬和水平移动两种开启形式的一种推拉门。推拉下悬门可以分为右推拉下悬门、左推拉下悬门等，如图 1-14 所示。

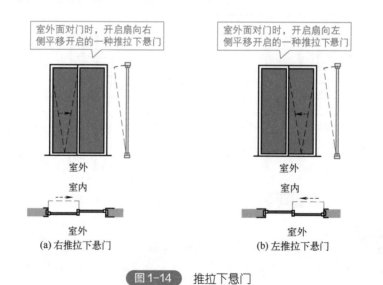

室外面对门时，开启扇向右侧平移开启的一种推拉下悬门

室外面对门时，开启扇向左侧平移开启的一种推拉下悬门

室外

室外

室内

室内

室外

室外

(a) 右推拉下悬门

(b) 左推拉下悬门

图1-14 推拉下悬门

1.3.6 内平开下悬门

内平开下悬门，是指开启扇可分别采取内平开和下悬开启形式的一种门。内平开下悬门可以分为左开内平开下悬门、右开内平开下悬门等，如图 1-15 所示。

1.3.7　转门

转门，是指单扇或多扇沿竖轴逆时针转动的一种门，如图 1-16 所示。

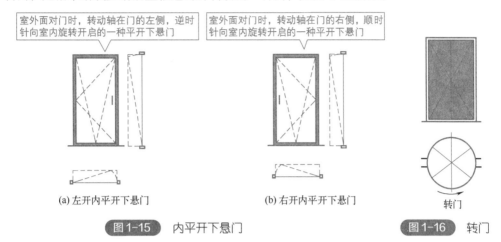

室外面对门时，转动轴在门的左侧，逆时针向室内旋转开启的一种平开下悬门

室外面对门时，转动轴在门的右侧，顺时针向室内旋转开启的一种平开下悬门

(a) 左开内平开下悬门　　　　　(b) 右开内平开下悬门

转门

图 1-15　内平开下悬门　　　　　图 1-16　转门

1.3.8　折叠门

折叠门，是指用合页（铰链）连接的多个门扇折叠开启的一种门。折叠门可以分为推拉式折叠门、侧挂式折叠门、折叠平开门、扇侧导向折叠推拉门、扇中导向折叠推拉门等，如图 1-17 所示。

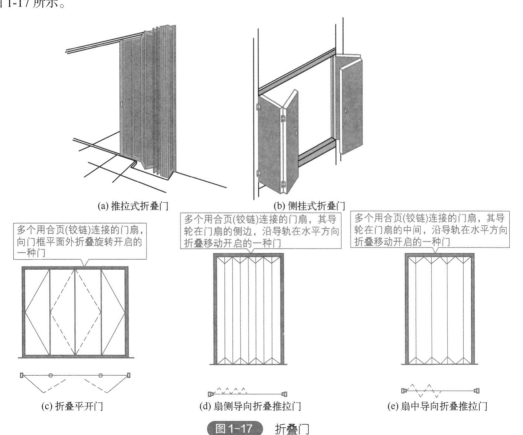

(a) 推拉式折叠门　　　　　(b) 侧挂式折叠门

多个用合页(铰链)连接的门扇，向门框平面外折叠旋转开启的一种门

多个用合页(铰链)连接的门扇，其导轮在门扇的侧边，沿导轨在水平方向折叠移动开启的一种门

多个用合页(铰链)连接的门扇，其导轮在门扇的中间，沿导轨在水平方向折叠移动开启的一种门

(c) 折叠平开门　　　(d) 扇侧导向折叠推拉门　　　(e) 扇中导向折叠推拉门

图 1-17　折叠门

1.3.9 卷门

卷门即卷帘门，是指用页片、栅条、网格组成，可以向左右、上下卷动开启的一种门，如图 1-18 所示。

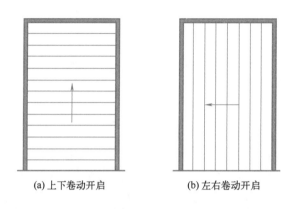

(a) 上下卷动开启   (b) 左右卷动开启

图 1-18   卷门

1.4 门按构造分类

按构造分类，门的常见类型包括夹板门、镶板门、镶玻璃门、全玻璃门、固定玻璃（镶板）门、格栅门、百叶门、带纱扇门、连窗门、双重门（双层门）、同侧双重门、对边双重门等，表 1-2 对部分类型进行了列举。

表1-2 门的常见类型（按构造分类）

名称	解 说
夹板门	门桄两侧贴各类板材的一种门
镶板门	门桄间镶板的一种门
镶玻璃门	门桄间镶玻璃的一种门
固定玻璃（镶板）门	玻璃或镶板直接镶嵌在门框上的、不能开启的一种门
格栅门	由多片（根）栅条制作的一种门
百叶门	由多片百叶片制作的一种门
带纱扇门	带有纱门扇的一种门
双重门（双层门）	双重门即双层门，是指由相互独立安装的两套门组成的一种两层外门。双重门中又有主门、次门（辅助门）。 主门是指双重门体系中，可以独立安装使用、性能上起主要作用的一种门。 次门（辅助门）是指双重门体系中，安装在主门的室外侧或室内侧，主要用于加强主门性能的一种门。次门不能单独使用
同侧双重门	门扇安装在同一侧边框上的一种双重门
对边双重门	门扇安装在相对的两侧边框上的一种双重门

续表

名称	解说
全玻璃门	门扇全部为玻璃的一种门
连窗门	带有窗的一种门

同侧双重门、对边双重门如图 1-19 所示。

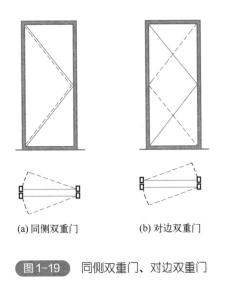

(a) 同侧双重门   (b) 对边双重门

图1-19 同侧双重门、对边双重门

轻松通

根据用途，门还可以分为以下种类。
（1）安全门、逃生门——用于疏散人员的一种门。
（2）风雨门——安装在外门外侧或内侧的一种次门。
（3）内门——分隔建筑物两个室内空间的一种门。
（4）外门——分隔建筑物室内、室外空间的一种门。
（5）阳台门——供人出入阳台用的一种门。

1.5 窗的基础知识

1.5.1 窗的形式

窗的形式一般根据开启方式来确定。窗的开启方式主要取决于窗扇铰链安装的位置、转动方式等。

活动窗是指具有可开启部分的一种窗。固定窗是指只带有固定扇的一种窗，如图 1-20 所示。

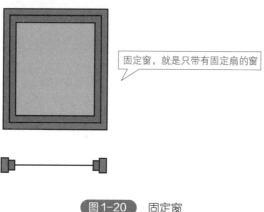

固定窗，就是只带有固定扇的窗

图1-20   固定窗

1.5.2 窗的结构

窗的结构包括窗框、窗扇等，如图1-21所示。

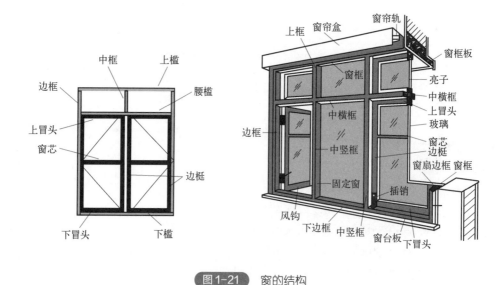

图1-21   窗的结构

轻松通

窗框——安装窗扇、玻璃或镶板，并且与门窗洞口或附框连接固定的窗杆件系统。
平开窗扇——带有合页（铰链）或旋转轴的一种窗组件。
推拉窗扇——可沿垂直或水平方向平移的一种窗组件。

1.5.3 窗的外开与内开

窗的外开与内开如图1-22所示。

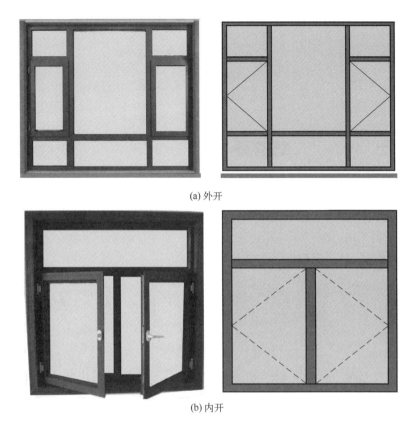

(a) 外开

(b) 内开

图1-22　窗的外开与内开

1.5.4　窗的尺度

　　窗的尺度主要取决于房间的采光、通风、构造做法、建筑造型等要求，并且需要符合现行《建筑模数协调标准》（GB/T 50002—2013）等有关规定。窗的尺度，一般采用3M数列作为模数。

　　一些常见窗的尺度如表1-3所示。

表1-3　一些常见窗的尺度

类型	尺度要求
平开木窗	窗扇高度一般为800～1500mm； 窗扇宽度一般不宜大于500mm
上下悬窗	窗扇高度一般为300～600mm
推拉窗	窗扇高宽一般均不宜大于1500mm
中悬窗	窗扇高度一般不宜大于1200mm； 窗扇宽度一般不宜大于1000mm

　　窗尺度的设计依据如图1-23所示。

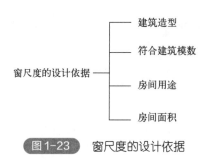

图1-23 窗尺度的设计依据

1.6 窗按开启方式分类

按开启方式的不同，窗可分为固定窗、上悬窗、水平旋转窗、下悬窗、立转窗、立转窗、平开窗、上下推拉窗、水平推拉窗等，如图1-24所示。

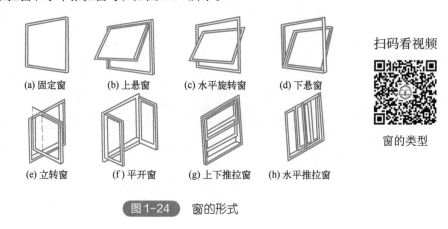

(a) 固定窗　　(b) 上悬窗　　(c) 水平旋转窗　　(d) 下悬窗

(e) 立转窗　　(f) 平开窗　　(g) 上下推拉窗　　(h) 水平推拉窗

扫码看视频

窗的类型

图1-24 窗的形式

1.6.1 上悬窗

上悬窗是转窗的一种。转窗，是指窗扇以转动方式启闭的一种窗。转窗包括上悬窗、下悬窗、水平旋转窗、立转窗等。转窗的结构，如图1-25所示。

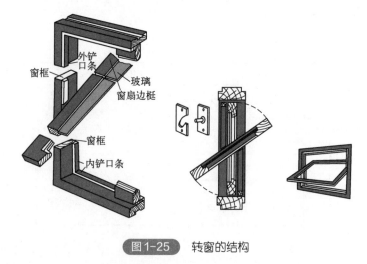

图1-25 转窗的结构

上悬窗分为外开上悬窗、外开滑轴上悬窗，如图 1-26 所示。外开上悬窗，是指合页（铰链）装于窗上侧，向室外方向开启的一种上悬窗。外开滑轴上悬窗，是指窗扇左右两侧上部装有折叠合页（滑撑），向室外产生旋转并且同时平移开启的一种窗。

(a) 外开上悬窗   (b) 外开滑轴上悬窗

图1-26 外开上悬窗、外开滑轴上悬窗

1.6.2 水平旋转窗

水平旋转窗也叫中悬窗，是指旋转轴水平安装，窗扇可转动启闭的一种窗，如图 1-27 所示。水平旋转窗可以分为中轴水平旋转窗（中轴中悬窗）、偏心轴水平旋转窗（偏心轴中悬窗）等，如图 1-28 所示。

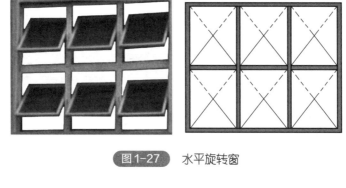

图1-27 水平旋转窗

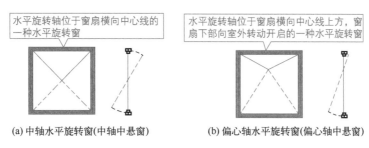

水平旋转轴位于窗扇横向中心线的一种水平旋转窗

水平旋转轴位于窗扇横向中心线上方，窗扇下部向室外转动开启的一种水平旋转窗

(a) 中轴水平旋转窗(中轴中悬窗)   (b) 偏心轴水平旋转窗(偏心轴中悬窗)

图1-28 水平旋转窗细分类型

轻松通

天窗的开启扇不宜采用水平旋转窗。

1.6.3 下悬窗

下悬窗分为内开下悬窗、内平开下悬窗、推拉下悬窗等种类。内开下悬窗是指合页（铰

链）装于窗下侧，向室内方向开启的一种窗。内平开下悬窗是指开启扇可分别采取内平开和下悬开启形式的一种窗，分为左开内平开下悬窗、右开内平开下悬窗等。推拉下悬窗是指开启扇可分别采取下悬和水平移动两种开启形式的一种推拉窗，可以分为右推拉下悬窗、左推拉下悬窗等。

下悬窗的细分类型如图 1-29 所示。

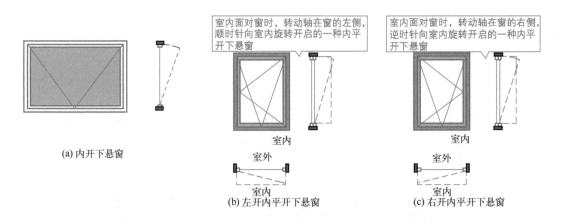

(a) 内开下悬窗

室内面对窗时，转动轴在窗的左侧，顺时针向室内旋转开启的一种内平开下悬窗

(b) 左开内平开下悬窗

室内面对窗时，转动轴在窗的右侧，逆时针向室内旋转开启的一种内平开下悬窗

(c) 右开内平开下悬窗

室内面对窗时，开启扇向右侧平移开启的一种推拉下悬窗

(d) 右推拉下悬窗

室内面对窗时，开启扇向左侧平移开启的一种推拉下悬窗

(e) 左推拉下悬窗

图1-29　下悬窗的细分类型

下悬窗有一些独特的优点，如图 1-30 所示。

平开下悬窗

下悬窗的优点

● 可在下小雨时通风

● 可实现持续通风

● 在窗帘落下后仍可通风

图1-30　下悬窗的优点

1.6.4 立转窗

立转窗是指旋转轴垂直安装，窗扇可转动启闭的一种窗，如图1-31所示。

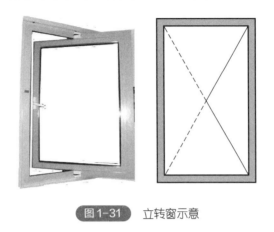

图1-31 立转窗示意

立转窗可以分为中轴立转窗、偏心轴立转窗等。中轴立转窗如图1-32所示。

中轴立转窗，就是垂直旋转轴位于窗扇中心线的一种立转窗。

偏心轴立转窗，就是垂直旋转轴偏离窗扇竖向中心线的一种立转窗。

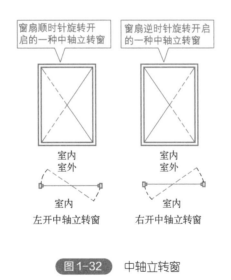

图1-32 中轴立转窗

1.6.5 平开窗

平开窗是指合页（铰链）装于窗侧边，平开窗扇向内或向外旋转开启的一种窗。

平开窗可以分为单扇内平开窗、单扇外平开窗、双扇平开窗、折叠平开窗等种类。

单扇内平开窗是只有一个向室内开启的窗扇的一种平开窗。单扇内平开窗可以分为左开单扇内平开窗、右开单扇内平开窗等，如图1-33所示。

单扇外平开窗是只有一个向室外开启的窗扇的一种平开窗。单扇外平开窗可以分为左开单扇外平开窗、右开单扇外平开窗等，如图1-33所示。

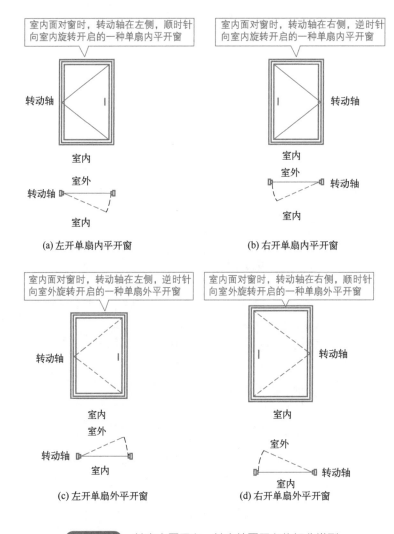

室内面对窗时，转动轴在左侧，顺时针向室内旋转开启的一种单扇内平开窗

室内面对窗时，转动轴在右侧，逆时针向室内旋转开启的一种单扇内平开窗

室内面对窗时，转动轴在左侧，逆时针向室外旋转开启的一种单扇外平开窗

室内面对窗时，转动轴在右侧，顺时针向室外旋转开启的一种单扇外平开窗

(a) 左开单扇内平开窗　　(b) 右开单扇内平开窗

(c) 左开单扇外平开窗　　(d) 右开单扇外平开窗

图1-33　单扇内平开窗、单扇外平开窗的细分类型

折叠平开窗如图 1-34 所示。

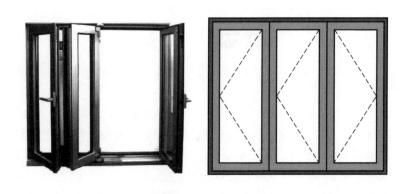

图1-34　折叠平开窗

1.6.6 滑轴平开窗

滑轴平开窗是指窗扇上下装有折叠合页（滑撑），向室外或室内产生旋转并且同时平移开启的一种平开窗。滑轴平开窗可以分为单扇滑轴内平开窗、单扇滑轴外平开窗等种类。

单扇滑轴内平开窗，是只有一个向室内开启平开窗扇的一种滑轴平开窗。单扇滑轴内平开窗可以分为左开单扇滑轴内平开窗、右开单扇滑轴内平开窗等种类，如图 1-35 所示。

单扇滑轴外平开窗，是只有一个向室外开启窗扇的一种滑轴平开窗。单扇滑轴外平开窗可以分为左开单扇滑轴外平开窗、右开单扇滑轴外平开窗等种类，如图 1-35 所示。

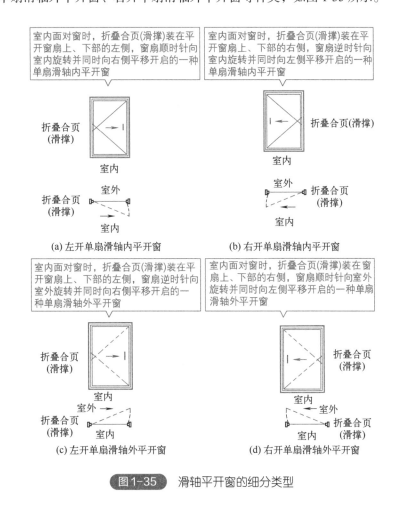

图1-35 滑轴平开窗的细分类型

1.6.7 推拉窗

推拉窗是指窗扇在窗框平面内沿水平方向移动开启和关闭的一种窗，如图 1-36 所示。推拉窗可以分为单轨推拉窗、双轨推拉窗、三轨推拉窗、折叠推拉窗等。

单轨推拉窗可以分为单凸轨推拉窗、单槽轨推拉窗等。双轨推拉窗可以分为双推拉窗、单推拉窗、无扇梃推拉窗等。折叠推拉窗是指多个用合页（铰链）连接的窗扇沿水平方向折叠移动开启的一种窗。

推拉窗的部分细分类型如图 1-37 所示。

图 1-36 推拉窗

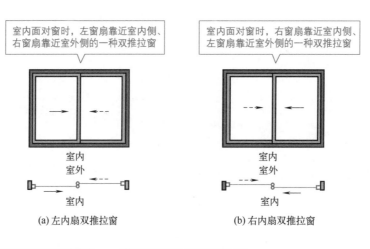

室内面对窗时，左窗扇靠近室内侧、右窗扇靠近室外侧的一种双推拉窗

室内面对窗时，右窗扇靠近室内侧、左窗扇靠近室外侧的一种双推拉窗

室内
室外

室内

室内
室外

室内

(a) 左内扇双推拉窗

(b) 右内扇双推拉窗

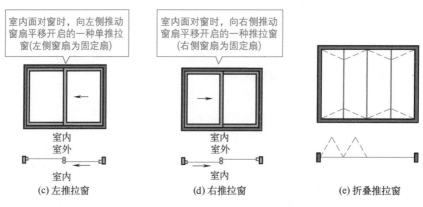

室内面对窗时，向左侧推动窗扇平移开启的一种单推拉窗(左侧窗扇为固定扇)

室内面对窗时，向右侧推动窗扇平移开启的一种推拉窗(右侧窗扇为固定扇)

室内
室外

室内

室内
室外

室内

(c) 左推拉窗

(d) 右推拉窗

(e) 折叠推拉窗

图 1-37 推拉窗的部分细分类型

轻松通

单轨推拉窗——窗扇在窗框平面内沿单条轨道水平移动开启和关闭的一种推拉窗。
单槽轨推拉窗——窗扇在窗框平面内沿单条凹轨水平移动开启和关闭的一种推拉窗。
双轨推拉窗——窗扇在窗框平面内沿两条轨道水平移动开启和关闭的一种推拉窗。
双推拉窗——二窗扇均可沿水平方向移动的一种双轨推拉窗。
单推拉窗——只有一个窗扇可沿水平方向移动的双轨推拉窗（另一窗扇为固定扇）。
无扇梃推拉窗——窗扇不具有扇梃的推拉窗。
三轨推拉窗——窗扇在窗框平面内沿三条轨道水平移动开启和关闭的一种推拉窗。

1.6.8 上下推拉窗

上下推拉窗也叫提拉窗，是指窗扇在窗框平面内沿垂直方向移动开启和关闭的一种窗。
上下推拉窗可以分为上下双推拉窗、下推拉窗、上推拉窗等种类，如图1-38所示。

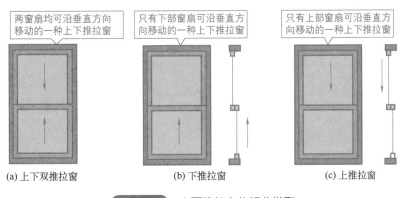

图1-38 上下推拉窗的细分类型

1.6.9 提升推拉窗

提升推拉窗，是指开启扇需先垂直向上升起一定高度后再水平移动开启的一种推拉窗。
提升推拉窗分为提升右推拉窗、提升左推拉窗等，如图1-39所示。

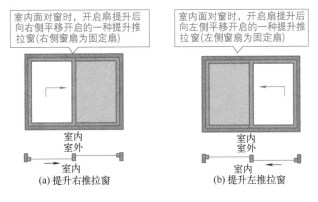

图1-39 提升推拉窗的细分类型

轻松通

7 层及以上民用建筑不应采用外平开窗。建筑当采用推拉窗时，应有防止从室外侧拆卸的装置和防脱落措施。

1.7 窗按构造分类

根据构造分类，窗的常见类型如表 1-4 所示。

表 1-4 窗的常见类型（按构造分类）

名称	解　说
单层窗	只有一层窗扇的一种窗
弓形窗（弧形凸窗）	凸出于所有安装的墙体表面、垂直投影为圆弧形的一种单体窗或组合窗
双层扇窗	一套窗框内装有两层窗扇的一种窗
双重窗 （双层窗）	双重窗即双层窗，是指由相互独立安装的两套窗组成的一种窗户体系，可以分为主窗、次窗（辅助窗）。 主窗是指双重窗体系中，可以独立安装使用、性能上起主要作用的一种窗。 次窗（辅助窗）是指双重窗体系中，安装在主窗的室外侧或室内侧，用于加强主窗性能的窗。次窗不能单独使用
凸窗（折线形凸窗）	凸出于所安装的墙体表面、垂直投影为折线形的一种单体窗或组合窗
凸肚窗	凸出于所安装的墙面，支承在牛腿或悬臂梁上的一种凸窗或弓形窗
隐框窗	窗框构架或窗扇构架与玻璃采用结构胶黏结装配，不显露于玻璃室外侧的一种窗
组合窗	组合窗，是指由两樘或两樘以上的单体窗采用拼樘杆件连接组合的一种窗，可以分为带形窗、条形窗等种类。 带形窗是指多樘单体窗在水平方向上连续拼接装配的一种组合窗。 条形窗是指多樘单体窗在垂直方向上连续拼接装配的一种组合窗
固定玻璃窗	窗框洞口内直接镶嵌玻璃的不能开启的一种窗
百叶窗	百叶窗，是指由一系列在窗框内重叠（搭接）式布置的平行百叶板组成的一种窗，可通风、采光，并且可遮挡视线。 百叶窗可以分为固定百叶窗、活动百叶窗、平开固定百叶扇窗、平开活动百叶扇窗等种类。 活动百叶窗可以分为垂直中轴百叶窗、水平中轴百叶窗等种类

固定玻璃窗如图 1-40 所示。

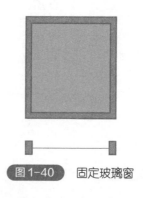

图 1-40 固定玻璃窗

百叶窗的细分类型如图 1-41 所示。

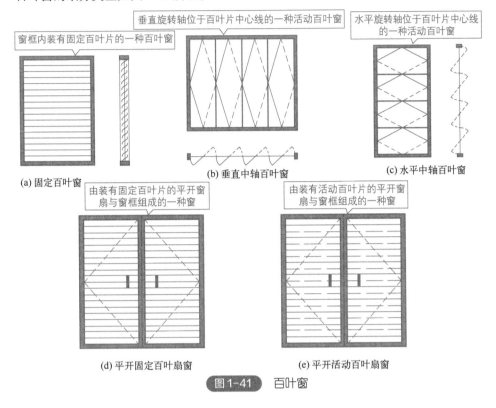

图 1-41 百叶窗

1.8 窗按用途分类

窗按用途的分类如表 1-5 所示。

表 1-5 窗按用途的分类

名称	解　说
橱窗	用于陈列或展示物品的一种外窗或内窗
风雨窗	安装在主窗室外侧或内侧的一种次窗
固定亮窗	门或窗上端用于采光的固定部分
观察窗	用于观察的一种外窗或内窗
换气窗	就是窗扇中附加的开启小窗扇，作换气用
亮窗	门或窗上端用于采光、通风的可开启部分和固定部分
落地窗	高度达到门高、下框安装在地面或踢脚墙上的一种窗
内窗	分隔建筑物两个室内空间的一种窗
逃生窗	用于人员紧急疏散的一种窗
外窗	分隔建筑物室内、外空间的一种窗

1.9 天窗和屋顶窗

天窗是平行于屋面的可采光或通风的一种窗，其安装位置比一般窗、斜屋顶窗要高，人不能直接触及与操纵，并且不需要从室内清洁窗的外表面。天窗的种类如表 1-6 所示。

表 1-6　天窗的种类

名称	解　说
百叶天窗	装设百叶片的一种天窗
垂直天窗（塔式天窗）	安装在平屋顶的表面之上或坡屋顶的屋脊之上，周边装有侧向玻璃的一种天窗
固定天窗	不能开启的一种天窗
平天窗	水平屋面上的一种天窗
斜天窗	斜屋面上的一种天窗

屋顶窗是安装在屋顶倾斜部位的窗，人可以直接触及与操纵，并且可以从室内清洁窗的外表面。屋顶窗的种类如表 1-7 所示。

表 1-7　屋顶窗的种类

名称	解　说
斜屋顶窗	安装在斜屋顶上，平行于屋面的一种屋顶窗
垂直屋顶窗（老虎窗）	安装在斜屋顶上，窗正立面为垂直方向或与屋面垂直并且可开启的一种屋顶窗

1.10　建筑节能门窗

1.10.1　节能门窗的特点与要求

建筑节能门窗，是指由保温隔热型材、中空玻璃面板、密封材料、五金系统等组成，并且根据设定性能要求进行构造设计、采用标准化加工工艺生产、符合现行建筑节能标准要求的一种定型成品门窗。

建筑节能门窗的基本要求如下。

（1）低能耗建筑一般宜采用节能附框。

（2）节能门窗工程一般采用干法安装方式。

（3）玻璃不应有明显色差，表面不应有划伤、擦伤、霉斑。

（4）金属构件表面不应有毛刺、污渍、金属屑和杂质。

（5）金属构件表面色泽应均匀一致、无明显色差。

（6）门窗洞口一般宜采用 300mm 为基本模数。

（7）木质件表面喷漆应均匀、无爆皮，不应有粘漆、漏喷、挂漆等缺陷。

（8）木质件不应有裂纹、腐朽、虫孔、霉变。

（9）耐火型外门窗的耐火完整性 $\geqslant 0.5h$。

（10）塑料件表面应光洁，不应有毛刺、锐角、裂纹、气泡等缺陷，不应有明显的擦伤、色差、划痕。

（11）有天然采光要求的外窗，其透光折减系数 $\geqslant 0.45$。

1.10.2　建筑外窗热工参数选取

建筑外窗热工参数参考选取如图 1-42 所示。

性能参数		严寒地区	寒冷地区	夏热冬冷地区	夏热冬暖地区	温和地区
传热系数K/[W/(m²·K)]		≤1.0	≤1.2	≤2.0	≤2.5	≤2.0
太阳得热系数SHGC	冬季	≥0.45	≥0.45	≥0.40	—	≥0.40
	夏季	≤0.30	≤0.30	≤0.30	≤0.15	≤0.30

居住建筑外窗(包括透光幕墙)传热系数(K)和太阳得热系数(SHGC)值

注：太阳得热系数为包括遮阳(不含内遮阳)的综合太阳得热系数。

性能参数		严寒地区	寒冷地区	夏热冬冷地区	夏热冬暖地区	温和地区
传热系数K/[W/(m²·K)]		≤1.2	≤1.5	≤2.2	≤2.8	≤2.2
太阳得热系数SHGC	冬季	≥0.45	≥0.45	≥0.40	—	—
	夏季	≤0.30	≤0.30	≤0.15	≤0.15	≤0.30

公共建筑外窗(包括透光幕墙)传热系数(K)和太阳得热系数(SHGC)值

注：太阳得热系数为包括遮阳(不含内遮阳)的综合太阳得热系数。

图1-42 建筑外窗热工参数参考选取

1.10.3 推广、限制和禁止使用的门窗材料设备

某地方推广、限制和禁止使用的门窗材料设备（2022年版）如表1-8～表1-10所示。

表1-8 某地方推广使用的门窗材料设备（2022年版）

名 称	特 点	适用范围
玻纤增强聚氨酯拉挤型材	隔热、保温、隔声	建筑节能门窗
窗台披水板	防止雨水通过窗台裂缝渗入外墙保温层，从而提高墙体耐久性能	建筑外窗
复合门窗型材（铝塑复合型材、木塑型材、铝木复合型材、铝塑共挤型材）	装饰耐久、保温隔热	建筑节能门窗
高性能建筑外门窗［传热系数低于2W/(m²·K)］	保温隔声、节能降耗	民用建筑工程
隔热层厚度不小于12mm的中空玻璃、低辐射镀膜玻璃（Low-E）、金属柔性封边真空玻璃	节能降耗、降低传热系数、保温隔热	建筑门窗、玻璃幕墙
隔热断桥铝窗型材（隔热条高度：浇注式不小于22mm、穿条式不小于24mm）	隔热、保温、隔声	各类建筑门窗
平板加片型密封毛条	耐老化、抗紫外线能力强、密封性好	建筑外窗
四腔体及以上塑料门窗型材	隔热、保温、隔声	建筑节能门窗
外窗披水条	提高外窗水密性能	建筑外窗
系统门窗	采用系统理念进行技术研发、设计、制造，形成标准化、系列化产品，从而满足工程个性化需求	建筑门窗

表1-9 某地方限制使用的门窗材料设备（2022年版）

名称	限制原因	限制范围
普通推拉窗	达不到建筑节能要求	有节能要求的各类房屋建筑工程限制应用
外平开窗	存在高空掉落风险	7层及以上层数的建筑限制应用

续表

名称	限制原因	限制范围
气密性等级低于 7 级的建筑外门窗	热量损耗大，居住建筑节能效果降低	居住建筑的外窗、敞开式阳台门限制应用
铝合金抽芯铆钉	存在铆接不到位、拉铆不足、铆体跳头等情况，从而影响门窗使用寿命、质量	建筑门窗受力构件间的连接限制应用
玻璃幕墙	因其自爆、脱落会造成伤人、损物等事件	党政机关办公楼、医院门诊急诊楼、新建住宅、幼儿园、托儿所、中小学校、老年人建筑，不得在二层及以上层数采用
全隐框玻璃幕墙	因其自爆、脱落会造成伤人、损物等事件	交通枢纽、临近道路、公共文化体育设施等场所，人员密集、流动性大的商业中心，下部为出入口等建筑限制应用

表1-10 某地方禁止使用的门窗材料设备（2022年版）

名称	禁止原因
非机械生产的中空玻璃	生产工艺落后、产品性能不能保证
普通单层或双层玻璃外窗	达不到建筑节能要求

第2章

门窗洞口

2.1 建筑门窗洞口概述

2.1.1 建筑门窗洞口术语与解说

建筑门窗洞口，就是建筑墙体上安设门窗的预留开口，如图 2-1 所示。附框是指预埋或预先安装在门窗洞口中，用于固定门窗的杆件系统。洞口安装完成面的宽度、高度构造尺寸，就是保温、装饰施工完成后的门窗洞口宽度、高度的实际尺寸，包括内、外两种安装完成面构造尺寸。

建筑
窗洞口

建筑
门洞口

建筑门洞口　建筑窗洞口

图 2-1　建筑门窗洞口

建筑门窗洞口术语与解说如表 2-1 所示。

表 2-1　建筑门窗洞口术语与解说

术语	解说
平口洞口	门窗洞口周边为平口的洞口
槽口	门窗洞口所带有的凹凸槽

续表

术语	解　说
槽口洞口	门窗洞口周边带有凹凸的洞口
槽口宽度	槽口平行于门窗洞口平面方向的尺寸
槽口深度	槽口垂直于门窗洞口平面方向的尺寸
洞口侧面	门窗洞口周边的两侧墙面
洞口底面	门窗洞口周边的下口面
洞口顶面	门窗洞口周边的上口面
基本窗	符合窗洞口尺寸系列基本规格的单樘窗
基本门	符合门洞口尺寸系列基本规格的单樘门
门窗安装构造缝隙尺寸	门窗宽、高构造尺寸和门窗洞口宽、高构造尺寸分别与洞口宽、高定位线间装配空间尺寸的总称
门窗洞口（宽度、高度）标志尺寸	符合门窗洞口宽、高模数数列的规定，用来标注门窗洞口水平、垂直方向定位线间的垂直距离，是门窗宽、高构造尺寸与洞口宽、高构造尺寸的协调尺寸，简称门窗洞口标志宽度、门窗洞口标志高度尺寸
门窗洞口标志尺寸辅助规格	门窗洞口的宽度、高度中至少有一个为辅助参数的洞口标志尺寸规格
门窗洞口标志尺寸基本规格	门窗洞口的宽度、高度均为基本参数的洞口标志尺寸规格
门窗洞口尺寸系列	符合建筑模数数列规定的建筑门窗洞口宽度、高度的一系列标志尺寸，以及由它们组成的指定规格
门窗洞口宽、高定位线	门窗洞口宽、高标志尺寸的位置线，是协调门窗与洞口间相互位置的基准
门窗洞口宽、高辅助参数	门窗洞口宽度、高度分别采用的水平、竖向扩大模数 3M 和 6M 数列中，分别插入的小于该数列模数级差，并且经指定的标志宽度、高度尺寸
门窗洞口宽、高构造尺寸	门窗洞口宽度、高度的设计尺寸，是门窗洞口的净宽、净高尺寸
门窗洞口宽度、高度基本参数	符合门窗洞口宽度、高度分别采用的水平、竖向扩大模数 3M 和 6M 数列并经指定的标志宽度、高度尺寸
门窗宽、高构造尺寸	门窗宽度、高度的设计尺寸，是指门窗外形的宽度、高度尺寸

轻松通

　　门窗洞口标志尺寸是建筑墙体开口部位的名义尺寸，是决定洞口实体与门窗实体制作尺寸所共同依据的公称尺寸。轻质砌块洞口、加气混凝土墙洞口，均需要在门窗框与墙体的连接部位设置预埋件。

2.1.2　建筑门洞口尺寸系列的规格型号表示方法

　　建筑门洞口尺寸系列的规格型号，是以门洞口标志宽度与高度的千位、百位、十位数字，前后顺序排列组成的六位数字来表示的，如果无千位数字，则用"0"来表示，如图 2-2 所示。

门洞口型号为
090210
门洞口的标志宽度为900mm　　门洞口的标志高度为2100mm

图2-2　建筑门洞口尺寸系列的规格型号表示方法

2.1.3 常规门窗洞口定位线位置

　　门窗洞口横向定位线间的距离（也就是门窗洞口宽度标志尺寸）包括等于、大于、小于门窗洞口宽度构造尺寸等情况。

　　门窗洞口高度标志尺寸的上定位线，一般需要与洞口顶面（一般是各类墙体、梁的底面）或者各类墙板的定位线相重合，或者高于门窗与墙体同期浇筑的墙体底面。

　　门洞口、落地窗洞口高度标志尺寸的下定位线，一般应与楼地面标高相重合，或者高于该标高。

　　窗洞口高度标志尺寸的下定位线（一般是窗台高度定位线），一般应高于各类墙体顶面，或者低于窗与墙体同期浇筑的墙体顶面，或者与各类墙体顶面和各类墙板的定位线相重合。

　　常规门窗洞口定位线位置如图 2-3 所示。

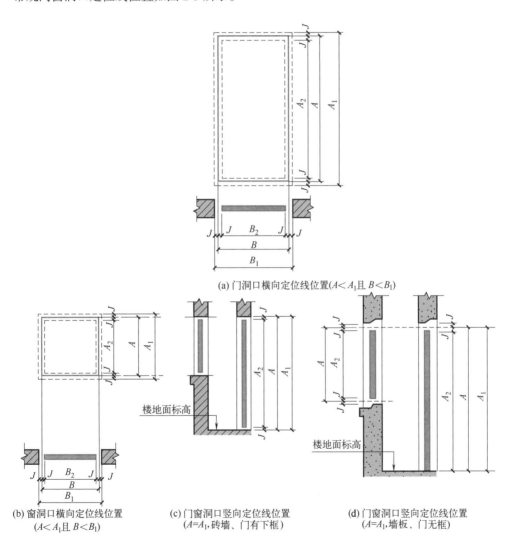

(a) 门洞口横向定位线位置($A<A_1$ 且 $B<B_1$)

(b) 窗洞口横向定位线位置　　(c) 门窗洞口竖向定位线位置　　(d) 门窗洞口竖向定位线位置
($A<A_1$ 且 $B<B_1$)　　　　($A=A_1$, 砖墙、门有下框)　　　　($A=A_1$, 墙板、门无框)

图 2-3　常规门窗洞口定位线位置

A—门窗洞口高度标志尺寸；A_1—门窗洞口高度构造尺寸；A_2—门窗高度构造尺寸；J—安装缝隙尺寸；

B—门窗洞口宽度标志尺寸；B_1—门窗洞口宽度构造尺寸；B_2—门窗宽度构造尺寸

2.1.4 连窗门洞口定位线位置

连窗门洞口定位线位置如图 2-4 所示。

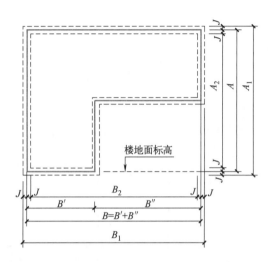

图 2-4 连窗门洞口定位线位置（$A < A_1$ 且 $B < B_1$）

A—门窗洞口高度标志尺寸；A_1—门窗洞口高度构造尺寸；A_2—门窗高度构造尺寸；J—安装缝隙尺寸；B—门窗洞口宽度标志尺寸；B_1—门窗洞口宽度构造尺寸；B_2—门窗宽度构造尺寸；B'—门宽度构造尺寸；B''—窗宽度构造尺寸

2.1.5 非矩形门窗洞口定位线位置

非矩形门窗洞口定位线位置如图 2-5 所示。

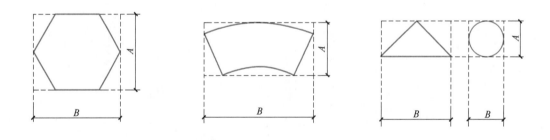

图 2-5 非矩形门窗洞口定位线位置

A—门窗洞口高度标志尺寸；B—门窗洞口宽度标志尺寸

2.1.6 门窗洞口定位线位置的常见形式

门窗洞口定位线位置的常见形式如图 2-6 所示。

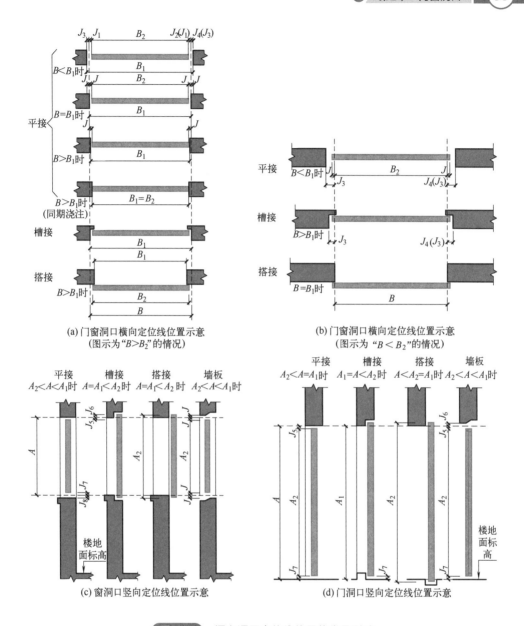

(a) 门窗洞口横向定位线位置示意
(图示为"$B > B_2$"的情况)

(b) 门窗洞口横向定位线位置示意
(图示为"$B < B_2$"的情况)

(c) 窗洞口竖向定位线位置示意

(d) 门洞口竖向定位线位置示意

图 2-6　门窗洞口定位线位置的常见形式

A—门窗洞口高度标志尺寸；A_1—门窗洞口高度构造尺寸；A_2—门窗高度构造尺寸；

B—门窗洞口宽度标志尺寸；B_1—门窗洞口宽度构造尺寸；B_2—门窗宽度构造尺寸；

J—安装缝隙尺寸的统称；$J_1 \sim J_8$—以定位线为准，不同位置的安装缝隙尺寸

2.2　建筑门窗洞口常用数据速查

2.2.1　建筑门洞口尺寸系列

建筑门洞口尺寸系列需要符合的规定如图 2-7 所示。

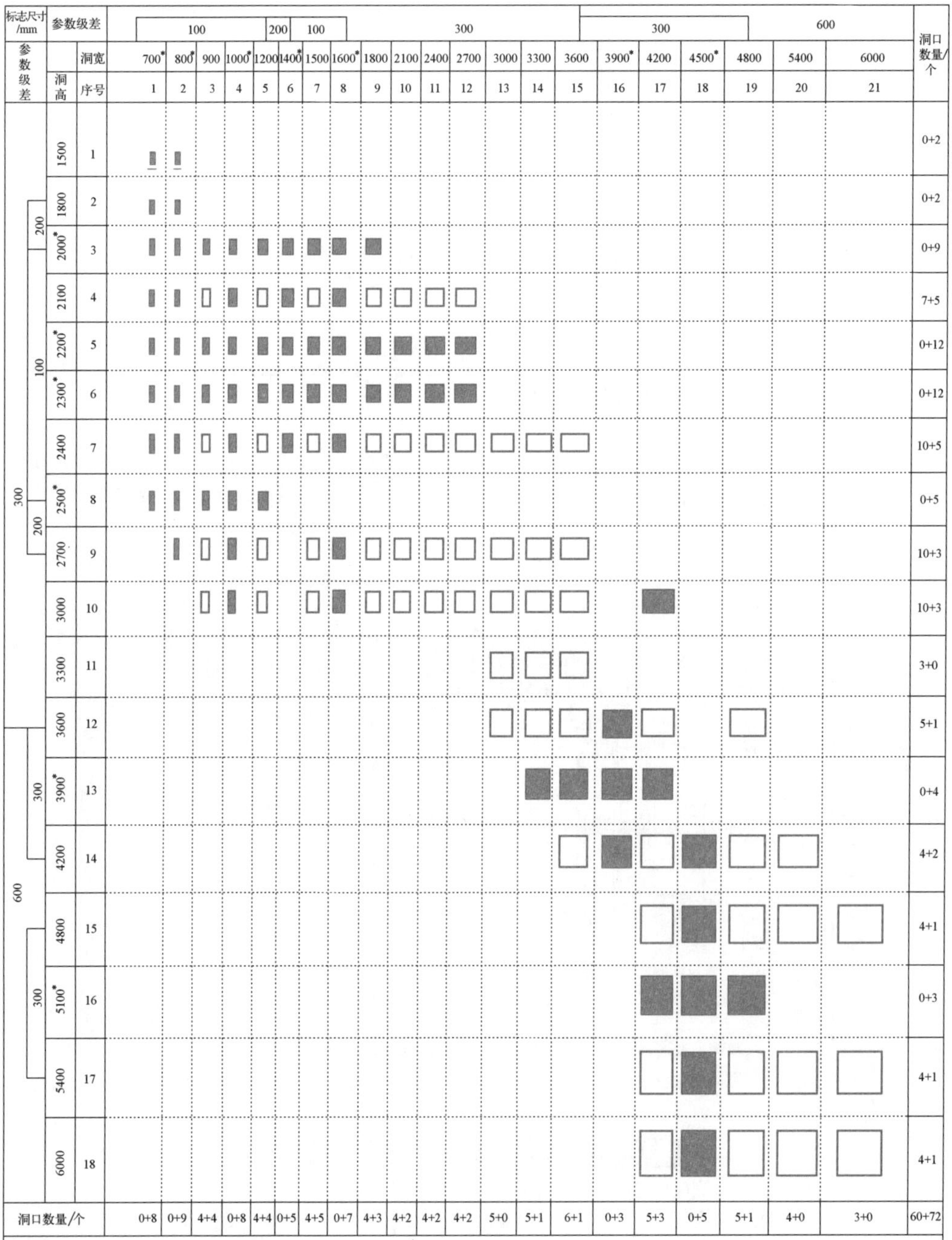

标志尺寸/mm 参数级差		100								200	100		300						300			600		洞口数量/个
参数级差	洞宽	700*	800*	900	1000	1200*	1400	1500	1600*	1800	2100	2400	2700	3000	3300	3600	3900*	4200	4500*	4800	5400	6000	
洞高	序号	1	2	3	4	5	6	7	8	9	10	11	12	13	14	15	16	17	18	19	20	21	
1500*	1																						0+2
1800*	2																						0+2
2000*	3																						0+9
2100	4																						7+5
2200*	5																						0+12
2300*	6																						0+12
2400	7																						10+5
2500*	8																						0+5
2700	9																						10+3
3000	10																						10+3
3300	11																						3+0
3600	12																						5+1
3900*	13																						0+4
4200	14																						4+2
4800	15																						4+1
5100*	16																						0+3
5400	17																						4+1
6000	18																						4+1
洞口数量/个		0+8	0+9	4+4	0+8	4+4	0+5	4+5	0+7	4+3	4+2	4+2	4+2	5+0	5+1	6+1	0+3	5+3	0+5	5+1	4+0	3+0	60+72

说明:

(1) *表示门洞口标志宽、高的辅助参数。

(2) 粗线和细线分别表示门洞口标志宽、高的基本或辅助参数及规格,"▓"表示门洞口竖向下方定位线高于楼地面(建筑完成面)。

(3) 建筑门洞口标志高度小于1800mm的两个基本规格,仅适用于门洞口的竖向下方定位线高于楼地面(建筑完成面)标高的情况。

图2-7　建筑门洞口尺寸系列需要符合的规定

2.2.2　建筑窗洞口尺寸系列

建筑窗洞口尺寸系列需要符合的规定如图2-8所示。

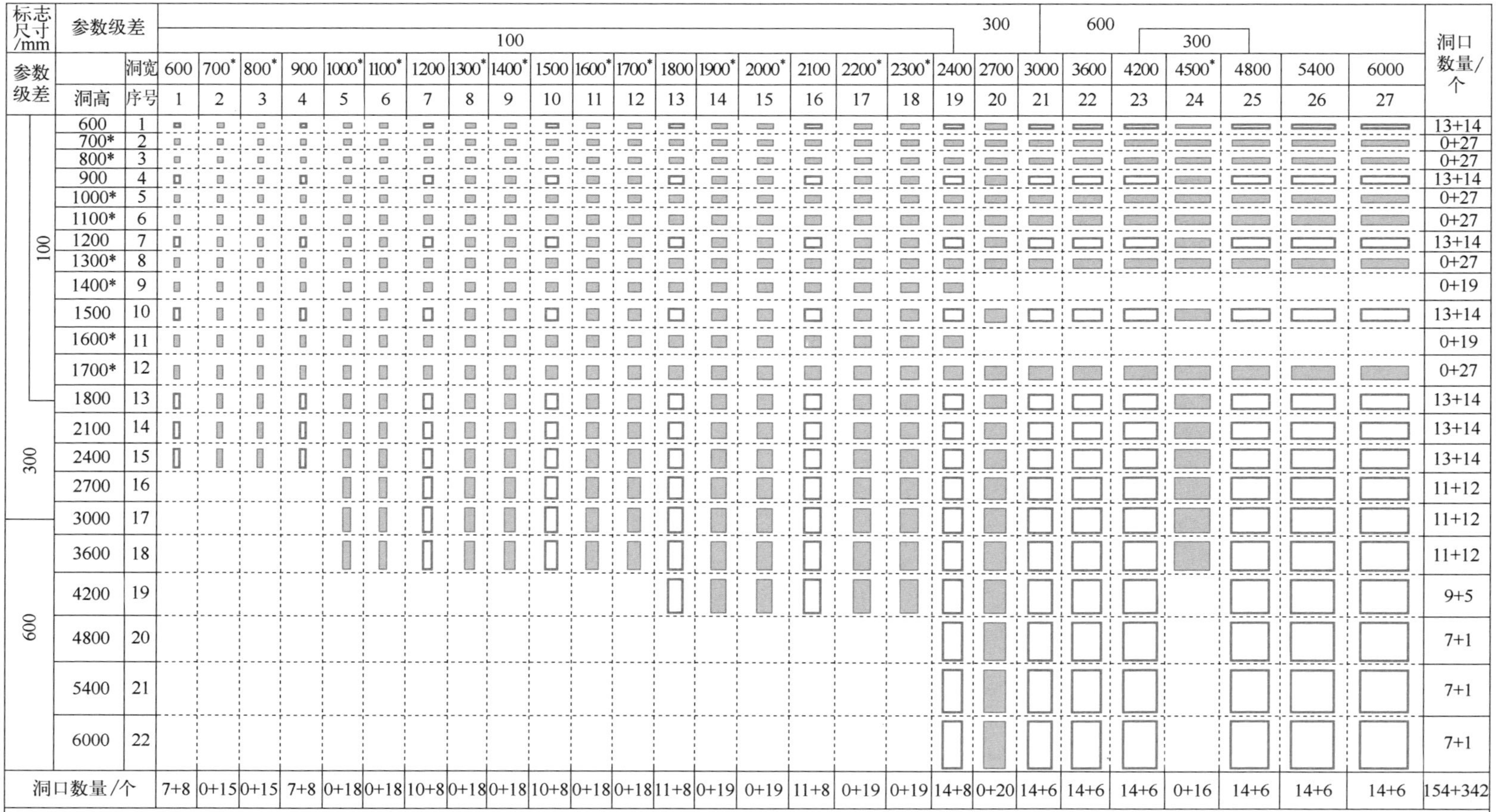

洞高\洞宽	600	700*	800*	900	1000*	1100*	1200	1300*	1400*	1500	1600*	1700*	1800	1900*	2000*	2100	2200*	2300*	2400	2700	3000	3600	4200	4800	4500*	5400	6000	洞口数量/个
序号	1	2	3	4	5	6	7	8	9	10	11	12	13	14	15	16	17	18	19	20	21	22	23	24	25	26	27	
600（1）																												13+14
700*（2）																												0+27
800*（3）																												0+14
900（4）																												0+27
1000*（5）																												13+14
1100*（6）																												0+27
1200（7）																												13+14
1300*（8）																												0+27
1400*（9）																												0+19
1500（10）																												13+14
1600*（11）																												0+19
1700*（12）																												0+27
1800（13）																												13+14
2100（14）																												13+14
2400（15）																												13+14
2700（16）																												11+12
3000（17）																												11+12
3600（18）																												11+12
4200（19）																												9+5
4800（20）																												7+1
5400（21）																												7+1
6000（22）																												7+1
洞口数量/个	7+8	0+15	0+15	7+8	0+18	0+18	10+8	0+18	0+18	10+8	0+18	0+18	11+8	0+19	0+19	11+8	0+19	0+19	14+8	14+8	14+6	14+6	14+6	0+16	14+6	14+6	14+6	154+342

说明：
(1) *表示窗洞口标志宽、高的辅助参数。
(2) 粗线和细线分别表示窗洞口标志宽、高的基本成辅助参数及规格。
(3) 建筑窗洞口高度1400mm、1600mm两个辅助参数系列的38个窗洞口辅助规格，系供民用建筑和条件相当的其他建筑选用的。建筑窗洞口宽度1400mm、1600mm辅助参数系列的16个辅助规格，系供工业等建筑纵、横外墙适当部位选用的。
(4) 建筑窗洞口标志宽度4500mm辅助参数系列的……

图 2-8 建筑窗洞口尺寸系列需要符合的规定

2.2.3 民用建筑门洞口优先尺寸系列

民用建筑门洞口需要符合的优先尺寸系列如表 2-2 所示。

表2-2 民用建筑门洞口需要符合的优先尺寸系列　　　　　　单位：mm

标志尺寸		洞口宽度						
		700	800	900	1000	1200	1500	1800
洞口高度	2100							
	2400							

2.2.4 民用建筑窗洞口优先尺寸系列

民用建筑窗洞口需要符合的优先尺寸系列如表 2-3 所示。

表2-3 民用建筑窗洞口需要符合的优先尺寸系列　　　　　　单位：mm

标志尺寸		洞口宽度					
		600	900	1200	1500	1800	2100
洞口高度	600						
	900						
	1200						
	1500						
	1800						
	2100						

2.2.5 门与门洞口的高度尺寸常见代号

门与门洞口的高度尺寸常见代号如图 2-9 所示。

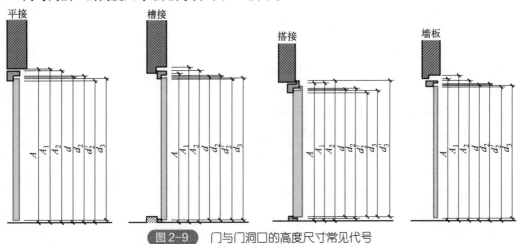

图2-9　门与门洞口的高度尺寸常见代号

A—洞口高度标志尺寸；A_1—洞口高度构造尺寸；A_2—门窗高度构造尺寸；d—门扇高度标志尺寸；
d_2—门窗框槽口高度；d_2'—门窗框洞口净高度；d_3—门窗扇高度（在门窗框内）；d_3'—门窗扇高度（包括企口凸边）

2.2.6　窗与窗洞口的高度尺寸常见代号

窗与窗洞口的高度尺寸常见代号如图 2-10 所示。

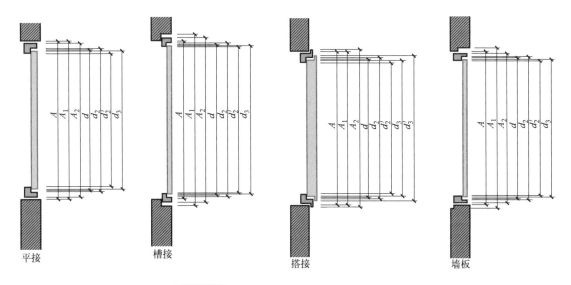

平接　　　　槽接　　　　搭接　　　　墙板

图 2-10　窗与窗洞口的高度尺寸常见代号

A—洞口高度标志尺寸；A_1—洞口高度构造尺寸；A_2—门窗高度构造尺寸；d—门窗扇高度标志尺寸；
d_2—门窗框槽口高度；d_2'—门窗框洞口净高度；d_3—门窗扇高度（在门窗框内）；d_3'—门窗扇高度（包括企口凸边）

2.2.7　门窗与其洞口的宽度尺寸常见代号

门窗与其洞口的宽度尺寸常见代号如图 2-11 所示。

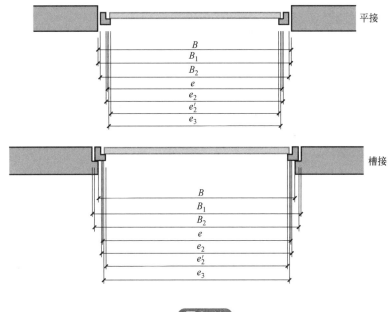

平接

槽接

图 2-11

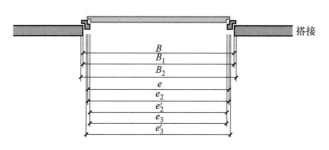

图 2-11　门窗与其洞口的宽度尺寸常见代号

B—洞口宽度标志尺寸；B_1—洞口墙体宽度构造尺寸；B_2—门窗宽度构造尺寸；e—门窗扇宽度标志尺寸；
e_2—门窗框槽口宽度；e_2'—门窗框洞口净宽度；e_3—门窗扇宽度（在门窗框内）；e_3'—门窗扇宽度（包括企口凸边）

2.2.8　洞口深度、厚度尺寸

洞口深度（厚底）厚底尺寸如图 2-12 所示。

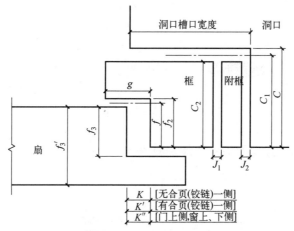

图 2-12　洞口深度、厚度尺寸

C—墙体或其槽口深度标志尺寸；C_1—墙体或其槽口深度构造尺寸；C_2—门窗框厚度构造尺寸；f—门窗扇与门
窗框间槽口的深度标志尺寸；f_2—门窗扇与门窗框间槽口的深度构造尺寸；f_3—门窗扇槽口深度；f_3'—门窗扇厚度；
J_1—门窗框与附框接缝间隙尺寸；J_2—门窗框与洞口接缝间隙尺寸；K—门窗框与扇间无合页（铰链）一侧的缝隙尺寸；
K'—门窗框与扇间有合页（铰链）一侧的缝隙尺寸；K''—门框与门扇间上侧缝隙或窗框与窗扇间上、下侧缝隙尺寸

2.2.9　常用标准规格门洞口的标志尺寸系列

常用标准规格门洞口的标志尺寸系列如表 2-4 所示。

表 2-4　常用标准规格门洞口的标志尺寸系列　　　　　　　　单位：mm

标志尺寸		洞口宽度						
		700	800	900	1000	1200	1500	1800
洞口高度	2100	▢	▢	▢	▢	▢	▢	▢
	2400	▢	▢	▢	▢	▢	▢	▢

2.2.10　常用标准规格窗洞口的标志尺寸系列

常用标准规格窗洞口的标志尺寸系列如表 2-5 所示。

表 2-5　常用标准规格窗洞口的标志尺寸系列　　　　　　单位：mm

标志尺寸		洞口宽度				
		600	900	1200	1500	1800
洞口高度	600	□	□	□	□	□
	900	□	□	□	□	□
	1200	□	□	□	□	□
	1500	□	□	□	□	□
	1800	□	□	□	□	□

轻松通

标准规格门窗的附框内口宽度、高度构造尺寸，一般应与门窗标准洞口的标志尺寸相同。附框构造尺寸对边差、对角线差，一般应小于 3mm。

2.2.11　标准门窗安装横向构造

建筑标准门窗与洞口的连接方式（平接构造）应满足如下要求：

洞口宽度标志尺寸＜洞口墙体宽度构造尺寸

洞口高度标志尺寸＜洞口墙体高度构造尺寸

标准门窗横向、竖向安装构造，如图 2-13 所示。

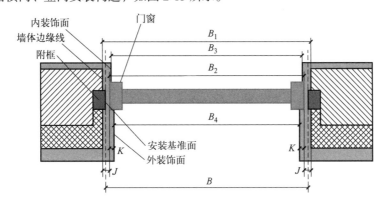

图 2-13　标准门窗安装横向构造

B—门窗洞口宽度标志尺寸；B_1—门窗洞口宽度构造尺寸；B_2—门窗宽度构造尺寸；B_3—室内侧洞口安装完成面宽度构造尺寸；B_4—室外侧洞口安装完成面宽度构造尺寸；J—门窗安装缝隙尺寸；K—掩口尺寸

轻松通

门窗室内侧洞口安装完成面宽度、高度构造尺寸不应大于门窗宽度、高度构造尺寸。

2.2.12 标准门窗安装竖向构造

标准门窗安装竖向构造如图 2-14 所示。

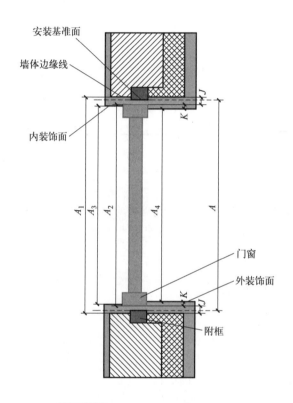

图 2-14 标准门窗安装竖向构造

A—门窗洞口高度标志尺寸；A_1—门窗洞口高度构造尺寸；A_2—门窗高度构造尺寸；A_3—室内侧洞口安装完成面高度构造尺寸；A_4—室外侧洞口安装完成面高度构造尺寸；J—门窗安装缝隙尺寸；K—掩口尺寸

轻松通

门窗室外侧洞口安装完成面宽度、高度构造尺寸为洞口构造尺寸与门窗外墙装饰面层（含保温、防水层）厚度之和，并且掩口尺寸应不大于5mm。

2.2.13 轻质隔墙门洞位置的龙骨加强处理做法

轻质隔墙门洞位置的龙骨加强处理做法如图 2-15 所示。

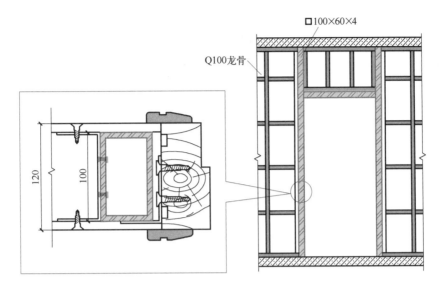

图 2-15 轻质隔墙门洞位置的龙骨加强处理做法（单位：mm）

第 3 章

门窗型材、五金与附件

3.1 型材基础知识

3.1.1 型材的种类

型材是指材料经过塑性加工或者挤出成型，并且具有特定截面形状的产品。型材根据生产方法可以分成热轧型材、冷弯型材、冷轧型材、冷拔型材、挤压型材、锻压型材、热弯型材、焊接型材、特殊轧制型材等。型材根据其横断面形状可分成简单断面型材、复杂断面型材。另外，还可以根据使用场所、断面尺寸大小、材料类型等分类。

型材的种类如表 3-1 所示。

表 3-1　型材的种类

名称	解　说
白色型材	整体材料一致，颜色在 CIE1976（$L*a*b*$）色度空间中 $L^* \geqslant 82$、$-2.5 \leqslant a^* \leqslant 5$、$-5 \leqslant b^* \leqslant 15$ 范围内的一种型材
覆膜型材	通过覆合膜片装饰、改变表面特性的一种型材
共挤型材	通过共挤高分子材料装饰、改变表面特性的一种型材
通体型材	整体材料一致的一种型材
涂装型材	通过涂装涂料装饰、改变表面特性的一种型材
主型材	框、扇（纱扇除外）、梃等型材
辅型材	主型材以外的型材
装饰型材	具有装饰面的一种型材

3.1.2 型材的横截面

型材的可视面是指安装后的门、窗，在门、窗关闭时平视可以看到的型材表面。型材的装饰面是指经过覆膜、共挤、涂装等处理后的型材表面。型材的特殊装饰，就是由非单一颜色、非平整表面等组成的装饰。

型材的部分横截面如图 3-1 所示。其中，型材宽度是指在型材的横截面沿 y 轴方向测量其结构的最大尺寸，型材厚度是指在型材的横截面沿 x 轴方向测量两个可视面间的最大距离。

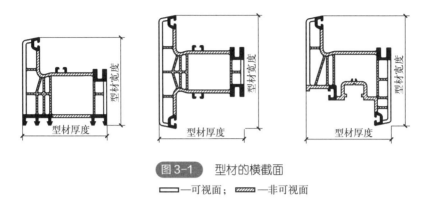

图 3-1 型材的横截面

▭—可视面； ▨—非可视面

3.2 铝合金建筑型材基础知识

3.2.1 铝合金建筑型材的特点

铝合金型材是指由铝合金材料加工成形的一种型材。铝合金型材装饰面是指经加工、组装成制品，并且安装在建筑物上的型材，目视可见部位对应的基材表面（包括处于开启或者关闭状态）。

型材的基材是指型材除装饰面以外的主体。铝合金建筑型材基材的外接圆如图 3-2 所示。

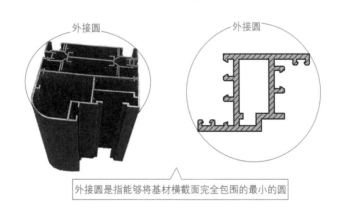

外接圆是指能够将基材横截面完全包围的最小的圆

图 3-2 铝合金建筑型材基材的外接圆

3.2.2 铝合金建筑型材基材的牌号、状态

铝合金建筑型材基材牌号、状态应符合如表 3-2 所示的规定。订购其他牌号或状态的基材时，应供需双方商定，并在订货单（或合同）中注明。

表3-2　铝合金建筑型材基材牌号、状态应符合的规定

牌号	状态
6060、6063	T5、T6、T66
6005、6063A、6463、6463A	T5、T6
6061	T4、T6

牌号、状态的说明：如果同一建筑制品同时选用 6005 、6060 、6061 、6063 等不同牌号（或同一牌号不同状态），采用同一工艺进行阳极氧化，将难以获得颜色一致的阳极氧化表面，则建议选用牌号和状态时，充分考虑颜色不一致性对建筑结构的影响

轻松通

　　铝合金建筑型材基材标记根据产品名称、本部分编号、牌号、状态、截面代号、长度顺序等来表示。

3.2.3　铝合金建筑型材基材壁厚允许偏差

　　铝合金建筑型材基材壁厚允许偏差分为普通级、高精级、超高精级，如表 3-3 所示。铝合金建筑型材基材横截面尺寸如图 3-3 所示。

表3-3　铝合金建筑型材基材壁厚允许偏差　　　　　单位：mm

级别	公称壁厚	对应于下列外接圆直径的基材壁厚尺寸允许偏差					
		≤ 100		> 100 ～ 250		> 250 ～ 350	
		A 组	B、C 组	A 组	B、C 组	A 组	B、C 组
普通级	1.20 ～ 2.00	0.15	0.23	0.20	0.30	0.38	0.45
	> 2.00 ～ 3.00	0.15	0.25	0.23	0.38	0.54	0.57
	> 3.00 ～ 6.00	0.18	0.30	0.27	0.45	0.57	0.60
	> 6.00 ～ 10.00	0.20	0.60	0.30	0.90	0.62	1.20
	> 10.00 ～ 15.00	0.20	—	0.30	—	0.62	—
	> 15.00 ～ 20.00	0.23	—	0.35	—	0.65	—
	> 20.00 ～ 30.00	0.25	—	0.38	—	0.69	—
	> 30.00 ～ 40.00	0.30	—	0.45	—	0.72	—
高精级	1.20 ～ 2.00	0.13	0.20	0.15	0.23	0.20	0.30
	> 2.00 ～ 3.00	0.13	0.21	0.15	0.25	0.25	0.38
	> 3.00 ～ 6.00	0.15	0.26	0.18	0.30	0.38	0.45
	> 6.00 ～ 10.00	0.17	0.51	0.20	0.60	0.41	0.90
	> 10.00 ～ 15.00	0.17	—	0.20	—	0.41	—
	> 15.00 ～ 20.00	0.20	—	0.23	—	0.43	—
	> 20.00 ～ 30.00	0.21	—	0.25	—	0.46	—
	> 30.00 ～ 40.00	0.26	—	0.30	—	0.48	—

续表

级别	公称壁厚	对应于下列外接圆直径的基材壁厚尺寸允许偏差					
		≤ 100		> 100 ～ 250		> 250 ～ 350	
		A 组	B、C 组	A 组	B、C 组	A 组	B、C 组
超高精级	1.20 ～ 2.00	0.09	0.10	0.10	0.12	0.15	0.25
	> 2.00 ～ 3.00	0.09	0.13	0.10	0.15	0.15	0.25
	> 3.00 ～ 6.00	0.10	0.21	0.12	0.25	0.18	0.35
	> 6.00 ～ 10.00	0.11	0.34	0.13	0.40	0.20	0.70
	> 10.00 ～ 15.00	0.12	—	0.14	—	0.22	—
	> 15.00 ～ 20.00	0.13	—	0.15	—	0.23	—
	> 20.00 ～ 30.00	0.15	—	0.17	—	0.25	—
	> 30.00 ～ 40.00	0.17	—	0.20	—	0.30	—

注：1. 表中无数值位置表示允许偏差不要求。

2. 含封闭空腔的空心型材［图 3-3（b）、（c）、（d）］，所包围的空腔截面积小于 $70mm^2$ 时，如果空腔两对边壁厚相等，其空腔壁厚的允许偏差等情况采用 A 组；如果空腔两对边壁厚不相等，且厚边壁厚小于其对边壁厚的 3 倍，其任一边壁厚的允许偏差采用两对边平均壁厚等情况采用 A 组；含封闭空腔的空心型材［图 3-3（b）、（c）、（d）］，所包围的空腔截面积不小于 $70mm^2$ 时，如果空腔两对边壁厚相等，其空腔壁厚的允许偏差等情况采用 B 组；如果空腔两对边壁厚不相等，且厚边壁厚小于其对边壁厚的 3 倍，其任一边壁厚的允许偏差采用两对边平均壁厚等情况对应的 B 组；通过芯棒生产的型材，B 组应采用 C 组壁厚允许偏差值。

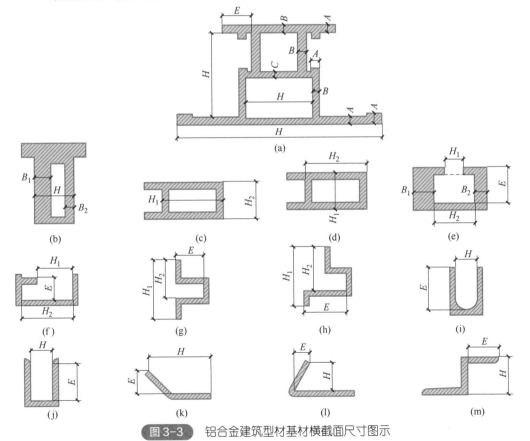

图 3-3 铝合金建筑型材基材横截面尺寸图示

A—翅壁壁厚；B、B_1、B_2—封闭空腔周壁壁厚；C—两个封闭空腔间的隔断壁厚；
H、H_1、H_2—非壁厚尺寸；E—对开口部位的 H 尺寸偏差有重要影响的基准尺寸

轻松通

　　门窗用铝材可分为非隔热断桥铝型材（单腔铝型材）、隔热断桥铝型材（穿条隔热、注胶隔热）等。无论是强度、隔热性、保温性，还是装饰效果等，隔热断桥铝型材都要优于单腔铝型材。聚氨酯注胶式复合铝型材的强度大于尼龙66隔热断桥铝型材。断桥铝门窗，是采用隔热断桥铝型材与中空玻璃制成的门窗，具有节能、隔声、防噪、防尘、防水等功能。

3.2.4 铝合金建筑型材基材角度允许偏差

　　铝合金建筑型材基材角度允许偏差如表3-4所示。没有注明角度时，6060 T5、6063 T5、6063A T5、6463 T5、6463A T5基材角度允许偏差根据高精级执行，其他基材角度允许偏差根据普通级执行。不采用对称的正、负允许偏差时，正、负允许偏差的绝对值之和应为表3-4中对应数值的两倍。

表3-4　铝合金建筑型材基材角度允许偏差

级别	角度允许偏差
超高精级	±0.5°
高精级	±1°
普通级	±1.5°

轻松通

　　端头切斜度不应超过2°。倒角（或过渡圆角）的半径、弯曲度、圆角半径允许偏差、曲面间隙、平面间隙、扭拧度等同样根据普通级、高精级、超高精级允许偏差的要求区分执行。

3.3 铝合金阳极氧化型材

3.3.1 标记及示例

　　铝合金阳极氧化型材标记根据产品名称、本部分编号、牌号、状态、截面代号及长度、颜色（或色号）、表面纹理类型、膜厚级别等顺序来表示。

　　例如：古铜色、砂面、膜厚级别为AA15、6063牌号、T5状态、型材截面代号为421001、定尺长度为3000mm的型材，其标记为"阳极氧化型材　GB/T 5237.2-6063 T5-421001×3000古铜色砂面AA15"。

3.3.2 表面纹理类型、特点

　　铝合金阳极氧化型材表面纹理类型、特点如表3-5所示。

表3-5 铝合金阳极氧化型材表面纹理类型、特点

纹理类型	纹理特点
光面	保持与基材基本一样的表面纹理特点外观
拉丝面	采用机械摩擦的方法加工基材表面获得的乱纹、螺纹、直线、波纹、旋纹等表面纹理特点外观
抛光面	使用布轮、羊毛轮、砂纸等磨削基材表面获得的平滑与光亮的表面纹理特点外观
砂面	通过对基材表面采用喷砂、抛丸、碱蚀等方法获得的表面纹理特点外观

3.3.3 膜层要求

铝合金阳极氧化型材膜层的膜厚级别、膜层颜色、表面处理方式如表3-6所示。为保证质量，对铝合金阳极氧化型材的工艺、原材料、力学性能、尺寸偏差、膜层性能、化学成分、外观质量等均有要求。

表3-6 铝合金阳极氧化型材膜层的膜厚级别、膜层颜色、表面处理方式

膜厚级别	膜层颜色	表面处理方式
AA10、AA15、AA20、AA25	银白	阳极氧化＋封孔
	古铜色、黑色、金色等	阳极氧化＋电解着色＋封孔
		阳极氧化＋染色＋封孔

铝合金阳极氧化型材膜层的平均膜厚、局部膜厚应符合的规定如表3-7所示。

表3-7 铝合金阳极氧化型材膜厚要求 单位：μm

膜厚级别	平均膜厚	局部膜厚
AA10	≥ 10	≥ 8
AA15	≥ 15	≥ 12
AA20	≥ 20	≥ 16
AA25	≥ 25	≥ 20

轻松通

（1）阳极氧化＋染色＋封孔：染色膜层的耐紫外线性能一般比电解着色的差。

（2）膜厚级别：通常情况，膜层越厚，其耐盐雾腐蚀性能越好。

3.3.4 阳极氧化表面处理用化学药剂、添加剂中有害物质限量

铝合金阳极氧化型材阳极氧化表面处理用化学药剂、添加剂中有害物质的限量要求如表3-8所示。

表3-8 阳极氧化表面处理用化学药剂、添加剂中有害物质的限量要求

有害物质	质量分数	有害物质	质量分数
可溶性铅 Pb	≤ 90mg/kg	多溴二苯醚 PBDE	≤ 0.1%
可溶性镉 Cd	≤ 75mg/kg	邻苯二甲酸二辛酯 DEHP	≤ 0.1%
可溶性铬 Cr	≤ 60mg/kg	邻苯二甲酸丁酯苯甲酯 BBP	≤ 0.1%
可溶性汞 Hg	≤ 60mg/kg	邻苯二甲酸二丁酯 DBP	≤ 0.1%
多溴联苯 PBB	≤ 0.1%	邻苯二甲酸二异丁酯 DIBP	≤ 0.1%

3.4 铝合金电泳涂漆型材

3.4.1 漆膜类型及漆膜特点

铝合金电泳涂漆型材漆膜类型、漆膜特点如图 3-4 所示。

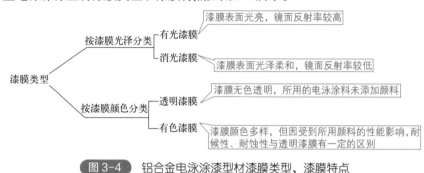

图 3-4 铝合金电泳涂漆型材漆膜类型、漆膜特点

3.4.2 膜层要求

根据膜厚、电泳涂料的颜色种类，复合膜膜厚级别分为 3 类：A、B、S。铝合金电泳涂漆型材复合膜膜厚级别分类如表 3-9 所示。

表 3-9 铝合金电泳涂漆型材复合膜膜厚级别分类

膜厚级别	膜层代号	漆膜类型
A	EA21	有光或消光透明漆膜
B	EB16	有光或消光透明漆膜
S	ES21	有光或消光有色漆膜

根据耐盐雾腐蚀性、加速耐候性、紫外盐雾联合试验结果，复合膜性能级别分为Ⅱ级、Ⅲ级、Ⅳ级。复合膜性能级别对应型材的适用环境如表 3-10 所示。

表 3-10 复合膜性能级别对应型材的适用环境

复合膜性能级别	型材的适用环境
Ⅱ级	太阳光辐射强度一般、大气腐蚀轻微的环境
Ⅲ级	太阳光辐射较强、大气腐蚀严重的环境
Ⅳ级	太阳光辐射强烈、大气腐蚀严重的环境

铝合金电泳涂漆型材装饰面上的膜厚要求如表 3-11 所示。由于型材横截面形状的复杂性，型材某些表面（如内角、凹槽等）的局部膜厚低于规定值是允许的。

表 3-11 装饰面上膜厚要求　　　　　　　　　单位：μm

膜厚级别	阳极氧化膜局部膜厚	漆膜局部膜厚	复合膜局部膜厚
A	≥9	≥12	≥21
B	≥9	≥7	≥16
S	≥6	≥15	≥21

3.4.3 其他要求

铝合金电泳涂漆型材其他要求如下。

（1）经耐沸水浸渍试验后，漆膜表面应无皱纹、裂纹、气泡、脱落、变色等现象，附着性应达到 0 级。

（2）经耐碱性试验后，保护等级应不小于 9.5 级。

（3）经耐溶剂性试验后，型材表面不露出阳极氧化膜。

（4）经耐砂浆性试验后，复合膜表面应无脱落、应无其他明显变化。

（5）经耐湿热性试验后，复合膜表面的综合破坏等级应达到 1 级。

（6）经耐洗涤剂性试验后，复合膜表面应无起泡、应无脱落、应无其他明显变化。

（7）经铅笔划痕试验，漆膜硬度应不小于 3H。

（8）漆膜干附着性、湿附着性应达到 0 级。

3.4.4　电泳涂料中有害物质限量

电泳涂料中有害物质限量如表 3-12 所示。

表 3-12　电泳涂料中有害物质限量

有害物质	质量分数 /%	有害物质	质量分数 /%
邻苯二甲酸丁酯苯甲酯 BBP	≤ 0.1	多溴二苯醚 PBDE	≤ 0.1
邻苯二甲酸二丁酯 DBP	≤ 0.1	邻苯二甲酸二辛酯 DEHP	≤ 0.1
多溴联苯 PBB	≤ 0.1	邻苯二甲酸二异丁酯 DIBP	≤ 0.1

3.5　铝合金粉末喷涂型材

3.5.1　膜层类型、膜层代号及膜层特点

铝合金粉末喷涂型材膜层类型、膜层代号、膜层特点如表 3-13 所示。

表 3-13　铝合金粉末喷涂型材膜层类型、膜层代号、膜层特点

膜层类型	膜层代号	膜层特点
氟碳类粉末膜层	GF40	（1）氟碳类粉末膜层具有更优良的耐候性能，适用于大气腐蚀严重、太阳辐射强的应用环境。 （2）氟碳类粉末膜层由以热固性 FEVE 树脂为主要成分的粉末涂料喷涂固化而成，或者由以热塑性的 PVDF 树脂为主要成分的粉末涂料喷涂形成
聚氨酯类粉末膜层	GU40	（1）聚氨酯类粉末膜层具有高耐磨性能，膜层光滑、质感细腻。 （2）聚氨酯类粉末膜层由以饱和羟基聚酯为主要成分的粉末涂料喷涂固化而成。 （3）用于热转印时，油墨渗透性优于聚酯膜层
聚酯类粉末膜层	GA40	（1）聚酯类粉末膜层由以饱和羧基聚酯为主要成分的粉末涂料喷涂固化而成。 （2）聚酯类粉末膜层具有较好的防腐性能、耐候性能

轻松通

膜层代号中的第 1 位英文字母 G，表示喷粉处理。第 2 位英文字母，表示粉末类型，其中 A 表示聚酯类粉末，U 表示聚氨酯类粉末，F 表示氟碳类粉末，O 表示其他粉末。字母后面的阿拉伯数字，表示最小局部膜厚限定值。

3.5.2 膜层外观效果

铝合金粉末喷涂型材膜层外观效果如表 3-14 所示。

表 3-14 铝合金粉末喷涂型材膜层外观效果

膜层外观效果	说　明
金属效果	（1）膜层表面突显金属质感、金属闪烁等效果。 （2）该类膜层，颜料的品种、用量选择具有一定的局限性。 （3）该类膜层，加铝颜料的膜层耐碱性稍差
平面效果	（1）具有低光、平光、高光等多种光泽膜层。 （2）膜层表面光滑、颜色丰富
纹理效果——锤纹、大理石纹、皱纹、立体彩雕	（1）膜层表面呈现各种良好的立体或美术效果。 （2）该类膜层的耐候性、耐酸碱性稍差。 （3）该类膜层，目前主要用于室内环境
纹理效果——木纹	（1）包括热转印木纹、二次喷涂木纹。 （2）具有树木纹理的外观效果。 （3）热转印木纹膜层，主要适用于污染小、紫外线辐射较弱的环境与室内。当应用于室外时，需要注重粉末质量、油墨质量、工艺的控制等要求。 （4）二次喷涂木纹具有立体效果，可以应用于户外环境
纹理效果——砂纹	（1）膜层表面具有立体效果。 （2）适用于大多数铝门窗型材，膜层光泽不宜低于 5 个光泽单位。膜层光泽低于 5 个光泽单位时膜层性能难以保证

3.5.3 膜层性能级别及对应型材适用环境

根据加速耐候性的试验结果，铝合金粉末喷涂型材膜层性能级别可以分为Ⅰ级、Ⅱ级、Ⅲ级。

不同膜层性能级别对应型材的适用环境如表 3-15 所示。

表 3-15 不同膜层性能级别对应型材的适用环境

膜层性能级别	型材适用环境
Ⅰ级	一般的耐候性能，适合于太阳辐射强度一般的环境
Ⅱ级	良好的耐候性能，适合于太阳辐射较强的环境
Ⅲ级	优异的耐候性能，适合于太阳辐射强烈的环境

3.6 铝合金喷漆型材

3.6.1 铝合金喷漆型材膜层类型及其特征

铝合金喷漆型材膜层类型及其特征如表 3-16 所示。

表 3-16 膜层类型及其特征

膜层类型	膜层代号	膜层组成	膜层特点及对应型材的适用环境
二涂层	LF2-25	底漆加面漆	（1）二涂层一般为单色或珠光云母闪烁效果膜层，不需要额外的清漆保护。 （2）二涂层适用于太阳辐射较强、大气腐蚀较强的环境

续表

膜层类型	膜层代号	膜层组成	膜层特点及对应型材的适用环境
三涂层	LF3-34	底漆、面漆加清漆	（1）三涂层一般为金属效果的膜层，该膜层面漆中使用球磨铝粉以获得金属质感效果，其金属质感不同于二涂层的珠光云母膜层，因铝粉易氧化或剥落，膜层表面需要清漆保护，以保证膜层的综合性能。 （2）金属铝粉漆一般不做二涂层。 （3）三涂层适用于太阳辐射较强、大气腐蚀较强的环境
四涂层	LF4-55	底漆、阻挡漆、面漆加清漆	（1）四涂层一般为性能要求更高的金属效果膜层，该膜层在三涂层的基础上，增加阻隔紫外线的阻挡漆膜层，从而提高了耐紫外线能力。 （2）四涂层适用于大气腐蚀极强、太阳辐射极强的环境

轻松通

　　膜层代号中的 LF 表示喷漆处理。LF 后的第 1 位阿拉伯数字表示膜层类型。"-"后面的阿拉伯数字表示膜层的最小局部膜厚。

3.6.2　铝合金喷漆型材装饰面上的膜厚

　　铝合金喷漆型材装饰面上的膜厚需要符合的规定如表 3-17 所示。

表 3-17　装饰面上的膜厚 单位：μm

膜层类型	平均膜厚	局部膜厚
二涂层	≥ 30	≥ 25
三涂层	≥ 40	≥ 34
四涂层	≥ 65	≥ 55

注：由于型材横截面形状的复杂性，在型材内角、凹槽等表面的局部膜厚允许低于表中的规定值，但是不许出现露底现象。

3.6.3　氟碳漆涂料用途、膜层特点

　　氟碳漆涂料用途、膜层特点如表 3-18 所示。

表 3-18　氟碳漆涂料用途、膜层特点

涂料用途	膜层特点
底漆	（1）底漆主要用于增强氟碳漆膜层与铝基材间的附着性。 （2）底漆膜层厚度一般控制为 5 ～ 8μm
阻挡漆	（1）阻挡漆的主要作用是减少底漆中环氧树脂的粉化，进一步提高膜层的附着性。 （2）阻挡漆层厚度一般不小于 25μm
面漆	（1）氟碳漆膜层的装饰效果、耐候性主要由面漆来决定。 （2）面漆能够确保面漆与底漆，或者面漆与阻挡漆、面漆与清漆间的附着性。 （3）面漆层厚度一般不小于 25μm
清漆	（1）清漆对面漆提供保护作用，可以提高膜层的耐候性、抗污染能力。 （2）清漆层厚度一般为 10 ～ 13μm

3.6.4 氟碳漆涂料中有害物质限量

氟碳漆涂料（特殊鲜艳颜色除外）中有害物质限量如图 3-5 所示。

有害物质	质量分数
可溶性铅Pb	≤90mg/kg
可溶性镉Cd	≤75mg/kg
可溶性铬Cr	≤60mg/kg
可溶性汞Hg	≤60mg/kg
多溴联苯PBB	≤0.1%
多溴二苯醚PBDE	≤0.1%
邻苯二甲酸二辛酯DEHP	≤0.1%
邻苯二甲酸丁酯苯甲酯BBP	≤0.1%
邻苯二甲酸二丁酯DBP	≤0.1%
邻苯二甲酸二异丁酯DIBP	≤0.1%

氟碳漆涂料中有害物质限量

图 3-5　氟碳漆涂料（特殊鲜艳颜色除外）中有害物质限量

3.7　铝合金隔热型材

3.7.1　铝合金隔热型材复合方式

铝合金隔热型材是指以隔热材料连接铝合金型材而制成的具有隔热功能的复合型材。隔热材料是指用于连接铝合金型材的低热导率的非金属材料。

铝合金隔热型材复合方式可以分为穿条式、浇注式等，如图 3-6 所示。

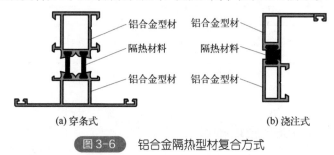

(a) 穿条式　　　　　　　　　　(b) 浇注式

图 3-6　铝合金隔热型材复合方式

不同复合方式下铝合金隔热型材的特性如表 3-19 所示。其中，浇注式铝合金隔热型材依靠隔热胶的有效黏结确保复合部位不产生滑移错位、脱落等现象。如果铝合金型材表面处理方式导致隔热胶无法有效黏结型材膜层表面时，则浇注槽内壁需要采用打齿做法。同时存在穿条和浇注复合方式的铝合金隔热型材，其性能须同时满足穿条型材和浇注型材的性能要求。

表 3-19　不同复合方式下铝合金隔热型材的特性

复合方式	型材特性
穿条式	（1）穿条式，就是通过开齿、穿条、滚压，将聚酰胺型材穿入铝合金型材穿条槽口内，并且使之被铝合金型材咬合的复合方式。 （2）穿条型材所使用的聚酰胺型材线膨胀系数与铝合金型材的线膨胀系数接近，不会因为热胀冷缩而在复合部位产生较大应力，产生脱落、滑移错位等现象。因而穿条型材具有良好的耐高温性能，可以选择的截面类型多

续表

复合方式	型材特性
穿条式	（3）采用单支聚酰胺型材的穿条型材，复合性能可能达不到有关要求。结构件用穿条型材，宜采用双支聚酰胺型材。 （4）可通过采用非Ⅰ型复杂形状聚酰胺型材，降低穿条型材的传热系数。但是采用非Ⅰ型复杂形状聚酰胺型材的穿条型材，横向抗拉性能不及采用Ⅰ型聚酰胺型材的穿条型材
浇注式	（1）浇注型材所使用的隔热胶的线膨胀系数与铝合金型材的线膨胀系数虽不一致，但是其有效黏结膜层表面时，可以确保浇注型材复合部位不产生滑移错位、脱落等现象。 （2）采用Ⅰ级隔热胶的浇注型材，在70℃以上使用时，则复合性能衰减，可能导致承载能力下降。 （3）浇注型材具有良好的抗冲击性能与延展性，但是若浇注工序生产环境控制不当，则会对产品性能造成严重影响。 （4）铝合金型材的表面处理方式导致隔热胶无法有效黏结膜层表面时，则不适宜采用浇注式复合方式制作铝合金隔热型材

常见的切桥如图3-7所示。

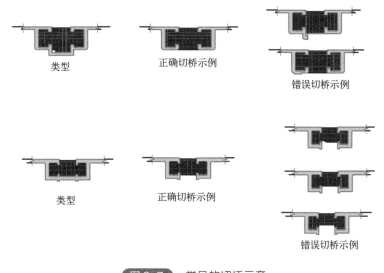

图 3-7　常见的切桥示意

轻松通

　　浇注式铝合金隔热型材应保证隔热胶与型材表面的有效黏结，切桥宽度不应小于浇注口宽度且不得破坏隔热槽的力学锁点。

3.7.2　隔热腔

　　隔热腔是铝合金隔热型材中影响热工性能的重要区域，是铝合金隔热型材中由隔热材料单独围成的或由隔热材料与铝合金型材共同围成的空腔。实际应用中可以通过将隔热腔分成多个小空腔来改善热工性能。常见隔热腔形式如图3-8所示。

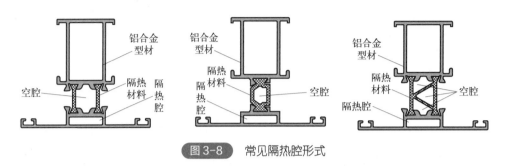

图 3-8 常见隔热腔形式

轻松通

　　铝合金建筑外窗浇注式铝合金隔热型材，一般要求采用符合规定的Ⅱ级隔热胶。铝合金建筑外窗穿条式铝合金隔热型材，可以采用符合要求的聚酰胺型材隔热条。聚酰胺型材中主要材料应为聚酰胺 66 新料与玻璃纤维等，不得使用聚酰胺 6、PVC、ABS 等材料和有碱玻璃纤维，也不得使用回收料。

3.7.3　铝合金隔热型材剪切失效类型

　　铝合金隔热型材剪切失效类型分为三类，如图 3-9 所示。

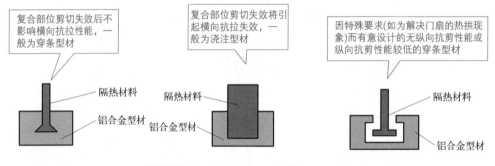

图 3-9 铝合金隔热型材剪切失效类型

轻松通

　　铝合金隔热型材用于某些结构件时，可能承受风荷载、重力荷载、地震作用、温度作用等各种荷载与作用产生的效应，宜根据铝合金隔热型材使用环境、设计要求，以最不利的效应组合作为荷载组合，对该荷载组合下铝合金隔热型材所需的抗弯强度、弯曲变形能力、纵向抗剪强度、横向抗拉强度等受力指标进行计算或分析，以便选择适宜的隔热型材。

3.7.4　铝合金隔热型材的传热系数级别

　　铝合金隔热型材有不同的传热系数级别，相关要求如表 3-20 所示。

表 3-20　不同传热系数级别下的相关要求

传热系数级别	传热系数 /[W/(m²·K)]	推荐适用环境	推荐的聚酰胺型材高度 /mm	推荐的浇注型材槽口型号
Ⅰ	> 4.0	温和地区或对产品隔热性能要求不高的环境（如昆明）	≤ 12	AA
Ⅱ	> 3.2 ~ 4.0	夏热冬暖地区（如广州、厦门）	> 12 ~ 14.8	BB
Ⅲ	2.5 ~ 3.2	夏热冬冷地区（如上海、重庆）	> 14.8 ~ 24	CC
Ⅳ	< 2.5	严寒和寒冷地区（如哈尔滨、北京）	> 24	CC 以上

3.7.5　穿条型材槽口

穿条型材槽口的设计应用，需要考虑槽口与聚酰胺型材端头的配合关系、穿条型材复合工艺等影响因素。穿条型材槽口如图 3-10 所示。

3.7.6　浇注型材槽口

浇注型材槽口的设计应用，需要考虑浇注型材的受力种类、隔热效果、使用环境的温度变化范围等影响因素。浇注型材槽口如图 3-11 所示。浇注型材不同型号槽口尺寸如表 3-21 所示。

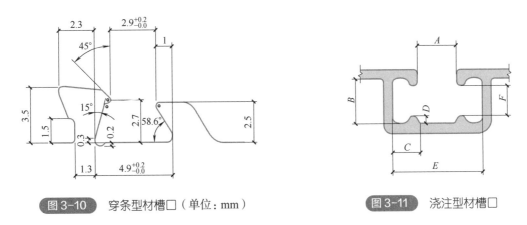

图 3-10　穿条型材槽口（单位：mm）　　图 3-11　浇注型材槽口

表 3-21　浇注型材不同型号槽口尺寸

槽口型号	A/mm	B/mm	C/mm	D/mm	E/mm	F/mm	面积 /mm²
AA	5.18	6.86	2.79	1.02	10.77	4.83	71.0
BB	6.35	7.14	4.06	1.14	14.48	4.85	100.7
CC	6.35	7.92	4.78	1.27	15.90	5.38	123.3
DD	7.92	8.89	5.49	1.57	18.90	5.74	165.9
EE	9.53	9.53	5.74	1.57	21.01	6.38	199.4
FF	11.10	11.10	6.68	1.85	24.49	7.39	279.35
GG	11.54	11.54	6.93	1.91	25.40	7.67	299.35
HH	12.70	9.53	5.74	1.57	24.18	6.35	240.00

续表

槽口型号	A/mm	B/mm	C/mm	D/mm	E/mm	F/mm	面积/mm²
II	12.70	12.70	7.65	2.11	28.00	8.48	364.51
JJ	19.05	19.05	11.48	3.18	41.99	12.70	820.64
KK	25.40	25.40	15.29	4.24	56.00	16.94	1458.71

单槽口浇注型材槽口的选择与应用可参考表 3-22。

表3-22　单槽口浇注型材槽口的选择与应用参考指标　　　单位：mm

槽口型号	浇注型材宽度	浇注型材壁厚	典型应用
AA	45～50	1.4	窗的框、扇、梃
BB	55～65	1.4～2.0	
CC	80～90	2.0～2.5	落地平开窗的框、梃
DD	—	2.5～3.0	幕墙的框、梃等
EE	—	3.0～3.5	
FF、GG、HH、II、JJ 和 KK	—	＞3.5	幕墙的隔热杆件

轻松通

　　并列多槽口设计应用与单槽口设计应用相比，可以提高浇注型材的隔热性能，但是多槽口设计应用的浇注型材抗弯强度可能会降低。

3.7.7　隔热材料的组分与特点概述

　　隔热材料的组分与特点如表 3-23 所示。

表3-23　隔热材料的组分与特点

复合方式	隔热材料	主要组分	特点	控制要求
穿条式	聚酰胺型材	玻璃纤维	玻璃纤维是聚酰胺型材的增强剂，影响聚酰胺型材的纵向抗拉特征值、横向抗拉特征值、线膨胀系数等各项性能	玻璃纤维应使用无碱玻璃纤维，不准许使用有碱玻璃纤维
		聚酰胺66	聚酰胺型材中聚酰胺66是主要原材料，决定聚酰胺型材的 DSC 熔融峰温、纵向抗拉特征值、横向抗拉特征值等各项性能	聚酰胺66需要采用新料，不得使用回收料、不准许使用聚酰胺6、PVC等材料
		添加剂	聚酰胺型材中含有颜料、增韧剂、热稳定剂、挤压助剂等添加剂，主要目的是提高聚酰胺型材的抗冲击、抗热老化、抗水老化等性能	使用的添加剂应有利于聚酰胺型材的各项性能，不得使用水溶性添加剂、滑石粉等添加剂
浇注式	聚氨酯隔热胶	多元醇组合料（P胶）	P胶是聚氨酯分子链的软端组成部分，会直接影响聚氨酯的韧性、抗冲击性能	多元醇应使用聚醚型多元醇，不得使用聚酯型多元醇

续表

复合方式	隔热材料	主要组分	特 点	控制要求
浇注式	聚氨酯隔热胶	添加剂	聚氨酯隔热胶中含有催化剂、抗老化剂、颜料等添加剂，一般混合于 P 胶中	催化剂应使用环保型胺类催化剂、金属催化剂
		异氰酸酯组合料（I 胶）	I 胶是聚氨酯分子链的硬端组成部分，会直接影响聚氨酯的强度、硬度等	异氰酸酯应使用二苯基甲烷二异氰酸酯（MDI），不得使用甲苯二异氰酸酯（TDI）

轻松通

浇注式与穿条式的比较：

（1）隔热性能——浇注式优于穿条式。

（2）密封防水性能——浇注式优于穿条式。

（3）型材设计——浇注式优于穿条式。

3.7.8 隔热材料——聚酰胺型材

聚酰胺型材，是以聚酰胺 66、玻璃纤维为主要原料，用在铝合金隔热型材中起结构连接作用，以及减少传热效果的一种热挤压型材。

根据截面结构，聚酰胺型材可以分为 I 型、非 I 型等，其截面示例如图 3-12 所示。

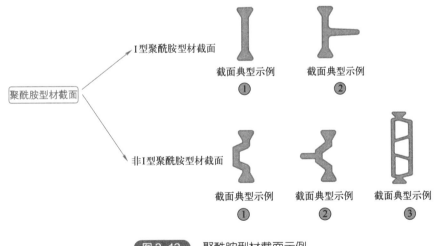

图 3-12 聚酰胺型材截面示例

3.7.8.1 聚酰胺型材的主要组分

聚酰胺型材的主要组分为聚酰胺 66、玻璃纤维，余量为颜料、增韧剂、热稳定剂、挤压助剂等添加剂。

聚酰胺型材组分质量分数应符合的规定如表 3-24 所示。

表 3-24 聚酰胺型材组分质量分数应符合的规定

组分	质量分数 /%
玻璃纤维	25 ± 2.5
聚酰胺 66	≥ 65
添加剂（颜料、热稳定剂、增韧剂、挤压助剂等）	余量

3.7.8.2 聚酰胺型材主要尺寸分类

聚酰胺型材的尺寸根据工程设计计算来选择，如图 3-13、表 3-25 所示。

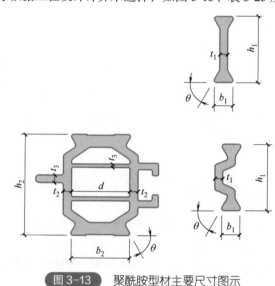

图 3-13 聚酰胺型材主要尺寸图示

h_1、h_2—聚酰胺型材截面高度；b_1、b_2—聚酰胺型材端头宽度；t_1、t_2—聚酰胺型材主要受力壁厚；
θ—聚酰胺型材端头角度；d—聚酰胺型材空腔尺寸；t_3—聚酰胺型材非主要受力壁厚

表 3-25 聚酰胺型材的横截面主要尺寸分类   单位：mm

尺寸类别	公称尺寸	允许偏差（±）
b_1	≤ 20.00	0.05
	> 20.00 ~ 50.00	0.10
	> 50.00	0.20
b_2	≤ 20.00	0.05
	> 20.00 ~ 50.00	0.10
	> 50.00	0.20
t_1	≤ 3.00	0.05
	> 3.00 ~ 6.00	0.08
	> 6.00 ~ 10.00	0.13
	> 10.00	0.18
t_2	≤ 3.00	0.08
	> 3.00 ~ 6.00	0.11
	> 6.00 ~ 10.00	0.15
	> 10.00	0.20

续表

尺寸类别	公称尺寸	允许偏差（±）
t_3	≤ 3.00	0.10
	> 3.00 ~ 6.00	0.15
	> 6.00 ~ 10.00	0.20
	> 10.00	0.25
d	≤ 10.00	0.20
	> 10.00 ~ 30.00	0.30
	> 30.00	0.40
h_1	≤ 20.00	0.05
	> 20.00 ~ 40.00	0.10
	> 40.00 ~ 60.00	0.20
	> 60.00 ~ 80.00	0.25
	> 80.00	0.30
h_2	≤ 20.00	0.10
	> 20.00 ~ 40.00	0.15
	> 40.00 ~ 60.00	0.25
	> 60.00 ~ 80.00	0.30
	> 80.00	0.35

轻松通

　　聚酰胺型材的外观应光滑平整、色泽均匀等。铝合金型材复合适应性及聚酰胺型材的热导率、线性膨胀系数需要达到要求。

3.7.9　隔热材料——聚氨酯隔热胶

　　聚氨酯隔热胶，是在铝合金隔热型材中起减少热传导作用并具有结构连接作用的由异氰酸酯组合料与多元醇组合料作为原料经化学反应法制成的一种聚氨酯化合物。

　　聚氨酯隔热胶样板，就是将异氰酸酯组合料与多元醇组合料根据供方提供的、生成聚氨酯隔热胶所需的比例，采用专用浇注设备注入专用模具中发生化学反应，生成的聚氨酯化合物胶板。

3.7.9.1　聚氨酯隔热胶主要成分

　　聚氨酯隔热胶主要成分如表 3-26 所示。

表 3-26　聚氨酯隔热胶主要成分

原胶类别	代号	主要成分	说　　明
多元醇类	P	多元醇	多元醇是以乙二醇、甘油为起始剂的聚醚多元醇，是形成聚氨酯的主要原料
多元醇类	P	催化剂	催化剂应使用胺类催化剂，不许使用重金属催化剂
多元醇类	P	颜料	颜料应使用有机色浆，不许使用无机色粉

续表

原胶类别	代号	主要成分	说　明
多元醇类	P	抗老化剂	抗老化剂主要为紫外吸收剂、抗氧化剂
异氰酸酯类	I	异氰酸酯	异氰酸酯类是形成聚氨酯的主要原料，为棕色透明液体，异氰酸酯质量分数大于90%。不得使用甲苯二异氰酸酯（TDI）
异氰酸酯类	I	抗老化剂	抗老化剂主要为紫外吸收剂、抗氧化剂

3.7.9.2　聚氨酯隔热胶性能等级

聚氨酯隔热胶性能等级如图 3-14 所示。

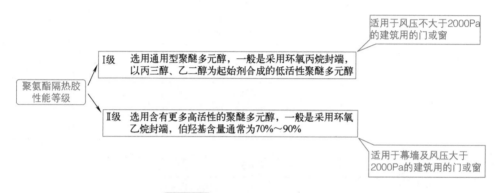

图 3-14　聚氨酯隔热胶性能等级

3.7.9.3　原胶黏度、含水率、密度、羟值

原胶的黏度、含水率、密度、羟值需要符合的规定如表 3-27 所示。

表 3-27　原胶的黏度、含水率、密度、羟值需要符合的规定

隔热胶性能等级		原胶黏度（23℃）/mPa·s	原胶含水率 /%	原胶密度（23℃）/（g/cm³）	原胶羟值（以 KOH 计）/（mg/g）
I 级	I 类原胶	200 ± 50	—	1.23 ± 0.06	—
	P 类原胶	700 ± 200	≤ 0.06	1.07 ± 0.05	200 ～ 400
II 级	I 类原胶	200 ± 50	—	1.23 ± 0.06	—
	P 类原胶	700 ± 200	≤ 0.05	1.07 ± 0.05	250 ～ 350

轻松通

　　原胶应色泽均匀、纯净无杂质。原胶运输、贮存中，避免与酸、碱、盐、有机溶剂接触，以及避免日晒、雨淋、撞击、挤压等情况。原胶桶应水平放置，并且存放的环境温度一般为 10 ～ 37℃。

3.7.9.4　聚醚多元醇主要产品及应用

聚醚多元醇主要产品及其应用如表 3-28 所示。

表 3-28 聚醚多元醇主要产品及其应用

分类	规格	国内代表产品	主要用途
单羟基聚醚多元醇	113E	GR-110E、F-6	制备硬泡硅油、纺织硅油等主要原料
二羟基聚醚多元醇	210	GE-210、TDiol-1000、N-210（PPG1000）	聚氨酯弹性体、黏合剂主要原料
	220	GE-220、TDiol-2000、ZSN-220（PPG2000）、N-220	聚氨酯弹性体、黏合剂主要原料
	220X	GE-220A、TDiol-2000B、ZS-D560、ZS-D561	聚氨酯弹性体、黏合剂主要原料
三羟基聚醚多元醇	330E	GEP-560S、TEP-565B、ZS-2801、ZS-2802	聚氨酯软质材料主要原料
	348H	GEP-330N、TEP-330N、ZS-1618A	高活性、冷熟化聚氨酯材料主要原料
	330	GMN-3050、TMN-3050、ZSN-330、N-330	聚氨酯软泡、防水涂料等主要原料
	330X	GMN-3050A、TMD-3000	聚氨酯软泡、涂料、黏合剂等主要原料
	360H	GEP-828、TEP-3600、ZS-6281	高回弹聚氨酯材料主要原料
	310	GE-310、TMN-1000、N-310	聚氨酯涂料等主要原料
四羟基聚醚多元醇	403	GR-403、TAE-300、N-403	聚氨酯硬质泡沫材料主要原料
六羟基聚醚多元醇	6305	GR-635S、N-635S、N-635A	聚氨酯硬质泡沫材料主要原料
八羟基聚醚多元醇	8305	GR-835G、ZS-835	聚氨酯硬质泡沫材料主要原料

3.8 门、窗用未增塑聚氯乙烯（PVC-U）型材

3.8.1 分类

根据颜色及工艺，门、窗用未增塑聚氯乙烯（PVC-U）型材可以分为通体型材、装饰型材。通体型材又可以分为白色通体型材、非白色通体型材。装饰型材又可以分为覆膜型材、共挤型材、涂装型材等。

门、窗用未增塑聚氯乙烯（PVC-U）型材的分类如图 3-15 所示。

图 3-15 门、窗用未增塑聚氯乙烯（PVC-U）型材分类

3.8.2 分级

门、窗用未增塑聚氯乙烯（PVC-U）型材可以根据主型材的落锤冲击、老化时间、主型

材的保温性能等来分级，如图3-16所示。

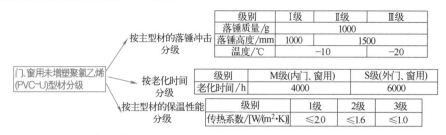

图3-16 门、窗用未增塑聚氯乙烯（PVC-U）型材分级

级别	I级	II级	III级
落锤质量/g	1000		
落锤高度/mm	1000	1500	
温度/℃		-10	-20

级别	M级(内门、窗用)	S级(外门、窗用)
老化时间/h	4000	6000

级别	1级	2级	3级
传热系数/[W/(m²·K)]	≤2.0	≤1.6	≤1.0

3.9 门、窗框

3.9.1 门框的组成部件

门框的组成部件有下框、边框、上框、中横框、中竖框、搭头（临时部件）等，如图3-17所示。门框的槽口、截面尺寸需要符合要求。

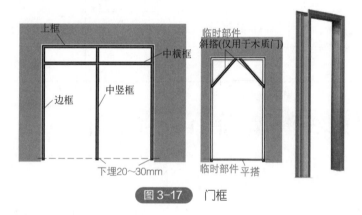

图3-17 门框

3.9.2 门框的构造要求

木门窗与砖石砌体混凝土或抹灰层接触处，应进行防腐处理。门框的构造要求，如图3-18所示。

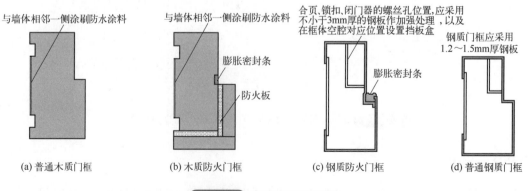

(a) 普通木质门框　(b) 木质防火门框　(c) 钢质防火门框　(d) 普通钢质门框

图3-18 门框的构造要求

3.9.3 门框与结构洞口的关系

门框与结构洞口的关系如图3-19所示。

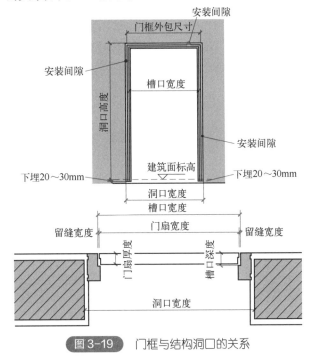

图 3-19 门框与结构洞口的关系

3.9.4 门窗框的安装形式

门窗框的安装形式有边立口、中立口等，如图3-20所示。推拉门、窗、弹簧门等一般采用中立口。平开门一般采用边立口。

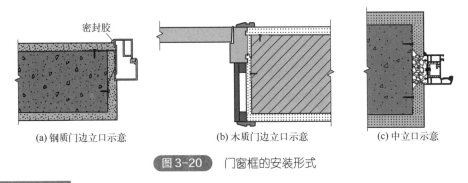

(a) 钢质门边立口示意   (b) 木质门边立口示意   (c) 中立口示意

图 3-20 门窗框的安装形式

轻松通

门框与墙体的连接：
（1）采用连接片＋射钉连接，或者用电焊将连接片与墙体预埋铁焊接连接；
（2）采用塑料膨胀管或膨胀螺栓固定连接；
（3）采用铁钉直接将门框固定在砌体内的预埋木砖上。

3.10 建筑门窗附框

3.10.1 附框分类与代号

附框是指预埋或预先安装在门窗洞口中，用于固定门窗的杆件系统。附框分类与代号如图 3-21 所示。

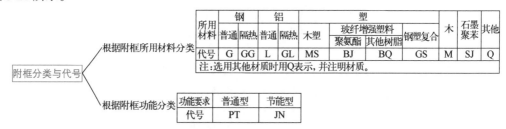

| 附框分类与代号 | 根据附框所用材料分类 | | | | | | | | | | | |

所用 材料	钢		铝		塑					木	石墨 聚苯	其他
	普通	隔热	普通	隔热	木塑	玻纤增强塑料			钢塑复合			
						聚氨酯	其他树脂					
代号	G	GG	L	GL	MS	BJ		BQ	GS	M	SJ	Q

注：选用其他材质时用Q表示，并注明材质。

功能要求	普通型	节能型
代号	PT	JN

图 3-21 附框分类与代号

轻松通

附框的定义如下。

（1）玻纤增强聚氨酯附框——用玻纤增强聚氨酯型材制作的附框。

（2）玻纤增强塑料附框——用玻纤增强塑料型材制作的附框。

（3）钢塑复合附框——采用硬质聚氯乙烯塑料与内置增强型钢共挤、复合而成的型材加工的附框。

（4）木附框——用实木或集成材料制作的附框。

（5）木塑附框——用木塑型材制作的附框。

（6）普通型附框——采用金属材料制成的附框。

（7）石墨聚苯附框——用石墨聚苯型材制作的附框。

3.10.2 附框的系列与规格

附框的系列与规格如图 3-22 所示。

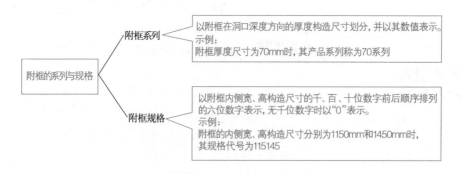

附框系列 ── 以附框在洞口深度方向的厚度构造尺寸划分，并以其数值表示。
示例：
附框厚度尺寸为70mm时，其产品系列称为70系列

附框的系列与规格

附框规格 ── 以附框内侧宽、高构造尺寸的千、百、十位数字前后顺序排列的六位数字表示，无千位数字时以"0"表示。
示例：
附框的内侧宽、高构造尺寸分别为1150mm和1450mm时，其规格代号为115145

图 3-22 附框的系列与规格

轻松通

　　附框厚度尺寸一般以其与洞口墙体连接侧的型材截面宽度尺寸来确定。如果附框四周框架的厚度尺寸不同时，应以其中厚度尺寸最大的数值来确定。

3.10.3　钢附框

　　钢附框宜采用焊接方式组框，并且应在满焊后对焊缝位置进行防腐处理。

　　钢附框型材外表面应采用热浸镀锌防腐处理，外表面镀层局部厚度一般不应小于 45μm，平均厚度一般不应小于 55μm。

　　钢附框型材截面如图 3-23 所示。

图 3-23 钢附框型材截面

C—壁厚；*H*—截面高度；*W*—截面宽度

轻松通

　　钢塑复合附框、木塑附框、玻纤增强塑料附框、玻纤增强聚氨酯附框角部宜采用角码固定方式连接，并且角部连接部位需要采取防渗水措施。

3.10.4　铝合金附框

　　铝合金附框型材截面如图 3-24 所示。

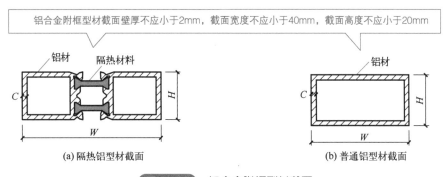

图 3-24 铝合金附框型材截面

C—壁厚；*H*—截面高度；*W*—截面宽度

轻松通

　　附框角部的连接构造需要牢固可靠，根据材质不同选用焊接、螺钉连接、角码固定等方式。连接用螺钉公称直径一般不应小于4mm。

3.10.5　木塑附框

　　木塑附框型材截面如图3-25所示。

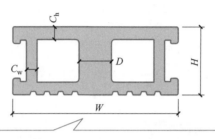

木塑附框型材截面宽度不应小于50mm，截面高度不应小于24mm。型材截面高度方向壁厚不应小于5mm，型材截面宽度方向壁厚不应小于4mm，加强肋厚度不应小于12mm

图 3-25　木塑附框型材截面

C_h—高度方向壁厚；C_w—宽度方向壁厚；D—加强肋厚度；H—截面高度；W—截面宽度

轻松通

　　附框选择应根据气候环境、地理特性、门窗安装构造等要求来确定。安装构造有节能要求时，宜选用节能型附框。

3.10.6　玻纤增强塑料附框

　　玻纤增强塑料附框型材截面如图3-26所示。

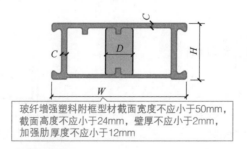

玻纤增强塑料附框型材截面宽度不应小于50mm，截面高度不应小于24mm，壁厚不应小于2mm，加强肋厚度不应小于12mm

图 3-26　玻纤增强塑料附框型材截面

C—壁厚；D—加强肋厚度；H—截面高度；W—截面宽度

3.10.7 钢塑复合附框

钢塑复合附框型材截面如图 3-27 所示。

3.10.8 木附框

木附框型材截面如图 3-28 所示。

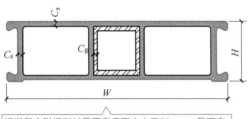 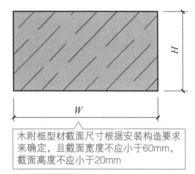

钢塑复合附框型材截面宽度不应小于50mm，截面高度不应小于24mm，增强型钢壁厚不应小于1.5mm，塑料壁厚不应小于2.5mm

木附框型材截面尺寸根据安装构造要求来确定，且截面宽度不应小于60mm，截面高度不应小于20mm

图 3-27 钢塑复合附框型材截面

C_g—增强型钢壁厚；C_s—塑料壁厚；

H—截面高度；W—截面宽度

图 3-28 木附框型材截面

H—截面高度；W—截面宽度

轻松通

附框表面需要平整，整体无明显的碰伤、裂纹、杂质等缺陷。附框规格尺寸应与门窗洞口的标志尺寸相同。

3.10.9 石墨聚苯附框

石墨聚苯附框型材截面如图 3-29 所示。石墨聚苯附框型材常用截面宽度尺寸有 70mm、100mm、120mm、140mm、160mm、180mm、200mm、230mm 等。

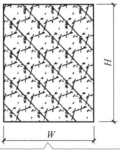

石墨聚苯附框型材截面尺寸根据安装构造要求来确定，且截面宽度不应小于70mm；安装于洞口结构外侧时，截面高度不应小于85mm

图 3-29 石墨聚苯附框型材截面

H—截面高度；W—截面宽度

轻松通

石墨聚苯附框安装于结构外侧时，其型材截面宽度尺寸可以根据门窗系列大小、窗框
与主体结构间的距离来确定，并且底部需要做有效支撑。

3.10.10 附框型材尺寸允许偏差

附框型材尺寸允许偏差如表 3-29 所示。

表3-29 附框型材尺寸允许偏差　　　　单位：mm

项目	尺寸范围	允许偏差
附框对角线尺寸差	≤ 2500	2.5
	>2500	3.5
附框角部接缝高低差	—	1
附框宽度、高度尺寸	≤ 2000	± 1.5
	>2000，且 ≤ 3500	± 2
	>3500	± 2.5
附框宽度、高度尺寸对边尺寸差	≤ 2000	2
	>2000，且 ≤ 3500	2.5
	>3500	3
型材壁厚	—	+0.2
型材加强肋厚度	—	+0.5
型材截面高度	—	± 1
型材截面宽度	—	± 1
型材直线偏差	1000	1

3.10.11 附框安装时门窗洞口尺寸、位置允许偏差

附框安装不应采用边砌口边安装的施工方法。有避雷设计要求时，需要考虑与建筑避雷网
的连接方案。

建筑门窗洞口尺寸、位置允许偏差如表 3-30 所示。

表3-30 建筑门窗洞口尺寸、位置允许偏差

项目	尺寸范围	允许偏差/mm	检测工具
垂直方向洞口位置允许偏差——全楼洞口	全楼高度 <30m	≤ 15	经纬仪或铅锤仪
	全楼高度 ≥ 30m	≤ 20	经纬仪或铅锤仪
	—	≤ 10	经纬仪或铅锤仪
对角线尺寸差	≤ 2500mm	≤ 10	钢卷尺
	>2500mm	≤ 15	钢卷尺

续表

项目	尺寸范围	允许偏差/mm	检测工具
宽度、高度	≤2000mm	±10	钢卷尺
	>2000～3500mm	±15	钢卷尺
	>3500mm	±20	钢卷尺
宽度、高度对边尺寸差	≤2000mm	≤5.0	钢卷尺
	>2000～3500mm	≤10	钢卷尺
	>3500mm	≤15	钢卷尺
水平方向洞口位置允许偏差——全楼洞口	全楼高度<30m	≤15	经纬仪或铅锤仪
	全楼高度≥30m	≤20	经纬仪或铅锤仪
水平方向洞口位置允许偏差——相邻洞口	—	≤10	经纬仪或铅锤仪

外墙有装饰时，外门窗洞口需要根据表3-31中不同装饰面的要求进行尺寸扣减。如果扣减尺寸影响采光要求时，则以表3-31中一般粉刷为基准，对附框外侧部分的墙体根据表中对应的墙体饰面材料间隙进行尺寸预留。

表3-31　不同装饰面外门窗洞口与附框间隙预留尺寸

墙体饰面材料	洞口与附框的间隙/mm	墙体饰面材料	洞口与附框的间隙/mm
花岗岩板材贴面	45～50	泰山面砖贴面	40～45
马赛克贴面	25～30	一般粉刷	15
普通面砖贴面	35～40	—	—

3.10.12　后置式附框典型安装节点

后置式附框典型安装节点如图3-30所示。

后置式附框（石墨聚苯附框除外）安装要求如下。

（1）安装前，复核洞口尺寸、附框尺寸。

（2）安装时，用木楔将附框四边临时固定，并且调整附框的垂直度、水平度、进出位。

（3）安装在非混凝土墙体时，需要确认预埋混凝土砌块的位置。

（4）附框安装宜在室内粉刷或室外粉刷、找平、刮糙等湿作业完工前进行。

（5）附框端部固定点距端部的距离一般不应大于150mm，其余部位固定点的间距一般不应大于500mm，如图3-31所示。

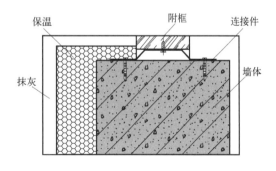

图3-30　后置式附框典型安装节点

（6）附框与墙体采用膨胀螺栓固定时，螺栓公称直径一般不宜小于8mm。

（7）附框周边与墙体接缝位置，宜用微膨胀防水砂浆塞缝密实。

（8）连接件与附框固定用螺钉公称直径一般不宜小于4mm，连接件与墙体固定形式根据墙体类型合理选用射钉或膨胀螺栓。

（9）有特殊防水材料处理的地方，需要与附框涂布或者粘接牢固、可靠。

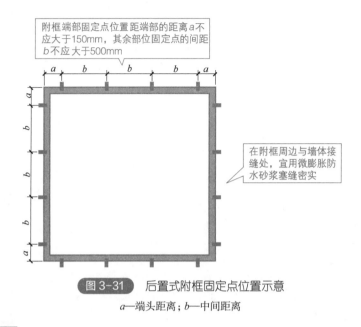

附框端部固定点位置距端部的距离 *a* 不应大于 150mm，其余部位固定点的间距 *b* 不应大于 500mm

在附框周边与墙体接缝处，宜用微膨胀防水砂浆塞缝密实

图 3-31　后置式附框固定点位置示意

a—端头距离；*b*—中间距离

轻松通

安装附框前，应检查附框的装配质量、外观质量，当有变形或表面损伤时，需要进行整修。安装所需的机具、辅助材料、安全设施，应齐全可靠。门窗与墙体的连接件最小厚度：外门为 2mm，外窗为 1.5mm，安装用副框为 1.5mm。

3.10.13　预埋式附框典型安装节点

预埋式附框典型安装节点如图 3-32 所示。

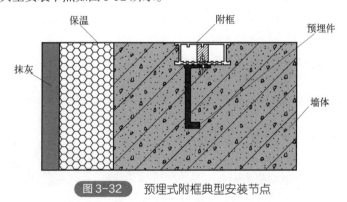

保温　　　附框　　　预埋件

抹灰

墙体

图 3-32　预埋式附框典型安装节点

预埋式附框（石墨聚苯附框除外）安装要求如下。

（1）首先检查附框的规格尺寸，应符合设计等有关要求。

（2）在附框外侧安装预埋钢筋，预埋钢筋直径一般不应小于 6mm，长度一般不应小于 100mm。钢筋一端宜与 20mm×20mm×4mm 带孔镀锌钢片焊接，另一端做成弯钩。带孔镀锌钢片和附框相连。

（3）混凝土墙板制模时，需要根据设计要求与附框规格确定准确位置。

（4）混凝土浇筑前，需要检查附框安装尺寸。

（5）采用非金属模板时，应在附框高度、宽度方向用辅助框或木板条做辅助支撑。

（6）混凝土强度达到要求后，可拆除附框内辅助支撑，以及检查附框最终尺寸是否符合有关要求。

3.10.14　石墨聚苯附框典型安装节点

石墨聚苯附框典型安装节点如图3-33所示。

石墨聚苯附框安装要求如下：

（1）根据洞口尺寸、门窗与结构墙体的位置关系，确定附框的安装位置。

（2）较宽的洞口需要对附框型材进行延长，并且使用专用密封胶将两根或多根型材进行连接。

（3）较宽的附框安装时，宜在端部、型材拼接位置增加支撑块。

（4）附框端部固定点距端部距离一般不应大于100mm，中间固定点距离一般不应大于800mm。石墨聚苯附框固定点位置如图3-34所示。

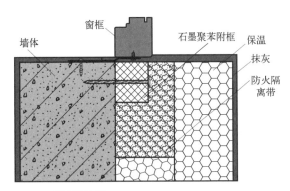

图3-33　石墨聚苯附框典型安装节点

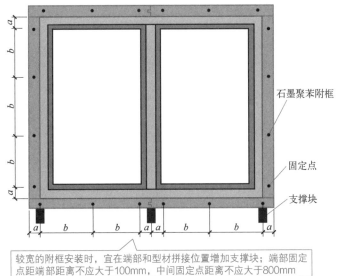

较宽的附框安装时，宜在端部和型材拼接位置增加支撑块；端部固定点距端部距离不应大于100mm，中间固定点距离不应大于800mm

图3-34　石墨聚苯附框固定点位置示意

a—端头距离；b—中间距离

轻松通

门窗干法安装是指在墙体门窗洞口预先设置附框，以及对墙体与附框间进行缝隙填充、防水密封处理，墙体洞口表面装饰湿作业完成后，可以将门窗固定在附框上的安装方式。

3.10.15 附框安装后尺寸允许偏差

附框安装后尺寸允许偏差如表 3-32 所示。

表 3-32 附框安装后尺寸允许偏差   单位：mm

项目	尺寸范围	允许偏差
对角线尺寸差	≤ 2500	2.5
	>2500	3.5
附框宽度、高度构造尺寸	≤ 2000	± 1.5
	>2000，且 ≤ 3500	± 2
	>3500	± 2.5
附框宽度、高度构造尺寸对边尺寸差	≤ 2000	2
	>2000，且 ≤ 3500	2.5
	>3500	3

轻松通

建筑门窗附框推荐适宜的建筑热工气候分区如下。

（1）普通型附框——适宜气候温和地区、夏热冬暖地区。

（2）节能型附框——适宜夏热冬冷地区、寒冷地区、严寒地区。

3.10.16 建筑门附框常用标准化尺寸系列

建筑门附框常用标准化尺寸系列如表 3-33 所示。

表 3-33 建筑门附框常用标准化尺寸系列   单位：mm

附框规格		内侧宽度构造尺寸						
		700	800	900	1000	1200	1500	1800
内侧高度构造尺寸	2100	▯	▯	▯	▯	▯	▯	▯
	2400	▯	▯	▯	▯	▯	▯	▯

3.10.17 建筑窗附框常用标准化尺寸系列

建筑窗附框常用标准化尺寸系列如表 3-34 所示。

表 3-34 建筑窗附框常用标准化尺寸系列   单位：mm

附框规格		内侧宽度构造尺寸				
		600	900	1200	1500	1800
内侧高度构造尺寸	600	▭	▭	▭	▭	▭
	900	▯	▯	▯	▭	▭
	1200	▯	▯	▯	▯	▯
	1500	▯	▯	▯	▯	▯
	1800	▯	▯	▯	▯	▯

3.11 建筑门窗五金、附件基础知识

3.11.1 门窗框扇杆件与相关附件

门窗是一个系统的工程，其往往由型材、胶条、玻璃、五金件等材料，通过专门的加工设备，根据严格的设计、制造工艺、安装等要求，有机结合成为一个系统。

门窗框扇杆件与相关附件，如图 3-35 所示。

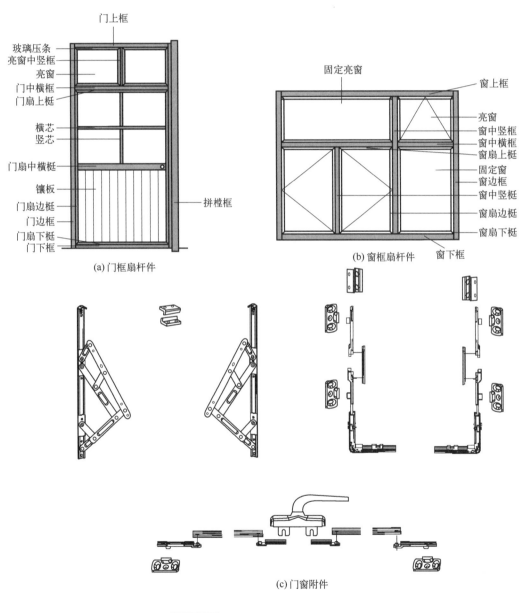

(a) 门框扇杆件

(b) 窗框扇杆件

(c) 门窗附件

图 3-35 门窗框扇杆件与相关附件

门窗框扇杆件与相关附件的术语解说如表 3-35 所示。

表 3-35 门窗框扇杆件与相关附件的术语解说

名称	解　说
边框	门窗框构架的两侧边部竖向杆件
边梃	门窗扇构架的两侧边部竖向杆件
玻璃压条	镶嵌固定门窗玻璃的可拆卸的杆状件
窗台板	门窗洞口底面窗室内侧下框位置设置的水平板件
带勾边梃	不在一个平面内的两推拉窗扇关闭时，重叠相邻的带有互相配合密封构造的边梃杆件
封口边梃、附加边梃	在同一平面内两相邻的边梃间接合密封所用的型材杆件
附加披水条	门窗上所装配的披水条
固有披水条	门窗本身所带有的披水条
横芯	门窗扇构架的横向玻璃分格条
竖芯	门窗扇构架的竖向玻璃分格条
披水板	门窗洞口底面窗室外侧下框下部设置的带有倾斜坡度的排水板
披水条、挡风雨条	门窗扇间、框与扇间，以及框与门窗洞口间横向缝隙位置的挡风、排泄雨水的型材杆件
拼樘框	两樘与两樘以上门间、窗间，或者门与窗间组合时的框构架的横向、竖向连接杆件
上框	门窗框构架的上部横向杆件
上梃	门窗扇构架的上部横向杆件
下框、门槛、下槛、窗槛	门窗框构架的底部横向杆件
下梃	门窗扇构架的底部横向杆件
中横框	门窗框构架的中部横向杆件
中横梃	门窗扇构架的中部横向杆件
中竖框	门窗框构架的中间竖向杆件

轻松通

　　框是门窗的固定部分，扇是门窗的可开启部分，五金配件是门窗的连接与相关功能实现部分。

3.11.2 建筑门窗五金件常用材料

建筑门窗五金件常用材料如表 3-36 所示。

表 3-36 建筑门窗五金件常用材料

名称	解　说
不锈钢	（1）不锈钢棒不应低于《不锈钢棒》（GB/T 1220—2007）中 0Cr18Ni9 的规定。 （2）不锈钢冷轧钢板不应低于《不锈钢冷轧钢板和钢带》（GB/T 3280—2015）中 0Cr18Ni9 的规定
铝合金	（1）锻压铝合金不应低于《变形铝及铝合金化学成分》（GB/T 3190—2020）中 7075 的规定。 （2）挤压铝合金不应低于《铝合金建筑型材　第1部分：基材》（GB/T 5237.1—2017）中 6063 T5 的规定。 （3）压铸铝合金不应低于《压铸铝合金》（GB/T 15115—2009）中 YZAlSi12 的规定
塑料	采用 ABS 时，应采用《丙烯腈 - 丁二烯 - 苯乙烯（ABS）树脂》（GB/T 12672—2009）中弯曲强度不低于 62MPa 的材料

续表

名称	解　说
碳素钢	（1）冷拉工艺部件不应低于《碳素结构钢》（GB/T 700—2006）、《冷拉圆钢、方钢、六角钢尺寸、外形、重量及允许偏差》（GB/T 905—1994）中 Q235 的规定。 （2）冷轧钢板、钢带不应低于《碳素结构钢》（GB/T 700—2006）、《碳素结构钢冷轧钢板及钢带》（GB/T 11253—2019）中 Q235 的规定。 （3）热轧工艺部件不应低于《碳素结构钢》（GB/T 700—2006）、《热轧钢棒尺寸、外形、重量及允许偏差》（GB/T 702—2017）中 Q235 的规定
锌合金	压铸锌合金不应低于《压铸锌合金》（GB/T 13818—2009）中 YZZnAl4Cu1 的规定

轻 松 通

门窗五金配件，虽然说是配件，但是不是配角，应算是门窗的"心脏"。五金配件在门窗中所起的作用非同小可，不但与门窗的水密性、气密性、抗风压性等息息相关，而且在门窗安全性能上起着重要作用。

3.11.3　建筑门窗五金件各类产品主体常用材料

建筑门窗五金件各类产品主体常用材料如表 3-37 所示。

表 3-37　建筑门窗五金件各类产品主体常用材料

五金件	产品主体常用材料
插销	碳素钢、挤压铝合金、压铸锌合金、不锈钢
撑挡	不锈钢、挤压铝合金
传动机构用执手	压铸铝合金、压铸锌合金、锻压铝合金、不锈钢
传动锁闭器	碳素钢、压铸锌合金、不锈钢、挤压铝合金
单点锁闭器	不锈钢、压铸锌合金
多点锁闭器	不锈钢、碳素钢、压铸锌合金、挤压铝合金
合页（铰链）	压铸锌合金、压铸铝合金、碳素钢、挤压铝合金、不锈钢
滑撑	不锈钢
滑轮	黄铜、轴承钢、不锈钢、聚甲醛、聚酰胺
双面执手	压铸铝合金、锻压铝合金、压铸锌合金、不锈钢
下悬拉杆	碳素钢、不锈钢、压铸锌合金
旋压执手	压铸铝合金、压铸锌合金

3.11.4　建筑门窗五金件分类

建筑门窗五金件分类如图 3-36 所示。门窗的五金件主要有插销、密封条、撑挡、地弹簧、滑轨、拉手、合页（又称铰链）、锁、门止（又称门碰、门吸）、闭门器、顺位器等，各类门窗可根据实际需要选用。

操纵部件:包括传动机构用执手、旋压执手、双面执手、单点锁闭器等。

承载部件:包括合页(铰链)、滑撑、滑轮等。

根据五金件功能分类 {

传动启闭部件:包括传动锁闭器、多点锁闭器、插销等。

辅助部件:包括撑挡、下悬拉杆。

推拉门:包括承载部件、传动启闭部件、操纵部件等。

平开门:包括承载部件、传动启闭部件、操纵部件等。

推拉窗:包括承载部件、传动启闭部件、操纵部件等。

内平开窗:包括承载部件、传动启闭部件、操纵部件、辅助部件等。

根据常用开启形式门窗
五金件基本配置分类 {

外平开窗:包括承载部件、传动启闭部件、操纵部件等。

内开下悬窗:包括承载部件、传动启闭部件、操纵部件、辅助部件等。

外开上悬窗:包括承载部件、传动启闭部件、操纵部件等。

图 3-36 建筑门窗五金件分类

轻松通

　　辅助部件，就是门窗上用于完善功能的一种部件。操纵部件，就是在外力的作用下，控制支配门窗启闭功能的一种部件。承载部件，就是连接框扇，承受门窗开启载荷的一种部件。传动启闭部件，就是传递操纵力，实现框扇启闭的一种部件。

3.11.5　建筑门窗五金件——合页（铰链）

　　合页（铰链），是用于连接门窗框、门窗扇，支撑门窗扇，实现门窗扇向室内或室外产生旋转的一种装置附件。

　　合页（铰链）示意如图 3-37 所示，其分类如图 3-38 所示。合页的种类主要有：滑撑合页、大门合页、普通合页、弹簧合页、桥式合页、玻璃合页等。

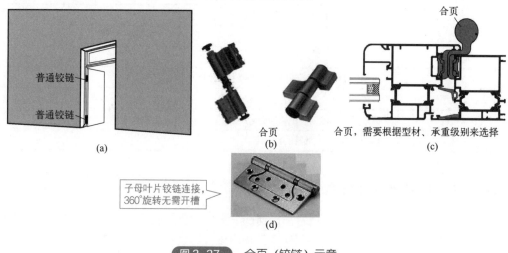

普通铰链

普通铰链

(a)

合页

(b)

合页，需要根据型材、承重级别来选择

(c)

子母叶片铰链连接，
360°旋转无需开槽

(d)

图 3-37　合页（铰链）示意

建筑工程常用的合页材质有钢、不锈钢、铜等。

采用合页时，短时间内窗扇不会下坠，如材质出现问题，易造成窗扇掉落。采用铰链的优点是受力合理，能够有效地降低窗扇所承受的风压，但传统铰链的承重不如合页。现在改进的铰链，承重问题已经解决。

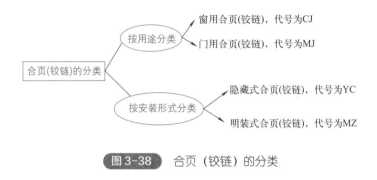

图 3-38 合页（铰链）的分类

不锈钢隐藏式合页如图 3-39 所示。

合页（铰链）还可根据承重级别分类：以单扇门窗用一组（2 个）合页（铰链）承重进行分类时，取承重为 10kg 整数倍的重量表示承重级别。例如承重为 26kg 时，则以 20kg 的级别表示。

门合页的安装，一般应在门扇与门框双面开槽。木螺钉开孔深度一般为螺钉长度的 1/3（硬木为 2/3），然后用螺丝刀拧入槽内。严禁用铁锤敲打螺钉入内。

门合页安装位置如图 3-40 所示。

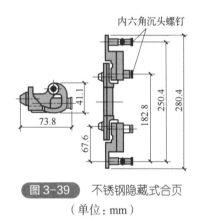

图 3-39 不锈钢隐藏式合页
（单位：mm）

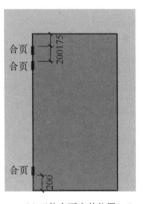

(a) 三片合页安装位置(一)

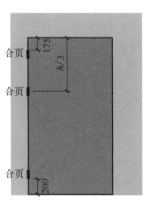

(b) 三片合页安装位置(二)

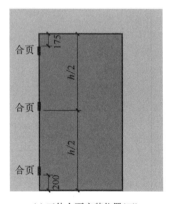

(c) 三片合页安装位置(三)

图 3-40

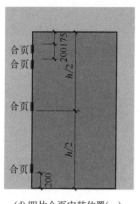

(d) 四片合页安装位置(一)

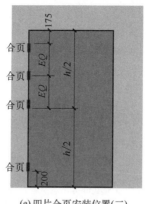

(e) 四片合页安装位置(二)

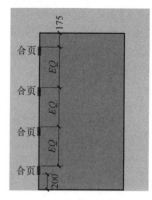

(f) 四片合页安装位置(三)

图 3-40　门合页安装位置

h—门高；*EQ*—合页间距

轻松通

　　明装式合页（铰链）在门窗扇关闭状态下有外露部分。隐藏式合页（铰链）在门窗扇关闭状态下无外露部分。不同铝合金窗的铰链有差异，其规格需要根据窗型大小而确定。有的挂钩型材，则不需要铰链。

3.11.6　建筑门窗五金件——执手

　　传动机构用执手，是指实现门窗扇启闭的一种操纵装置附件，具体包括驱动传动锁闭器、多点锁闭器等。传动机构用执手示意如图 3-41 所示，其分类如图 3-42 所示。

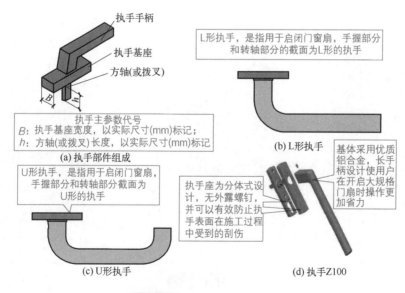

图 3-41　传动机构用执手

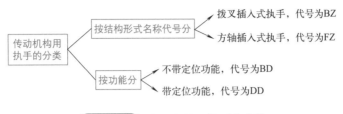

图 3-42 传动机构用执手的分类

不带定位功能的执手，是指旋转过程中，没有设置定位功能的执手。带定位功能的执手，是指旋转过程中，在特定位置设置有定位功能的执手。

旋压执手，是指通过转动手柄，实现窗启闭、锁定功能的一种装置附件。双面执手，是指执手分别装在门扇的两面，且均可实现驱动锁闭装置的一套组合部件。

不锈钢执手的特点如图 3-43 所示。

旋压执手如图 3-44 所示。

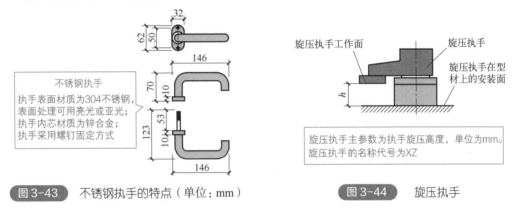

图 3-43 不锈钢执手的特点（单位：mm） 图 3-44 旋压执手

铝合金外开窗型 CZS160 执手，可以应用于外平开窗，舌长 60mm，可以满足厚度 75mm 的型材，其安装如图 3-45 所示。铝合金外开窗型执手，往往需要根据使用要求、型材安装要求具体选择。有的内开执手不分左右，可任意选配。

图 3-45 铝合金外开窗型 CZS160 执手的安装

高度大于 800mm 以上平开扇，或者宽度大于 800mm 的上悬窗，必须使用不少于 2 个锁点的传动执手。平开门扇使用不少于 4 个锁点的传动执手。

轻松通

内开窗与建筑物中首层的外开窗，开启扇下角需要有防护措施。窗扇需要有限制开启角度或限制执手开启等限位防护装置。

3.11.7 建筑门窗五金件——滑撑

滑撑，是指用于连接窗框和窗扇，支承窗扇，实现向室外产生旋转并同时平移开启的一种多杆件装置附件。

滑撑的分类和主参数如图 3-46 所示。

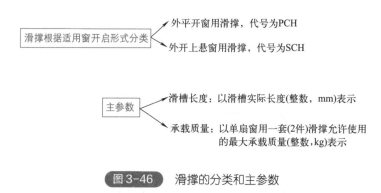

滑撑根据适用窗开启形式分类
→ 外平开窗用滑撑，代号为PCH
→ 外开上悬窗用滑撑，代号为SCH

主参数
→ 滑槽长度：以滑槽实际长度(整数，mm)表示
→ 承载质量：以单扇窗用一套(2件)滑撑允许使用的最大承载质量(整数，kg)表示

图 3-46 滑撑的分类和主参数

3.11.8 建筑门窗五金件——撑挡

撑挡，又称为限位器、开启限位器，是指限制活动扇开启角度的一种装置附件。撑挡的分类及示意如图 3-47 所示。对于规格代号，外开上悬窗用锁定式撑挡以支撑部件最小长度实际尺寸表示，单位为毫米（mm）；其余撑挡以支撑部件最大长度实际尺寸表示，单位为毫米（mm）。

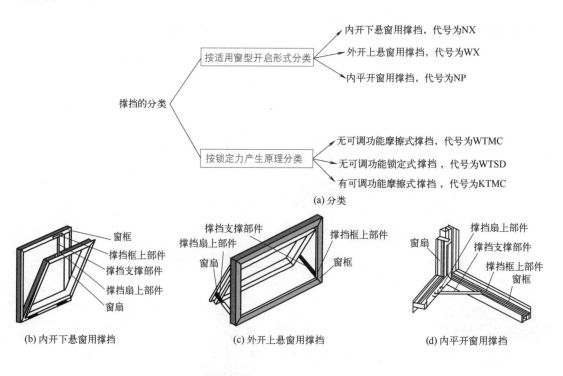

图 3-47 撑挡的分类及示意

3.11.9 建筑门窗五金件——滑轮

滑轮，是指承受门窗扇重量，并且能够在外力的作用下，通过滚动使门窗扇沿轨道往复运动的一种装置附件。滑轮的分类如图 3-48 所示。

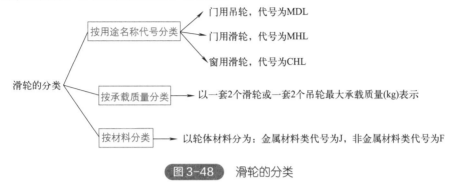

图 3-48 滑轮的分类

3.11.10 建筑门窗五金件——传动锁闭器

传动锁闭器，是指具有传动功能，可控制平开门窗、上悬窗、下悬窗多点锁闭和开启的一种杆形装置附件。传动锁闭器的分类如图 3-49 所示。

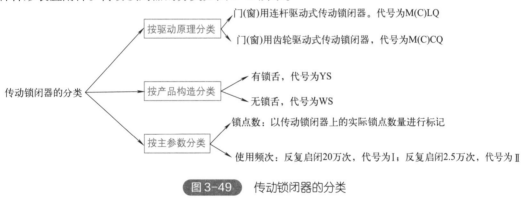

图 3-49 传动锁闭器的分类

3.11.11 建筑门窗五金件——单点锁闭器

单点锁闭器，是指可控制推拉门窗单一位置锁闭的一种装置附件。单点锁闭器按结构形式可分为三类，如图 3-50 所示。

(a) 单点锁闭器形式Ⅰ   (b) 单点锁闭器形式Ⅱ   (c) 单点锁闭器形式Ⅲ

图 3-50 单点锁闭器按结构形式分类

3.11.12 建筑门窗五金件——多点锁闭器

多点锁闭器,是指具有传动功能,可控制推拉门窗多个位置锁闭和开启的一种杆形装置附件。多点锁闭器的分类与代号如图 3-51 所示。

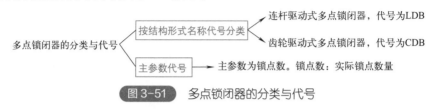

图 3-51 多点锁闭器的分类与代号

3.11.13 建筑门窗五金件——插销

插销,是指实现对门窗扇定位、锁闭功能的一种装置附件。插销的分类与代号如图 3-52 所示。

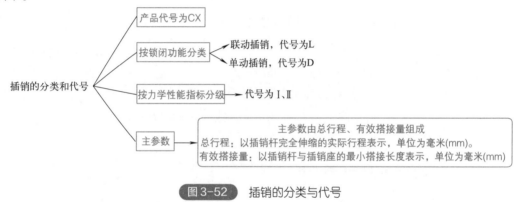

图 3-52 插销的分类与代号

3.11.14 建筑窗用内平开下悬五金系统

内平开下悬五金系统,是指通过操作执手,可以使窗具有内平开、下悬、锁闭等功能的一种五金系统。其中的防误操作器,是防止窗扇在内平开状态时,直接进行下悬操作的装置。五金系统中的斜拉杆,是用于连接窗上部合页(铰链)与窗扇的一种装置附件。建筑窗用内平开下悬五金系统的分类与代号,如图 3-53 所示。

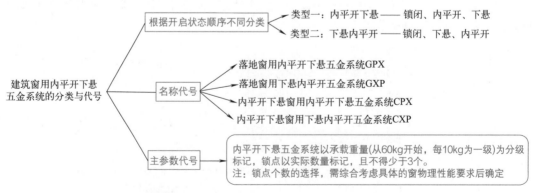

图 3-53 建筑窗用内平开下悬五金系统的分类与代号

轻松通

建筑门窗五金件外观要求如下。

（1）镀层要求——镀层应均匀、致密，不应有泛黄、漏镀、烧焦等缺陷。

（2）涂层要求——涂层应色泽均匀一致，不得有脱落、堆漆、气泡、流挂、橘皮等缺陷。

（3）外表面要求——外露表面不得有明显疵点、气孔、锋棱、凹坑、划痕、飞边、毛刺等缺陷。连接位置应圆整、牢固、光滑，不得有裂纹。

（4）阳极氧化表面要求——阳极氧化膜应致密，表面色泽应均匀一致。

3.11.15 模拟门窗扇尺寸

模拟门窗，是指满足五金件安装与测试需要，具有门窗框架结构样式的一种试验装置。模拟门窗扇尺寸如表 3-38 所示。

表 3-38 模拟门窗扇尺寸

开启形式、五金件基本配置	适用扇最大质量 /kg	五金件长度 /mm	模拟门窗扇外围尺寸（宽度 × 高度）/mm × mm
内开下悬窗五金件基本配置	≤ 30	全部	1200 × 800
内平开窗五金件基本配置	≤ 130	—	1300 × 1200
	>130	—	1500 × 1400
平开门五金件基本配置	全部	—	900 × 2300
推拉窗五金件基本配置	全部	全部	700 × 1200
推拉门五金件基本配置	全部	全部	850 × 2000
外开上悬窗五金件基本配置	≤ 30	全部	800 × 1 200（操纵部件为传动机构用执手）
			500 × 500（操纵部件为旋压执手）
外平开窗五金件基本配置	23	≤ 305	380 × 1200
	28	>305，≤ 355	570 × 1200

轻松通

门窗五金件基本配置，是指可满足门窗使用功能的最少五金件配置。

3.11.16 五金件安装位置

五金件安装位置立面图如图 3-54 所示。

3.11.17 单扇平开门五金件基本配置

单扇平开门五金件基本配置如图 3-55 所示。内平开门、外平开门均适用。

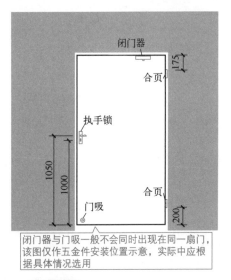

闭门器与门吸一般不会同时出现在同一扇门，该图仅作五金件安装位置示意，实际中应根据具体情况选用

图 3-54 五金件安装位置立面图

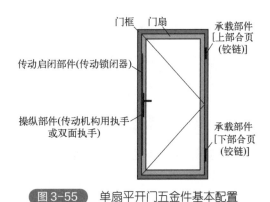

图 3-55 单扇平开门五金件基本配置

3.11.18 双扇平开门五金件基本配置

双扇平开门五金件基本配置如图 3-56 所示。内平开门、外平开门均适用。

3.11.19 单扇推拉门五金件基本配置

单扇推拉门五金件基本配置如图 3-57 所示。

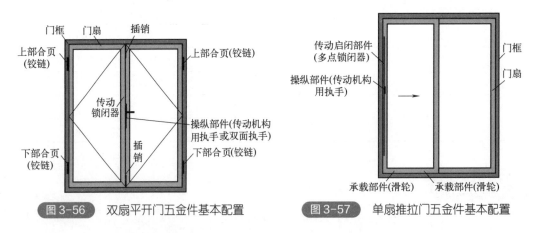

图 3-56 双扇平开门五金件基本配置

图 3-57 单扇推拉门五金件基本配置

3.11.20 双扇推拉门五金件基本配置

双扇推拉门五金件基本配置如图 3-58 所示。

3.11.21 单扇外平开窗五金件基本配置

单扇外平开窗五金件基本配置如图 3-59 所示。单扇外平开窗，扇宽度一般不应大于 570mm。当操纵部件为旋压执手时，扇对角线一般不应大于 700mm。

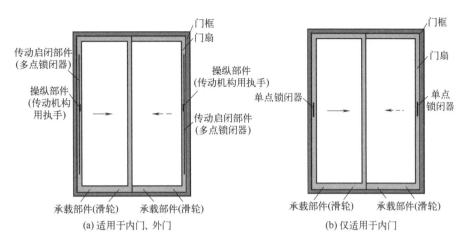

(a) 适用于内门、外门   (b) 仅适用于内门

图 3-58 双扇推拉门五金件基本配置

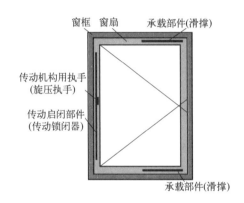

图 3-59 单扇外平开窗五金件基本配置

3.11.22 不带中竖框的双扇外平开窗五金件基本配置

不带中竖框的双扇外平开窗五金件基本配置（扇宽度不应大于 570mm ）如图 3-60 所示。

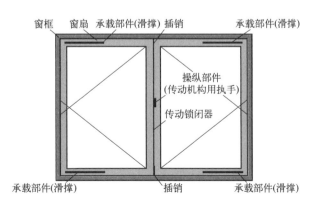

图 3-60 不带中竖框的双扇外平开窗五金件基本配置

3.11.23 单扇内平开窗五金件基本配置

单扇内平开窗五金件基本配置如图 3-61 所示。

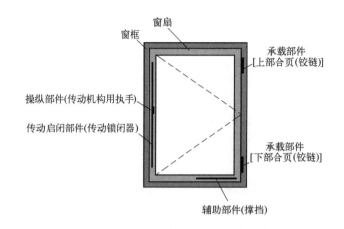

图 3-61 单扇内平开窗五金件基本配置

3.11.24 不带中竖框的双扇内平开窗五金件基本配置

不带中竖框的双扇内平开窗五金件基本配置如图 3-62 所示。

3.11.25 外开上悬窗五金件基本配置

外开上悬窗五金件基本配置如图 3-63 所示。此处仅适宜窗扇开启最大极限距离为 300mm、扇高度不大于 1200mm、扇重 30kg 以下，当操纵部件为旋压执手时，扇对角线不应大于 700mm 的窗。

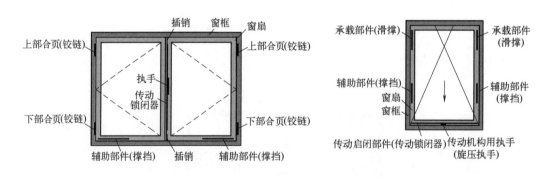

图 3-62 不带中竖框的双扇内平开窗五金件基本配置   图 3-63 外开上悬窗五金件基本配置

3.11.26 内开下悬窗五金件基本配置

内开下悬窗五金件基本配置如图 3-64 所示。此处仅适宜扇开启最大极限距离为 200mm、扇高度不大于 800mm、扇重 30kg 以下的窗。

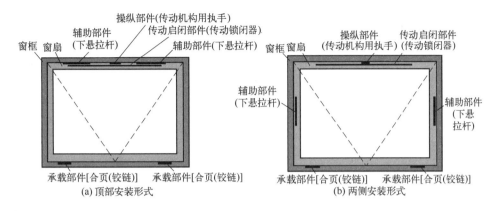

(a) 顶部安装形式　　　(b) 两侧安装形式

图 3-64　内开下悬窗五金件基本配置

3.11.27　单扇推拉窗五金件基本配置

单扇推拉窗五金件基本配置如图 3-65 所示。

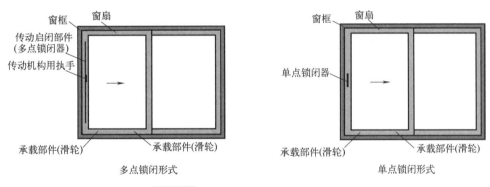

多点锁闭形式　　　　　　单点锁闭形式

图 3-65　单扇推拉窗五金件基本配置

3.11.28　双扇推拉窗五金件基本配置

双扇推拉窗五金件基本配置如图 3-66 所示。

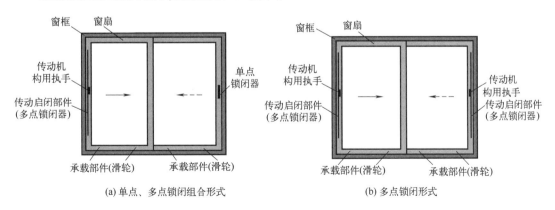

(a) 单点、多点锁闭组合形式　　　(b) 多点锁闭形式

图 3-66

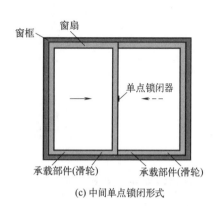

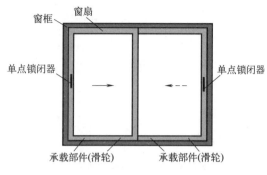

(c) 中间单点锁闭形式　　　　　　　　　　(d) 两侧单点锁闭形式

图 3-66　双扇推拉窗五金件基本配置

3.11.29　门窗常用密封胶条种类、应用范围

门窗常用密封胶条种类、应用范围如表 3-39 所示。框扇的密封胶条在 90° 拐角位置应断开，并且采用 45° 组角黏结，胶条接口位置需要严密；或者在 90° 拐角位置不断开，在内侧剪深度为胶条一半的 90° 豁口，保持胶条连续。

表 3-39　门窗常用密封胶条种类、应用范围

类别		框扇室内、外密封胶条	框扇中间密封胶条	玻璃镶嵌密封胶条	可供选择的颜色
复合材质胶条	夹线胶条	×	×	√	黑色
	表面喷涂胶条	×	×	√	黑色
	软硬复合胶条	√	×	√	黑色
	海绵复合胶条	√	√	√	黑色
	遇水膨胀胶条	×	×	√	黑色
	包覆胶条	√	×	×	黑色、彩色
单一材质胶条	三元乙丙密封胶条	√	√	√	黑色
	硅橡胶类密封胶条	√	√	√	黑色、彩色、透明
	热塑性硫化胶条	√	√	√	黑色、彩色
	增塑聚氯乙烯胶条	√	√	√	黑色、彩色
	遇火膨胀胶条	×	×	×	黑色
	阻燃密封胶条	√	√	√	黑色、彩色

注：1. 遇火膨胀胶条在其他适当部位选用。

2. "√"为适用；"×"为不适用。

3. 包覆胶条不适用于室外侧。

4. 增塑聚氯乙烯胶条不宜在型材表面为聚甲基丙烯酸甲酯、丙烯腈 - 苯乙烯 - 丙烯酸酯的材质上使用。

门密封胶条类型如图 3-67 所示。

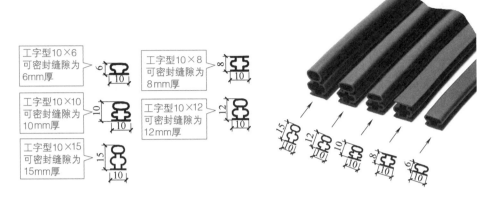

工字型10×6
可密封缝隙为
6mm厚

工字型10×8
可密封缝隙为
8mm厚

工字型10×10
可密封缝隙为
10mm厚

工字型10×12
可密封缝隙为
12mm厚

工字型10×15
可密封缝隙为
15mm厚

图3-67　门密封条类型（单位：mm）

维修门缝隙的估计方法如图3-68所示。

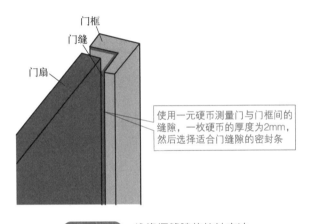

门框

门缝

门扇

使用一元硬币测量门与门框间的
缝隙，一枚硬币的厚度为2mm，
然后选择适合门缝隙的密封条

图3-68　维修门缝隙的估计方法

轻松通

门窗用密封材料的要求如下。

（1）门窗用密封材料，需要根据性能要求、使用部位、型材构造尺寸等要求来选用。

（2）用于安装玻璃的密封材料，应选用橡胶系列密封条或硅酮（聚硅氧烷）建筑密封胶。

（3）外门、外窗下框与洞口间缝隙，可以采用室内一半打发泡剂、室外一半用防水砂浆填塞，其余边框与洞口间缝隙宜采用聚氨酯发泡密封胶等隔热材料填充。副框与洞口间的缝隙，需要用水泥砂浆填充。

（4）外门、外窗与墙体的室外防水密封，必须采用硅酮（聚硅氧烷）建筑密封胶，严禁采用丙烯酸密封膏。

（5）门窗与副框间缝隙位置的密封，需要采用聚氨酯发泡密封胶与硅酮（聚硅氧烷）建筑密封胶。

（6）外窗玻璃选用橡胶密封条镶嵌时，在外窗型材上应设置排水孔、气压平衡孔。

3.12 建筑用纱门窗

3.12.1 建筑用纱门窗规格与代号

纱门，是指装有纱网的门。纱窗，是指装有纱网的窗。纱门窗规格根据纱门窗外形尺寸宽度 × 高度来确定。

建筑用纱门窗规格与代号如图 3-69 所示。外门、外窗用窗纱密度不应低于 18 目。隐形纱窗型材的强度、刚性，需要满足启闭灵活、耐久性好等要求。

纱门窗按框材质分类及代号

框材质	铝合金	PVC-U	其他
代号	L	S	Q

纱扇按开启形式分类及代号

开启形式	平开	推拉/提拉	固定
代号	P	T	G

纱网按收展形式分类及代号

收展形式	卷轴	折叠
代号	J	Z

纱网按材质分类及代号

纱网材质	玻璃纤维	合成纤维	不锈钢	其他
代号	BX	HX	BXG	Q

图 3-69 建筑用纱门窗规格与代号

轻松通

当建筑采用外平开纱窗、推拉纱窗、提拉纱窗、固定纱窗时，应采用防止纱扇坠落的安全措施。

3.12.2 建筑用纱门窗材料的要求

建筑用纱门窗型材的要求如下。

（1）非金属网纱窗用铝合金主型材基材公称壁厚一般不应小于 1.2mm。

（2）非金属网纱门用铝合金主型材基材公称壁厚一般不应小于 1.4mm。

（3）金属网纱窗用铝合金主型材基材公称壁厚一般不应小于 1.4mm。

（4）金属网纱门用铝合金主型材基材公称壁厚一般不应小于 1.6mm。

（5）卷轴纱门窗用弹簧钢丝的直径一般不应小于 1mm。

（6）门用不锈钢网丝径一般不应小于 0.8mm。

（7）纱门窗用塑料配件老化前后试件的颜色变化用灰度卡评定，灰度等级一般应不大于 3 级。

（8）纱门窗用未增塑聚氯乙烯（PVC-U）型材应符合的规定如图 3-70 所示。

平开、推拉、固定纱窗用型材实测壁厚不应小于2.2mm

纱门窗用未增塑聚氯乙烯(PVC-U)
型材应符合的规定

平开、推拉、固定纱门用型材实测壁厚不应小于2.5mm

图3-70　纱门窗用未增塑聚氯乙烯（PVC-U）型材应符合的规定

轻松通

　　建筑用纱窗、纱门角部连接，需要满足安装牢固、无毛刺、装配平整等要求。纱门窗不应有明显的色差、裂纹、划伤、凹凸不平等缺陷。

3.12.3　建筑用纱门窗不锈钢网要求

　　不锈钢丝表面不许有疤、划伤、毛刺、折叠、裂纹、麻坑、氧化皮等对使用有害的缺陷，但是有的允许有个别深度不超过尺寸公差一半的麻点、划痕存在。

　　不同直径钢丝的允许偏差如表3-40所示。中间尺寸钢丝则以相邻较大规格钢丝的规定为准。

表3-40　不同直径钢丝的允许偏差　　　　　　　　　　单位：mm

钢丝直径	允许偏差分级及允许偏差				
	8	9	10	11	12
0.9	± 0.005	± 0.011	± 0.018	± 0.023	± 0.035
0.8					
0.7					
0.6					
0.5	± 0.004	± 0.009	± 0.013	± 0.018	± 0.03
0.4					
0.3					

轻松通

　　民用建筑外窗用窗纱应参照铝合金、不锈钢、低碳钢等金属材质窗纱等有关规定。

3.12.4　建筑用纱门窗不锈钢网分类、规格

　　建筑用纱门窗不锈钢网规格如表3-41所示。不锈钢网表面涂层分为喷涂、不喷涂等种类，喷涂层应均匀，无糊眼、漏涂、脱落等现象。建筑用纱门窗不锈钢网表面应平整为铁板状，坚硬、网格均匀，以及要求没有断丝等情况。

表 3-41　建筑用纱门窗不锈钢网规格

不锈钢丝直径 /mm	每 25mm×25mm 范围内目数	不锈钢网孔尺寸 /mm
0.9	10×10	1.64
0.8	11×11	1.509
0.7	12×12	1.407
0.6	14×14	1.21
0.5	14×14	1.314
0.4	20×20	0.87
0.3	17×17、20×20	1.194、0.97
0.19	18×18、24×24、28×28	1.221、0.868、0.717
0.17	20×20、22×22	1.1、0.985
0.15	22×22	1.005

轻松通

　　建筑用纱门窗不锈钢网经线、纬线应垂直，每片对角线之差一般不大于 10mm，长度、宽度之差一般不大于 2.5mm。有涂层要求的不锈钢网，涂层厚度一般为 50～100μm。

3.12.5　建筑用纱门窗装配质量要求

　　建筑用纱门窗装配质量要求如表 3-42 所示。

表 3-42　建筑用纱门窗装配质量要求

项目	解　说
卷轴纱门窗	（1）纱门窗安装后，纱网在收展全行程中，纱门窗拉杆两端端面与两轨道端面的间隙之和一般不应大于 3mm。 （2）纱门窗宽度、高度对边内侧尺寸之差一般不应大于 3mm。 （3）纱门窗与原有门窗框的装配间隙一般不应大于 1mm。 （4）纱网收展需要顺畅，并且能够全部收回纱盒内，不影响原有门窗的功能、性能
平开纱门窗、推拉纱门窗、提拉纱窗、固定纱窗	（1）纱门窗的长边每米直线偏差一般不应大于 1mm。 （2）纱门窗宽度、高度对边尺寸之差一般不应大于 3mm。 （3）纱门窗扇安装后启闭灵活、安装可靠，不得影响原有门窗的功能、性能。 （4）纱门窗外侧对角线之差一般不应大于 3mm。 （5）纱门窗与原有门窗框的配合间隙一般不应大于 1mm。 （6）相邻构件同一平面高低差一般不应大于 0.5mm。 （7）装配在门窗框上的纱门窗与门窗框搭接量一般不应小于 3mm
折叠纱门窗	（1）纱门窗安装后，在关闭状态下，纱网与轨道最大间隙一般不大于 3mm。 （2）纱门窗宽度、高度对边内侧尺寸之差一般不应大于 3mm。 （3）纱门窗与原有门窗框的装配间隙一般不应大于 1mm。 （4）纱网收展应顺畅，并且能收回纱盒内，不得影响原有门窗的功能、性能

3.13 门窗框填缝砂浆

3.13.1 门窗框填缝砂浆品种、代号

门窗框填缝砂浆，是指由水硬性胶凝材料、轻集料、外加剂等组成，填塞门窗框与洞口间宽度一般不超过 5cm 的缝隙的砂浆。

门窗框填缝砂浆用 CF 来表示。门窗框填缝砂浆的品种如图 3-71 所示。

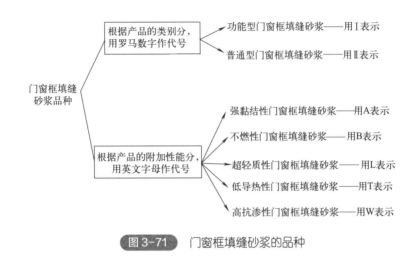

图 3-71 门窗框填缝砂浆的品种

目前比较常用的门窗框填缝砂浆的品种、代号如图 3-72 所示。

代号   说明

CFⅡ —→ 普通型-门窗框填缝砂浆

CFⅠW —→ 高抗渗-功能型-门窗框填缝砂浆

CFⅠLW —→ 超轻质-高抗渗-功能型-门窗框填缝砂浆

CFⅠLTB —→ 超轻质-低导热-不燃性-功能型-门窗框填缝砂浆

CFⅠWAB—→ 高抗渗-强黏结-不燃性-功能型-门窗框填缝砂浆

CFⅠLWATB—→超轻质-高抗渗-强黏结-低导热-不燃性-功能型-门窗框填缝砂浆

图 3-72 目前比较常用的门窗框填缝用砂浆的品种、代号

轻松通

功能型门窗框填缝砂浆，是指至少具有一种附加性能的门窗框填缝砂浆。门窗框填缝砂浆，可以根据不同的附加性能任意组合成不同的品种，这些品种用不同的代号来表示。

3.13.2 普通型门窗框填缝砂浆的性能要求

普通型门窗框填缝砂浆的性能要求如表 3-43 所示。

表3-43 普通型门窗框填缝砂浆的性能要求

项目	指标	项目	指标
表观密度 / (kg/m³)	≤ 1600	28d 抗压强度 /MPa	≥ 10.0
稠度 /mm	80 ± 10	28d 抗渗压力 /MPa	≥ 0.4
保水率 /%	≥ 88	28d 收缩率 /%	≤ 0.30
14d 拉伸黏结强度 /MPa	≥ 0.20	—	—

3.13.3 功能型门窗框填缝砂浆的附加性能要求

功能型门窗框填缝砂浆的附加性能要求如表 3-44 所示。

表3-44 功能型门窗框填缝砂浆的附加性能要求

附加性能	项目	指标
超轻质性	表观密度 / (kg/m³)	≤ 1300
高抗渗性	28d 抗渗压力 /MPa	≥ 0.6
强黏结性	14d 拉伸黏结强度 /MPa	≥ 0.40
低导热性	热导率（平均温度 25℃）/ [W/（m·K）]	≤ 0.45

3.14 其他材料

3.14.1 拉手

拉手的种类与特点如图 3-73 所示。

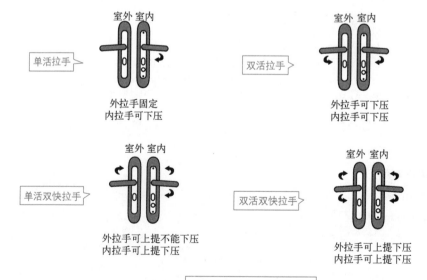

图 3-73 拉手的种类与特点

3.14.2　闭门器

闭门器是一种可以使被开启后的门自动关闭到初始位置的一种装置。防火门禁止使用具有停门功能的闭门器。

不锈钢门闭门器的特点如图 3-74 所示。

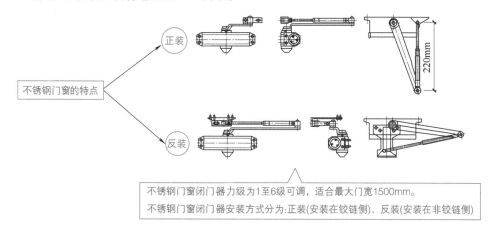

不锈钢门窗闭门器力级为1至6级可调，适合最大门宽1500mm。
不锈钢门窗闭门器安装方式分为：正装(安装在铰链侧)、反装(安装在非铰链侧)

图 3-74　不锈钢门闭门器的特点

轻松通

选择闭门器应该考虑的因素有：门的重量、门的宽度、开门频率、使用要求、使用环境等。门的重量与门的宽度是选择闭门器型号的最主要因素。

3.14.3　偏心地弹簧

偏心地弹簧的特点如图 3-75 所示。

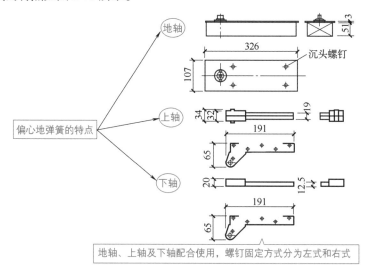

地轴、上轴及下轴配合使用，螺钉固定方式分为左式和右式

图 3-75　偏心地弹簧的特点（单位：mm）

3.14.4 门锁具

门锁，分为外装门锁、插芯门锁、叶片插芯门锁、球形门锁等种类。门锁的标准有欧洲锁具标准、美国锁具标准、英国锁具标准等。门窗锁具示意如图 3-76 所示。锁为锁芯与锁体的组合。锁芯是控制部分，锁体是执行部分。锁芯按结构可分为叶片、弹子、磁性、密码、电子等。锁芯的不同之处直接反映在钥匙的形态上，如图 3-77 所示。

图 3-76　门窗锁具

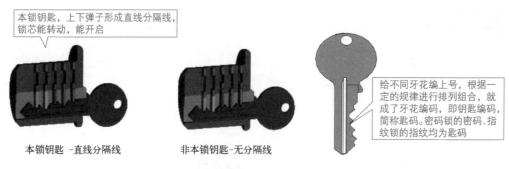

本锁钥匙，上下弹子形成直线分隔线，锁芯能转动，能开启

本锁钥匙 -直线分隔线　　非本锁钥匙-无分隔线

给不同牙花编上号，根据一定的规律进行排列组合，就成了牙花编码，即钥匙编码，简称匙码。密码锁的密码、指纹锁的指纹均为匙码

图 3-77　锁芯与钥匙

按锁头结构，外装门锁分为单排弹子、多排弹子等。按锁体结构，外装门锁分为单锁头、双锁头等。按锁舌形式，外装门锁分为单舌、双舌、双扣等。按锁闭形式，外装门锁分为斜舌、呆舌等。按使用用途，外装门锁分为 A 级（安全型）、B 级（普通型）等。

插芯门锁，分成钢门插芯门锁、木门插芯门锁等。插芯门锁安装中心距与适装门厚如表 3-45 所示。

表 3-45　插芯门锁安装中心距与适装门厚　　　　　　　　　　单位：mm

安装中心距		孔心距	适装门厚
窄体锁	宽体锁		
≤ 32	40、45、50、55、60、65、70	50、68、72、85、87、93	35 ～ 55

挂锁，分成铜挂锁、铁挂锁、密码挂锁，其主要规格有 15mm、20mm、25mm、30mm、40mm、50mm、60mm、75mm 等。

弹子门锁，分为单保险门锁、双保险门锁、三保险门锁、多保险门锁等。

球形门锁，分成铜式球形门锁、三管式球形门锁、包房锁等。

电控锁，分为磁卡锁、IC卡锁、密码锁等。

按用途，门锁分为进户门锁、房间内门锁、浴室锁、厨房和通道锁等。浴室锁有斜舌、方舌，执手开斜舌，旋钮开方舌。门锁有斜舌、方舌，执手和钥匙开斜舌，钥匙开方舌。通道锁只有斜舌，执手开斜舌。

不锈钢型材门地锁如图3-78所示。

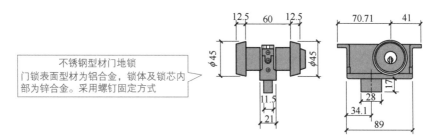

> 不锈钢型材门地锁
> 门锁表面型材为铝合金，锁体及锁芯内部为锌合金。采用螺钉固定方式

图3-78　不锈钢型材门地锁（单位：mm）

不锈钢型材门中间锁如图3-79所示。

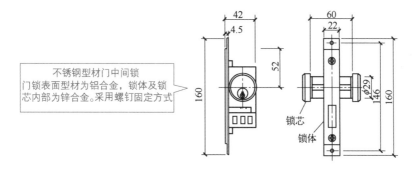

> 不锈钢型材门中间锁
> 门锁表面型材为铝合金，锁体及锁芯内部为锌合金。采用螺钉固定方式

锁芯
锁体

图3-79　不锈钢型材门中间锁（单位：mm）

面板锁，用于平开门，可以单独使用或配合多点锁使用。插销锁，一般用于对开门，可以配合面板锁、多点锁。

户门的锁具采用A级机械防盗锁等规定。户门在以锁具的锁孔为中心，半径不小于100mm的范围内应设置加强防钻钢板。

建筑单元门的锁具，宜安装在门扇高度的中部。单元门的构造，需要满足儿童、老人、孕妇、残障人员使用的安全与便利要求。

轻松通

门厚35～50mm可以选择球形锁。门厚35～55mm可以选择插式锁。门厚42mm可以选择插芯门锁。门厚35～55mm可以选择弹子门锁。锁中心距可以根据门的结构来选择。锁舌有60mm、70mm等规格，门骨宽度在100mm以上的可以选用70mm的锁舌。门骨宽度在100mm以下、90mm以上的可以选择60mm的锁舌。

3.14.5 建筑门窗密封毛条

3.14.5.1 建筑门窗密封毛条的分类与规格

建筑门窗密封毛条的分类与规格如图 3-80 所示。

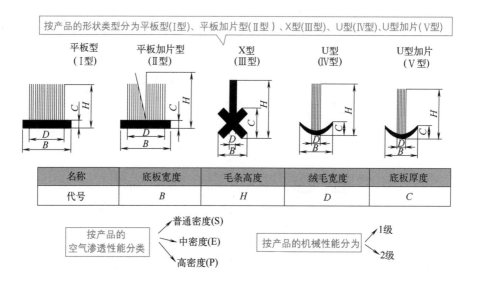

图 3-80　建筑门窗密封毛条的分类与规格

3.14.5.2 建筑门窗密封毛条基本尺寸

建筑门窗密封毛条基本尺寸如表 3-46 所示。

表 3-46　建筑门窗密封毛条基本尺寸　　　　　　　　　单位：mm

类型	底板宽度 B	毛条高度 H	绒毛宽度 D	底板厚度 C
Ⅰ型、Ⅱ型	4.8、5.8、6.8、9.8、10.8、12.7	3～22，每 0.5 一挡	1.5、2.0、2.5、4.5	0.8
Ⅲ型	2.8	9～19，每 0.5 一挡	1.5、2.0、2.5、4.5	3
Ⅳ型、Ⅴ型	4.8、5.8、6.8、9.8、10.8、12.7	3～22，每 0.5 一挡	1.5、2.0、2.5、4.5	1.2、1.5、1.8

3.14.5.3 建筑门窗密封毛条加片基本尺寸

建筑门窗密封毛条加片基本尺寸如表 3-47 所示。

表 3-47　建筑门窗密封毛条加片基本尺寸

品种	加片厚度 /mm	加片高度
Ⅱ型、Ⅴ型	0.05～0.08	比毛低 0.5mm（标记为 -5）
		与毛平（标记为 0）
		比毛高 0.5mm（标记为 +5）

轻松通

框扇间用密封条，应选用三元乙丙橡胶系列密封条或经过硅化处理的密封毛条。门窗严禁使用非硅化密封毛条和高填充 PVC 密封胶条。

3.14.6 玻璃

（1）建筑玻璃，是指应用于建筑物上的玻璃统称。单片玻璃，是指平板玻璃、镀膜玻璃、着色玻璃、半钢化玻璃、钢化玻璃等的统称。有框玻璃，是指被具有足够刚度的支承部件连续地包住所有边的玻璃。

（2）室内饰面用玻璃，是指固定在室内墙体上的建筑装饰玻璃。屋面用玻璃，是指安装在建筑物屋顶，并且与水平面夹角小于或等于 75° 的玻璃。地板玻璃，是指作为地面使用的玻璃，包括玻璃地板、玻璃通道、玻璃楼梯踏板用玻璃等。

（3）门窗用中空玻璃，需要符合现行国家标准《中空玻璃》（GB/T 11944—2012）等的规定。中空玻璃的间隔层厚度：两玻中空不应小于 12mm、多腔中空应小于 9mm。中空玻璃露点温度应小于 -40℃。充气中空玻璃的初始气体含量应大于或等于 85%（V/V）。中空玻璃间隔条内所用干燥剂不应对间隔条、密封胶等产生破坏、腐蚀。

（4）有耐火完整性要求的外门窗，应采用防火玻璃。

（5）民用建筑门玻璃，应在视线高度设置明显的警示标志。电动开启扇玻璃门应在扶手安装位置，设置防撞警示带。救援窗所用玻璃应易于破碎，并且应设置易于在室外识别的明显标识。

（6）隐框、半隐框窗应采用安全玻璃。采用安全中空玻璃时，玻璃的第二道密封胶必须采用硅酮（聚硅氧烷）结构密封胶，胶缝尺寸需要经计算符合设计等要求。

（7）玻璃垫块长度宜为 80 ～ 100mm，宽度应大于玻璃厚度 2mm，厚度应根据框、扇（梃）与玻璃的间隙来确定，并且不宜小于 3mm。

（8）选用活动门玻璃、固定门玻璃、落地窗玻璃的规定需要符合的要求如下。

① 有框玻璃需要按规定使用安全玻璃，安全玻璃最大许用面积如表 3-48 所示。

表 3-48 安全玻璃最大许用面积

玻璃种类	公称厚度 /mm	最大许用面积 /m²
钢化玻璃	4	2.0
	5	2.0
	6	3.0
	8	4.0
	10	5.0
	12	6.0
夹层玻璃	6.38、6.76、7.52	3.0
	8.38、8.76、9.52	5.0
	10.38、10.76、11.52	7.0
	12.38、12.76、13.52	8.0

② 平板玻璃、超白浮法玻璃、真空玻璃的最大许用面积如表 3-49 所示。

表 3-49 平板玻璃、超白浮法玻璃、真空玻璃的最大许用面积

玻璃种类	公称厚度 /mm	最大许用面积 /m²
平板玻璃 超白浮法玻璃 真空玻璃	3	0.1
	4	0.3
	5	0.5
	6	0.9
	8	1.8
	10	2.7
	12	4.5

③ 无框玻璃应使用公称厚度不小于 12mm 的钢化玻璃。

（9）人群集中的公共场所、运动场所中装配的室内隔断玻璃需要符合的规定如下。

① 有框玻璃需要使用符合有关规程的规定，并且公称厚度不小于 5mm 的钢化玻璃，或公称厚度不小于 6.38mm 的夹层玻璃。

② 无框玻璃需要使用符合有关规程的规定，并且公称厚度不小于 10mm 的钢化玻璃。

（10）浴室用玻璃需要符合的规定如下。

① 浴室内有框玻璃需要使用符合有关规程的规定，并且公称厚度不小于 8mm 的钢化玻璃。

② 浴室内无框玻璃需要使用符合有关规程的规定，并且公称厚度不小于 12mm 的钢化玻璃。

（11）风荷载标准值不大于 1.0kPa 时，百叶窗使用的平板玻璃最大许用跨度需要符合的规定如表 3-50 所示。

表 3-50 百叶窗使用的平板玻璃最大许用跨度　　　　　　　　单位：mm

公称厚度	玻璃宽度 a		
	a ≤ 100	100 < a ≤ 150	150 < a ≤ 225
4	500	600	不允许使用
5	600	750	750
6	750	900	900

轻松通

民用建筑门窗在下列情况使用时，应使用安全玻璃。

（1）单块面积大于 1.5m² 的窗玻璃或底边离最终装饰面小于 0.5m 的窗玻璃。

（2）人员流动性大的公共场所，易于受到人员和物体碰撞的门窗玻璃。

（3）易遭受撞击、冲击而造成人体伤害的其他部位的门窗玻璃。

（4）门窗工程必须使用安全玻璃的情况，如图 3-81 所示。

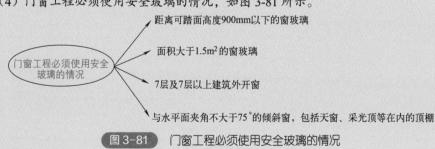

图 3-81 门窗工程必须使用安全玻璃的情况

Part ❷

具体门窗轻松会

第4章

系统门窗

4.1 系统门窗的基础知识

4.1.1 系统门窗的特点

系统门窗，是指采用系统化技术设计制造、满足功能与满足性能要求、可直接选用的定型门窗产品，如图4-1所示。

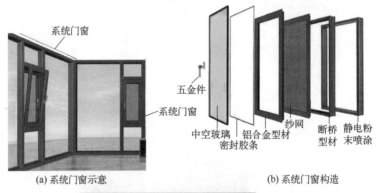

(a) 系统门窗示意　　　　　　　　　　(b) 系统门窗构造

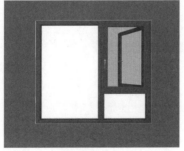

(c) 系统门窗立面

图4-1　系统门窗

定型，是指对门窗型式、材料、工艺等以文件形式确定，以及规定替换规则，采用自我声明或第三方评定方式予以确认。

系统门窗的子系统，是指由型材、玻璃、五金、密封等组成的系统门窗构配件系统。

系统门窗技术供应商，是指系统门窗技术服务的提供者。系统门窗制造商，是指根据系统门窗技术生产门窗产品的制造商。

系统门窗产品族，是指开启形式、性能、功能相同或相近的多个系统门窗产品。

轻松通

根据用途，系统门窗可以分为系统门、系统窗。系统门窗的标记，一般是由系统标记与门窗标记组成，系统标记代号为"XT"。

4.1.2 系统门窗常见性能指标与确定依据

系统门窗应基于《民用建筑设计统一标准》（GB 50352—2019）等有关规定的建筑气候分区对建筑基本要求设定目标，建筑门窗常见性能指标、确定依据如表4-1所示。

表4-1 建筑门窗常见性能指标、确定依据

性能	指标代号	确定依据
气密性能	q_1、q_2	《公共建筑节能设计标准》（GB 50189—2015）、《近零能耗建筑技术标准》（GB/T 51350—2019）、《严寒和寒冷地区居住建筑节能设计标准》（JGJ 26—2018）、《夏热冬暖地区居住建筑节能设计标准》（JGJ 75—2012）、《夏热冬冷地区居住建筑节能设计标准》（JGJ 134—2010）、《温和地区居住建筑节能设计标准》（JGJ 475—2019）
保温性能	K	
隔热性能	$SHGC$（SC）	
空气声隔声性能	R_w+C_{tr}	《民用建筑隔声设计规范》（GB 50118—2010）
采光性能	T_r	《建筑采光设计标准》（GB 50033—2013）
抗风压性能	P_3	《建筑结构荷载规范》（GB 50009—2012）、《塑料门窗工程技术规程》（JGJ 103—2008）、《铝合金门窗工程技术规范》（JGJ 214—2010）
水密性能	ΔP	

轻松通

系统门窗的一般规定如下。

（1）系统门窗需要根据系统技术要求研发、制作、安装。

（2）系统门窗性能模拟优化应为方案调整提供依据，性能测试优化应为方案设计、加工工艺设计调整提供依据。

（3）系统门窗产品制造，需要根据相应产品标准执行，并且提供配置、材料替换规则、物理性能相似性覆盖范围。

（4）系统门窗要通过自我声明或第三方评价方式来确认，并且要把相应证书放入随行文件。

扫码看视频

系统门窗的安装要点

4.1.3 系统门窗子系统方案设计

系统门窗子系统需要根据目标设定、总体方案设计来综合确定。外门窗需要重点考虑抗风

压性能、热工性能要求。

建筑门窗子系统设计时，需要考虑对门窗整体性能的影响，以及建筑门窗性能与子系统相关性（表4-2）。

表4-2 建筑门窗性能与子系统相关性

项目	子系统			
	杆件	面板	五金[①]	密封[②]
抗风压性能	Y	Y	（Y）	（Y）
平面内变形性能	Y	（Y）	（Y）	N
耐撞击性能	（Y）	Y	（Y）	N
抗风携碎物冲击性能	（Y）	Y	（Y）	N
抗爆炸冲击波性能	Y	Y	Y	N
耐火完整性	Y	Y	（Y）	（Y）
气密性能	（Y）	（Y）	（Y）	Y
保温性能	（Y）	Y	（Y）	（Y）
隔热性能	N	Y	N	N
启闭力	（Y）	（Y）	Y	Y
水密性能	（Y）	N	（Y）	Y
空气声隔声性能	（Y）	Y	（Y）	（Y）
采光性能	N	Y	N	N
防沙尘性能	（Y）	N	Y	Y
耐垂直荷载性能	Y	（Y）	Y	N
抗静扭曲性能	Y	（Y）	Y	N
抗扭曲变形性能	Y	（Y）	N	N
抗对角线变形性能	Y	（Y）	N	N
抗大力关闭性能	Y	（Y）	Y	N
开启限位	N	（Y）	Y	N
撑挡试验	N	（Y）	Y	N
防侵入性能	（Y）	（Y）	（Y）	（Y）
反复启闭性能	（Y）	（Y）	Y	（Y）
耐候性能	（Y）	（Y）	（Y）	（Y）

①五金子系统应考虑锁点数量、位置和固定方式。

②密封子系统应考虑材质和数量（如外门的三面密封与四面密封）。

注：1.Y——部件改变导致性能改变。

2.（Y）——部件改变可能导致性能改变。

3.N——部件改变不导致性能改变。

杆件子系统用材料与构件，应进行型式检验。杆件子系统设计，需要满足系统门窗抗风压性能、气密性能、保温性能、水密性能、力学性能、隔热性能、空气声隔声性能、耐久性能等要求。辅助杆件设计包括加工、装配、安装等内容。主杆件设计包括外观、强度、排水、密封、刚度、热工、连接、加工、装配、安装等内容。

面板子系统用材料、构件均需要进行型式检验。面板子系统设计需要满足结构、光学、热工性能等要求，具体包括面板配置、重量、面密度、厚度、颜色、太阳能总透射比、遮阳系数、可见光透射比、紫外线透射比、传热系数、玻璃与框扇密封方式、综合空气声隔声量、面板装配构造、垫块的材质、垫块的位置、垫块的硬度、垫块的规格、垫块的数量等内容。

密封子系统用材料、构件应进行型式检验。密封子系统设计需要满足系统门窗的功能、性能等要求，具体包括材质、工作状态尺寸、截面形状、自由状态、连接构造等内容。

五金子系统用材料、构件均需要进行型式检验。五金子系统设计需要满足系统门窗的功能、性能等要求，具体包括不同开启形式的五金配置、五金安装位置、五金安装数量、五金系统承重能力、五金系统适用的开启扇宽高尺寸等内容。

轻松通

系统门窗总体方案设计需要符合的规定如下。

（1）根据产品定位、技术能力进行总体设计，确定杆件与面板材质。

（2）根据目标区域气候特点、产品性能、使用习惯，确定主开启方式、产品族。

（3）根据目标区域性能、功能要求，确定系统门窗的产品系列。

4.2　系统门窗的性能描述与试验结果适用范围

4.2.1　常见系统门窗产品性能描述

常见系统门窗产品性能参考描述如表 4-3 所示。

表 4-3　常见系统门窗产品性能参考描述

系统门窗			性能指标					
系统	产品族	系列产品	抗风压	气密	水密	保温	隔声	采光
×系统窗	平开旋转族	×系列内平开××窗	×级	×级	×级	×级	×级	×级
		×系列上悬××窗	×级	×级	×级	×级	×级	×级
		×系列内平开下悬××窗	×级	×级	×级	×级	×级	×级
		×系列立转××窗	×级	×级	×级	×级	×级	×级
	推拉平移族	×系列提升推拉××窗	×级	×级	×级	×级	×级	×级
		×系列推拉下悬××窗	×级	×级	×级	×级	×级	×级
		×系列提拉××窗	×级	×级	×级	×级	×级	×级
	折叠族	×系列折叠推拉××窗	×级	×级	×级	×级	×级	×级
×系统门	平开旋转族	×系列内平开××门	×级	×级	×级	×级	×级	×级
		×系列地弹簧平开××门	×级	×级	×级	×级	×级	×级
	推拉平移族	×系列推拉××门	×级	×级	×级	×级	×级	×级
	折叠族	×系列折叠平开××门	×级	×级	×级	×级	×级	×级
……	……	……	……	……	……	……	……	……

4.2.2　测试样门窗性能试验结果适用范围

测试样门窗性能试验结果适用范围如表 4-4 所示。

表4-4　测试样门窗性能试验结果适用范围

项目	门	窗	性能试验结果适用范围（试件存在相似设计关系时）
保温性能	√	√	适用于框玻比与试件相同的门窗
采光性能	√	√	适用于尺寸与试件相同的门窗
撑挡试验	—	√	适用于宽度高度小于试件的门窗
反复启闭性能	√	√	适用于宽度高度小于试件的门窗
防沙尘性能	√	√	适用于宽度高度小于试件的门窗
隔热性能	√	√	适用于所有尺寸的门窗
开启限位	—	√	适用于宽度高度小于试件的门窗
抗爆炸冲击波性能	√	√	适用于尺寸与试件相同的门窗
抗大力关闭性能	√	—	适用于宽度高度小于试件的门窗
抗对角线变形性能	√	—	适用于宽度高度小于试件的门窗
抗风携碎物冲击性能	√	√	适用于尺寸与试件相同的门窗
抗风压性能	√	√	适用于宽度高度小于试件的门窗
抗静扭曲性能	√	—	适用于总面积小于试件的门窗
抗扭曲变形性能	√	—	适用于宽度高度小于试件的门窗
空气声隔声性能	√	√	适用于宽度高度小于试件的门窗
耐垂直荷载性能	√	—	适用于总面积小于试件的门窗
耐火完整性	√	√	适用于尺寸与试件相同的门窗
耐撞击性能	√	—	适用于总面积小于试件的门窗
平面内变形性能	√	—	适用于尺寸与试件相同的门窗
启闭力	√	√	适用于宽度高度小于试件的手动操作门窗
气密性能	√	√	适用于宽度高度不大于窗、四面密封门试件1.5倍的门窗，总面积小于三面密封门试件的门窗
水密性能	√	√	适用于宽度高度小于试件1.5倍的门窗

第5章

铝合金门窗

5.1 铝合金门窗基础知识

5.1.1 铝合金门窗概念与解说

铝合金门窗，简称铝门窗，是采用铝合金建筑型材制作框、扇杆件结构的门、窗的总称，如图 5-1 所示。铝合金门窗概念与解说如表 5-1 所示。

(a)　　　　　　　　(b)　　　　　　　　(c)

(d)　　　　　　　　(e)　　　　　　　　(f)

图 5-1

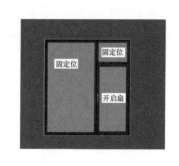

(g)

(h)

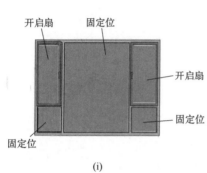

(i)

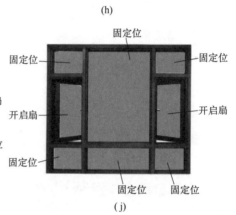

（j）

图 5-1 铝合金门窗

表 5-1 铝合金门窗概念与解说

名 称	解 说
门窗保温性能	门窗在冬季阻止热量从室内高温侧向室外低温侧传递的能力，其一般用传热系数来表征
门窗隔热性能	门窗在夏季阻隔太阳辐射得热的能力，其一般用太阳得热系数 $SHGC$ 来表征
普通型门窗	只有气密性能、水密性能、抗风压性能指标要求的外门窗和下列两种内门窗：（1）无气密性能、水密性能、抗风压性能、隔声性能、保温性能、耐火完整性等性能指标要求的内门窗；（2）仅有气密性能指标要求的内门窗
隔声型门窗	空气声隔声性能值不低于 35dB 的一种门窗
保温型门窗	传热系数小于 2.5W/（m² · K）的一种门窗
隔热型门窗	太阳得热系数 $SHGC$ 不大于 0.44 的一种门窗
保温隔热型门窗	传热系数小于 2.5W/（m² · K），并且太阳得热系数 $SHGC$ 不大于 0.44 的一种门窗
耐火型门窗	在规定的试验条件下，关闭状态耐火完整性不小于 30min 的一种门窗
门窗反复启闭耐久性	门窗承受活动扇长期反复启闭操作使用后保持其正常使用功能的能力，以不发生影响正常启闭使用的变形、故障、损坏的反复启闭次数来表征
主要受力杆件	承受并传递门窗自身重力、水平风荷载等作用力的门窗中横框、中竖框、扇梃、组合门窗拼樘框等型材构件
主型材	组成门窗框、扇杆件系统的基本构架，在其上装配开启扇或玻璃、辅型材、附件的门窗框和扇梃型材，以及组合门窗拼樘框型材
辅型材	门窗框、扇杆件系统中，镶嵌或固定于主型材杆件上，主要起到传力或某种功能作用的附加型材

续表

名称	解 说
门窗附件	门窗组装用的配件、零件
双金属腐蚀	由不同金属构成电极而形成的电偶腐蚀
附框	预埋或预先安装在洞口中，用于固定外窗的一种杆件系统
组合窗拼樘杆件	两樘及两樘以上窗间，或者门与窗间组合时的框构架的横向、竖向连接杆件
暖边间隔条	由低热导率材料组成，主要用于降低中空玻璃边部热传导的一种间隔条。暖边间隔条分为刚性暖边间隔条、柔性暖边间隔条
防坠块、助升块	窗扇锁闭时承受窗扇重量，防止窗扇下坠

轻松通

　　铝合金建筑外窗，是指用铝合金建筑型材制作框与扇结构，有一个面朝向室外的窗。外窗型材室外侧表面使用喷粉处理时，不应使用热转印木纹、锤纹、皱纹、大理石纹、立体彩雕纹等纹理效果。披水条、玻璃压条、封口边梃型材等是常用的辅型材。

5.1.2　铝合金型材截面主要受力部位

　　铝合金型材截面主要受力部位有翅壁（附件功能槽口部位除外）、封闭空腔周壁、封闭空腔隔断等，如图 5-2 所示。

5.1.3　铝合金型材等压腔

　　铝合金型材等压腔能够保持与室外空气流通，使内外气压始终处于等压状态，从而使渗入的雨水能够顺利排出窗外，如图 5-3 所示。

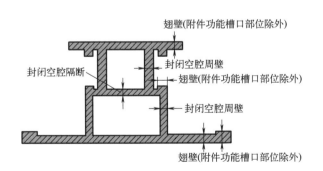

图 5-2　铝合金型材截面主要受力部位

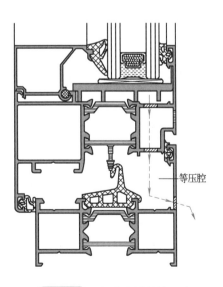

图 5-3　铝合金型材等压腔

轻松通

等压腔，是指位于铝合金窗框、扇型材两道密封带间，并且通过构造措施形成与室外相同气压的空腔。

5.1.4 铝合金型材的生产工艺程序

铝合金型材生产主要工艺程序如图 5-4 所示。铝合金型材截面实物如图 5-5 所示，截面示意如图 5-6 所示。

图 5-4 铝合金型材生产主要工艺程序

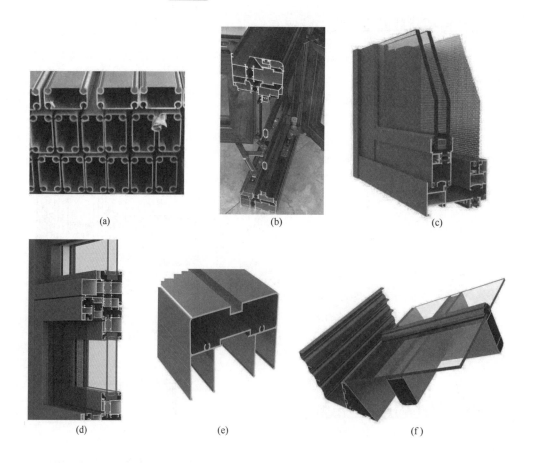

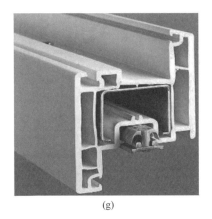

(g)

图 5-5　铝合金型材截面实物图

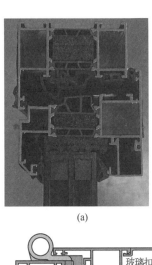

(a)

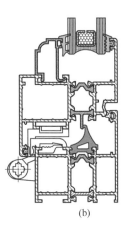

(b)

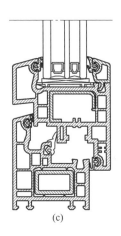

(c)

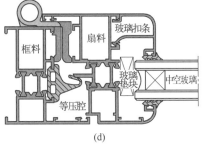

(d)

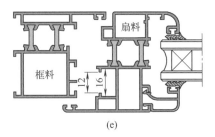

(e)

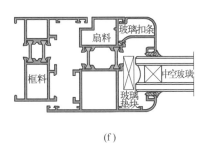

(f)

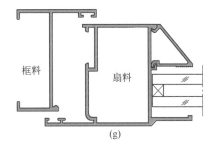

(g)

图 5-6

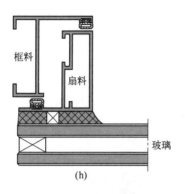
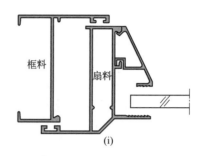

图5-6 铝合金型材截面示意图（单位：mm）

轻松通

门窗的能耗主要由热传导系数决定。因此，选择一种材料时，其型材截面的设计、选择非常重要。

5.1.5 铝合金型材装饰面表面处理层要求

铝合金型材装饰面表面处理层要求如表5-2所示。

表5-2 铝合金型材装饰面表面处理层要求

表面处理层	喷粉	喷漆	阳极氧化	电泳涂装
漆膜类型	聚酯类、聚氨酯类、氟碳类粉末	单色漆、珠光云母漆、金属漆	阳极氧化＋封孔 阳极氧化＋电解着色＋封孔	有光或消光透明漆膜
膜层性能级别	≥Ⅱ级	—	—	≥Ⅲ级
厚度要求	平均膜厚60～120μm，局部膜厚≥50μm	四涂层平均膜厚≥65μm，局部膜厚≥55μm； 三涂层平均膜厚≥40μm，局部膜厚≥34μm； 二涂层平均膜厚≥30μm，局部膜厚≥25μm	AA15级，平均膜厚≥15μm，局部膜厚≥12μm	膜厚级别A级、B级（阳极氧化膜局部膜厚≥9μm）

轻松通

检测铝合金门窗性能的五项标准：抗风压性、水密性、保温性、气密性、隔声性。

5.1.6 铝合金门窗的加工与装配

铝合金门窗的加工与装配主要包括型材下料、打孔、铣槽、攻螺纹、组装等工艺，也就是制成门窗构件，再与连接件、密封件、开闭五金件一起组合装配成门窗。

　　铝合金门窗的加工与装配如图 5-7 所示。铝合金门窗的装配常用到角码、角铝、中梃连接件、固定片等。活动角码一般用于推拉扇。连接角码主要用于主型材间的连接。组角角码主要用于两个 45° 角的框（扇）连接。角铝，主要用于中梃连接或框（扇）无法组角的位置。中梃连接件主要用于中梃与框、中梃的连接。固定片主要用于门窗框与墙体连接、射钉连接、自攻螺钉与附框连接等。

　　组角胶，配合组角角码使用，主要起到防水作用。中性胶，主要实现玻璃与型材连接、密封等作用。

　　聚氨酯填充剂（发泡剂），主要用于门窗与墙体间填充，形成软连接，可以防止由于门窗伸缩造成与墙体间出现裂缝。

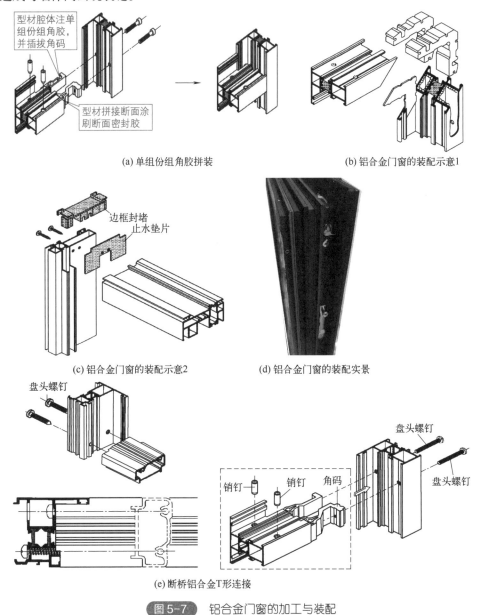

(a) 单组份组角胶拼装　　　　　　　　(b) 铝合金门窗的装配示意1

(c) 铝合金门窗的装配示意2　　　　　(d) 铝合金门窗的装配实景

(e) 断桥铝合金T形连接

图 5-7　铝合金门窗的加工与装配

轻松通

　　外窗安装用固定片，包括墙体与附框、附框与窗框间的各类连接件，其壁厚要求不小于1.5mm，具体选择根据工程经验来确定。壁厚小于1.5mm时，则无法保证外窗安装的连接强度。

5.1.7　铝合金门窗型材厚度要求

　　铝合金门窗型材厚度要求如图5-8所示。

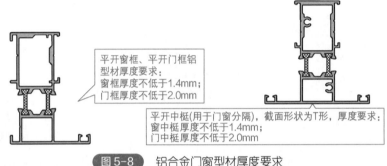

平开窗框、平开门框铝型材厚度要求：
窗框厚度不低于1.4mm；
门框厚度不低于2.0mm

平开中梃(用于门窗分隔)，截面形状为T形，厚度要求：
窗中梃厚度不低于1.4mm；
门中梃厚度不低于2.0mm

图5-8　铝合金门窗型材厚度要求

轻松通

　　民用建筑门窗用铝合金型材的有装配关系的门窗主型材基材壁厚公称尺寸允许偏差，需要采用超高精级。铝合金门窗主要受力杆件所用主型材基材壁厚公称尺寸，需要符合现行有关标准的要求。

5.1.8　压线

　　压线主要用于固定玻璃。单玻压线、中空压线，均根据玻璃的厚度确定压线尺寸。
　　压线的厚度要求如图5-9所示。

压线厚度一般为1.0mm(0.9～1.2mm)

图5-9　压线的厚度要求

5.1.9　铝合金门窗的立面形式与规格

　　铝合金门的立面形式及规格如图5-10所示。

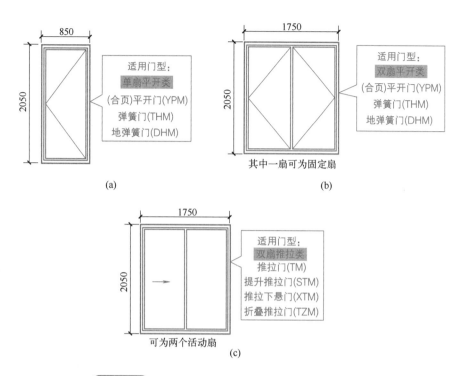

图 5-10 铝合金门的立面形式及规格（单位：mm）

铝合金窗的立面形式及规格如图 5-11 所示。

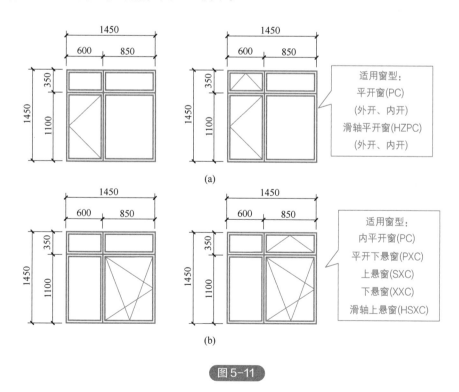

图 5-11

图 5-11　铝合金窗的立面形式及规格（单位：mm）

轻松通

　　铝合金门窗框系列名称是以铝合金门窗框的厚度构造尺寸来区别各种铝合金门窗的称谓。例如，推拉窗窗框厚度构造尺寸为 90mm 宽，则称为 90 系列铝合金推拉窗。平开门门框厚度构造尺寸为 50mm 宽，则称为 50 系列铝合金平开门。实际工程中，常根据不同地区、不同性质的建筑物的使用要求选用相适应的门窗框。

　　铝合金门窗规格相关名词解说如表 5-3 所示。

表 5-3　铝合金门窗规格相关名词解说

项目	解　　说
规格系列	（1）门窗洞口宽、高标志尺寸需要符合《建筑门窗洞口尺寸系列》（GB/T 5824—2021）等规定的建筑门窗洞口尺寸系列的指定规格。 （2）门窗宽、高构造尺寸需要根据门窗洞口宽、高标志尺寸（或构造尺寸），根据实际应用的门窗洞口装饰面层厚度、附框、安装缝隙尺寸来确定
单樘门窗系列	单樘门、窗的宽、高尺寸规格，需要采用《建筑门窗洞口尺寸系列》（GB/T 5824—2021）等规定的基本门、窗规格，并且优先采用《建筑门窗洞口尺寸协调要求》（GB/T 30591—2014）等规定的常用标准规格门、窗尺寸
组合门窗系列	由两樘或两樘以上的单樘门、窗采用拼樘框连接组合的门窗，其宽、高构造尺寸也需要与《建筑门窗洞口尺寸系列》（GB/T 5824—2021）等规定的洞口宽、高标志尺寸相协调

5.1.10　铝合金门窗的构造要求

　　铝合金门窗的构造要求如下。

（1）不同金属材料接触面，需要采取防止双金属腐蚀的措施。

（2）开设贯通型安装孔的门窗下框，应采取有效的防水密封构造。

（3）门窗附件、五金配件的安装连接构造，要具有更换、维修的便利性。

（4）门窗框扇杆件间的连接构造，需要牢固可靠。

（5）门窗外露的孔洞、边缘尖角，宜进行封堵包饰。

（6）门窗下框不宜开设贯通型安装孔。

（7）人接触的门窗部位应平整。

（8）宜根据门窗的功能和设计使用要求，设置微通风、披水板、防蚊纱等功能性装置。

（9）隐框构造的玻璃下端，应设置不少于两个铝合金或不锈钢托条。托条与玻璃面板支承构件间需要可靠连接。托条截面需要通过计算来确定，以及能够承受该分格玻璃的重力荷载设计值。中空玻璃的托条需要能够托到外片玻璃。托条与玻璃间需要设置柔性垫片。

（10）应根据门窗的功能和设计使用要求，设置防夹手、童锁、防坠落、防雷等安全性装置。

轻松通

有天然采光要求的外窗，其透光折减系数不应小于 0.45。具有变色要求的门窗，其颜色透射指数不应小于 60。同时有隔热性能要求的外窗，尚应综合考虑太阳得热系数的要求。在分级指标值作用下，门扇自由端残余变形量不应大于 5mm，并且保持正常启闭功能。在分级指标作用下，门窗扇自由端残余下垂量不应大于 3mm，并且保持正常启闭功能。无外凸执手的推拉门窗（推拉平移类门窗）不作抗扭曲变形性能要求。

5.1.11　铝合金门窗的性能

铝合金门窗的性能，包括抗风压性能、空气声隔声性能、采光性能、保温性能、水密性能、气密性能、隔热性能、耐火完整性、防沙尘性能、抗风携碎物冲击性能、耐软重物撞击性能（门）、抗扭曲变形性能（推拉平移类门窗）、抗对角线变形性能（推拉平移类门窗）、抗大力关闭性能（平开门、平开旋转类外窗，滑轴类除外）、开启限位抗冲击性能（平开旋转类外窗）、耐垂直荷载性能（竖轴平开旋转类门、窗和折叠平开门）、抗静扭曲性能（竖轴平开旋转类门、折叠平开门）、撑挡定位耐静荷载性能（内平开窗、外开上悬窗）、反复启闭耐久性等。

门的力学性能项目如表 5-4 所示。

表 5-4　门的力学性能项目

项目	推拉平移类			折叠类		平开旋转类	
	推拉	提升推拉	推拉下悬	折叠平开	折叠推拉	平开（合页）	平开（地弹簧）
启闭力	√	√	√	√	√	√	√
耐软重物撞击性能	√	√	√	√	√	√	√
耐垂直荷载性能	×	×	×	√	√	√	√
抗静扭曲性能	×	×	×	√	√	√	√
抗扭曲变形性能	√	√	√	×	×	×	×
抗对角线变形性能	√	√	√	×	×	×	×
抗大力关闭性能	×	×	×	×	×	√	×

注："√"表示要求，"×"表示不要求。

窗的力学性能项目如表 5-5 所示。

表 5-5　窗的力学性能项目

项目	平开旋转类								推拉平移类				折叠类
	内平开（合页）	滑轴平开	外开上悬	内开下悬	滑轴上悬	中悬	内平开下悬	立转	推拉	提升推拉	提拉	推拉下悬	折叠推拉
启闭力	√	√	√	√	√	√	√	√	√	√	√	√	√
耐垂直荷载性能	√	√	×	×	×	×	√	√	×	×	×	×	×

续表

项目	平开旋转类								推拉平移类			折叠类
	内平开（合页）	滑轴平开	外开上悬	内开下悬	滑轴上悬	中悬	内平开下悬	立转	推拉	提升推拉	提拉	推拉下悬	折叠推拉
抗扭曲变形性能	×	×	×	×	×	×	×	×	√	√	√	×	×
抗对角线变形性能	×	×	×	×	×	×	×	×	√	√	√	×	×
抗大力关闭性能	√	×	√	√	×	×	√	×	×	×	×	×	×
开启限位抗冲击性能	√	√	√	√	√	√	√	×	×	×	×	×	×
撑挡定位耐静荷载性能	√	×	√	×	×	×	×	×	×	×	×	×	×

注："√"表示要求，"×"表示不要求。

门窗主要受力杆件面法线挠度允许值如表5-6所示。

表5-6　门窗主要受力杆件面法线挠度允许值　　　　单位：mm

指标	单层玻璃、夹层玻璃	中空玻璃
相对挠度值	$L/100$	$L/150$
挠度最大值	20	

注：L为主要受力杆件的支承跨距。

门窗隔热性能分级如表5-7所示。

表5-7　门窗隔热性能分级

分级	1	2	3	4	5	6
分级指标值 $SHGC$	$0.7 \geqslant SHGC > 0.6$	$0.6 \geqslant SHGC > 0.5$	$0.5 \geqslant SHGC > 0.4$	$0.4 \geqslant SHGC > 0.3$	$0.3 \geqslant SHGC > 0.2$	$SHGC \leqslant 0.2$

轻松通

　　地弹簧平开门与其他无下框的门，不作水密性能要求。门窗的气密性能指标即单位开启缝长或单位面积空气渗透量分为正压和负压下测量的正值和负值。隔声型门窗的隔声性能值不应小于35dB。保温型门窗的传热系数应小于2.5W/（m·K）。隔热型门窗的太阳得热系数$SHGC$不应大于0.44。

门窗反复启闭耐久性以不发生影响正常启闭使用的变形、故障、损坏的反复启闭次数为性能指标，其分级需要符合的规定如表5-8所示。

表5-8　门窗反复启闭耐久性分级　　　　单位：万次

开启类别		分级			反复启闭试验时锁固及限位装置配置要求
		1级	2级	3级	
推拉平移类 平开旋转类	门	10	20	—	可不包括锁闭、插销等装置的反复启闭
	窗	1	2	3	内平开窗、内开下悬窗可不包括撑挡、插销等装置的反复启闭

续表

开启类别	分级			反复启闭试验时锁固 及限位装置配置要求
	1级	2级	3级	
内平开下悬窗	1.5万次内平开下悬启闭加1万次90°平开启闭			90°平开启闭试验不包括撑挡的反复 启闭
地弹簧门	20（单向） 10（双向）	50（单向） 25（双向）	100（单向） 50（双向）	可不包括锁闭、插销等装置的反复 启闭

注：1. 门窗限位装置包括门窗的撑挡、微通风定位器等装置。

　　2. 门窗锁固装置包括门窗锁闭器、童锁等锁闭装置和门窗插销等固定装置。

　　3. 地弹簧门属于手动操作启闭的平开旋转类门，其反复启闭耐久性分级按其启闭特性单独列出。

5.1.12　铝合金门窗产品的主要品种与代号

平开铝合金窗，不带纱扇代号为 PLC，带纱扇代号为 APLC。平开铝合金门，不带纱扇代号为 PLM，带纱扇代号为 APLM。

推拉铝合金窗，不带纱扇代号为 TLC，带纱扇代号为 ATLC。推拉铝合金门，不带纱扇代号为 TLM，带纱扇代号为 ATLM。

铝合金门窗代号如表5-9所示。

表5-9　铝合金门窗代号

类别	代号	类别	代号
保温平开铝合金窗	BPLC	上悬铝合金窗	SLC
地弹簧铝合金门	DHLM	推拉铝合金窗	TLC
固定铝合金窗	GLC	推拉铝合金门	TLM
固定铝合金门	GLM	推拉自动铝合金门	TDLM
固定铝合金天窗	GLTC	下悬铝合金窗	XLC
卷帘铝合金门	JLM	旋转铝合金门	XLM
立转铝合金窗	LLC	圆弧自动铝合金门	YDLM
平开铝合金窗	PLC	折叠铝合金门	ZLM
平开铝合金门	PLM	中悬铝合金窗	CLC
平开自动铝合金门	PDLM	—	—

5.1.13　铝合金门窗系列

生产生活中，每种门窗根据门窗框厚度构造尺寸分为38系列、42系列、50系列、54系列、60系列、64系列、70系列、78系列、80系列、90系列、100系列等。例如，门框厚度构造尺寸为90mm的推拉铝合金门，则称为90系列推拉铝合金门。

铝合金门窗系列如表5-10所示。

表5-10　铝合金门窗系列

项目	解　说
铝合金平开门有50系列、55系列、70系列	（1）基本门洞高度有2100mm、2400mm、2700mm等。 （2）基本门洞宽度有800mm、900mm、1200mm、1500mm、1800mm等

项目	解　说
铝合金推拉门主要有70系列与90系列	（1）基本门洞高度有2100mm、2400mm、2700mm、3000mm等。 （2）基本门洞宽度有1500mm、1800mm、2100mm、2700mm、3000mm、3300mm、3600mm等
平开铝合金窗有40系列、50系列、70系列	（1）基本窗洞高度有600mm、900mm、1200mm、1400mm、1500mm、1800mm、2100mm等。 （2）基本窗洞宽度有600mm、900mm、1200mm、1500mm、1800mm、2100mm等
推拉铝合金窗主要有55系列、60系列、70系列、90系列、90-I系列	（1）基本窗洞高度有900mm、1200mm、1400mm、1500mm、1800mm、2100mm等。 （2）基本窗洞宽度有1200mm、1500mm、1800mm、2100mm、2400mm、2700mm、3000mm等

铝合金门窗常用型材截面尺寸系列如表5-11所示。

表5-11　铝合金门窗常用型材截面尺寸系列

型材截面尺寸系列	框料截面宽度/mm	型材截面尺寸系列	框料截面宽度/mm
38系列	38	70系列	70
42系列	42	80系列	80
50系列	50	90系列	90
60系列	60	100系列	100

轻松通

组合门窗设计宜采用定型产品门窗作为组合单元。非定型产品的设计应考虑洞口最大尺寸和开启扇最大尺寸的选择、控制。随着建筑物高度增加、对外窗节能要求的提高，窗玻璃从单玻到单腔中空玻璃，到多腔中空玻璃，外窗承受的风荷载、自重荷载不断增加。基于安全要求，对铝合金建筑外窗型材截面尺寸偏差、主型材主要受力部位基材的公称壁厚最低值均有一定的要求。

5.1.14　铝合金门窗型材

铝合金门窗所用型材需要符合国家现行有关标准的规定，常用型材的要求如表5-12所示。

表5-12　铝合金门窗型材的要求

项目	解　说
铝合金型材基材横截面尺寸与允许偏差	（1）外门窗主要受力杆件所用主型材基材壁厚公称尺寸需要经设计计算与试验来确定。 （2）门窗用主型材基材壁厚（附件功能槽口位置的翅壁厚除外）公称尺寸除了满足受力杆件所用主型材基材壁厚公称尺寸需要经设计计算与试验来确定之外，还需要符合的一些规定如下：外窗不应小于1.8mm，内窗不应小于1.4mm；外门不应小于2.2mm，内门不应小于2mm。 （3）有装配关系的门窗主型材基材壁厚公称尺寸允许偏差应采用《铝合金建筑型材　第1部分：基材》（GB/T 5237.1—2017）规定的超高精级。 （4）有装配关系的门窗主型材基材非壁厚尺寸允许偏差宜采用《铝合金建筑型材　第1部分：基材》（GB/T 5237.1—2017）规定的超高精级
铝合金型材表面处理	隐框窗中与硅酮（聚硅氧烷）结构密封胶黏结部位的型材应采用阳极氧化型材，其膜厚级别不应低于AA15

轻松通

目前铝合金门窗主要有两大类，一类是推拉门窗系列，另一类是平开门窗系列。推拉门窗可选用 90 系列铝合金型材。平开窗多采用 38 系列型材。

5.1.15 铝合金门窗主要五金配件、非金属附件材质要求

门窗所用密封胶需要具有与所接触的材料的相容性和与所需黏结基材的黏结性。根据门窗的使用环境、功能要求，选择单一材质或复合材质密封胶条，并且考虑密封胶条与其接触部位材料的相容性、污染性。

外窗室外侧洞口周边密封，需要采用中性硅酮（聚硅氧烷）建筑密封胶。硅酮（聚硅氧烷）建筑密封胶不应含有烷烃增塑剂。

耐火型门窗用密封胶条，需要根据其使用部位需要选择阻燃密封胶条，并且在适当部位选用遇火膨胀密封胶条。采用自粘胶带固定安装的遇火膨胀密封胶条，不应含容易导致胶条脱落的塑化剂。

耐火型门窗玻璃支承块、定位块等弹性材料，需要采用阻燃材料。制作、安装防火玻璃用的密封胶或密封胶条，应使用阻燃防火密封胶或密封胶条。

硅酮（聚硅氧烷）结构密封胶使用前，需要与其相接触材料进行相容性、黏结性试验，检验不合格的产品不得使用。硅酮（聚硅氧烷）结构密封胶必须在有效期内使用。

铝合金门窗主要五金配件、非金属附件材质要求如表 5-13 所示。

表 5-13 铝合金门窗主要五金配件、非金属附件材质要求

配件名称	材质	配件名称	材质
滑轮、合页垫圈	尼龙	气密、水密封件	高压聚乙烯
滑轮壳体、锁扣、自攻螺钉	不锈钢、合金材料	锁、暗插销	铸造锌合金
密封条	氯丁橡胶	推拉窗密封条	聚丙烯毛条
密封条、玻璃嵌条	软质聚氯乙烯树脂聚合体	型材连接、玻璃镶嵌用配件	密封胶

轻松通

不同玻璃对热辐射的损耗、阻隔能力不一，因此，要合理选择玻璃。南方地区，属于夏热冬暖地区，高温周期较长，玻璃的选择上就不能像严寒地区一样选择采光性好的透明玻璃，应选择热反射镀膜中空玻璃以及 Low-E 中空玻璃等玻璃。对各地不同建筑的需求，则选择相应传热系数、遮阳系数的玻璃。玻璃实物如图 5-12 所示。

玻璃

图 5-12 玻璃

5.2 铝合金门窗的制作与安装

5.2.1 铝合金门窗的制作

铝合金门窗框的制作：根据设计尺寸下料，有的横框与竖框的连接通过铝角码与自攻螺钉来固定。门窗框上左右设扁铁连接件，连接件与门窗框用自攻螺钉或者铆钉固定。

铝合金门窗扇的制作：选料需要考虑料型、表面色彩、壁厚等因素，以保证足够的强度、刚度、装饰性。门窗扇下料时，需要在门窗洞口尺寸中减掉安装缝隙的尺寸、门窗框尺寸，其余根据扇数均分调整大小。

轻松通

> 下料采用铝合金切割机进行，刀口应在划线之外，并且留出划线痕迹。

5.2.2 铝合金门窗的安装程序

扫码看视频

铝合金门窗的安装程序如图 5-13 所示。

❶ 找平放线 → ❷ 安装铁脚 → ❸ 安装门窗框 → ❹ 填缝抹口 → ❺ 安装五金、玻璃

图 5-13　安装程序

金属窗的安装

（1）铝合金门窗施工准备，包括作业条件、材料、机具等的准备。安装材料准备如图 5-14 所示。

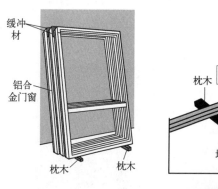

缓冲材
铝合金门窗
枕木　枕木

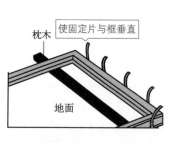

枕木
使固定片与框垂直
地面

图 5-14　安装材料准备

（2）安装时，首先确定门窗框水平、垂直，然后将门窗框用木楔定位，以及用连接件将铝合金框固定在墙（梁）上。

（3）连接件可以采用焊接、预留洞连接、膨胀螺栓、射钉等方法固定，每边至少 2 个固定点，间距不大于 500mm。各转角与固定点的距离一般不大于 200mm。

（4）窗框与窗洞四周的缝隙可以采用软质保温材料填塞，外表留 5 ～ 8mm 深的槽口用密封膏密封，如图 5-15 所示。

图 5-15　门窗的安装

　　弹簧门的安装：安装门扇时，要把地弹簧的转轴用扳手拧到门扇开启的位置，然后把门扇下横料内地弹簧连杆套在转轴上，然后把上横料内的转动定位销用调节螺钉调出一些，等定位销孔与锁吻合后，再把定位销完全调出，以及插入定位销孔中。最后，用双头螺杆或自攻螺钉把门拉手安装在门扇边框两侧。

　　弹簧门的结构如图 5-16 所示。

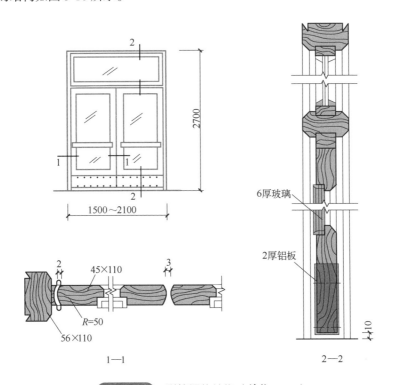

图 5-16　弹簧门的结构（单位：mm）

　　铝合金窗的安装，一般是先把窗框安装固定在窗洞里，然后安装窗扇与上亮玻璃等。不同具体铝合金窗的安装有所差异。

　　铝合金窗的安装效果如图 5-17 所示。

图 5-17　铝合金窗的安装效果

5.2.3　55 系列平开门节点构造

55 系列平开门节点构造如图 5-18 所示。

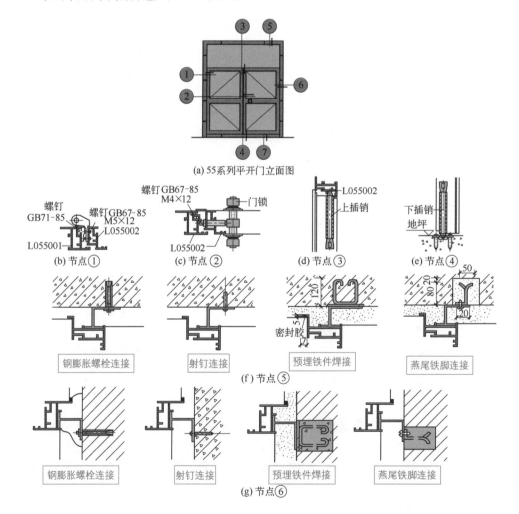

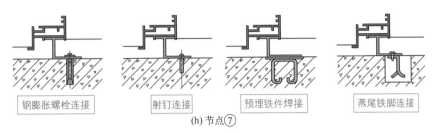

| 钢膨胀螺栓连接 | 射钉连接 | 预埋铁件焊接 | 燕尾铁脚连接 |

(h) 节点⑦

图 5-18 55 系列平开门节点构造（单位：mm）

5.2.4 断桥铝合金平开窗节点构造

断桥铝合金平开窗节点构造如图 5-19 所示。

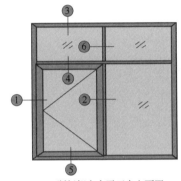

(a) 断桥铝合金平开窗立面图

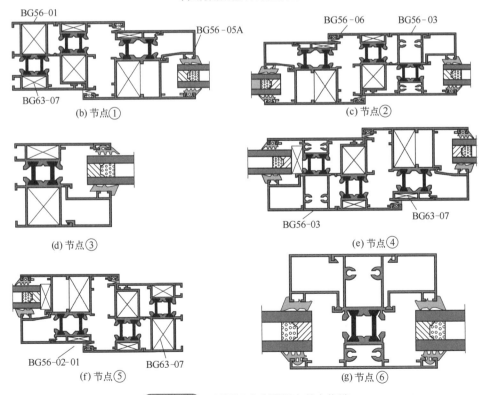

(b) 节点①

(c) 节点②

(d) 节点③

(e) 节点④

(f) 节点⑤

(g) 节点⑥

图 5-19 断桥铝合金平开窗节点构造

5.2.5 45 系列外平开组合窗安装节点构造

45 系列外平开组合窗安装节点构造如图 5-20 所示。

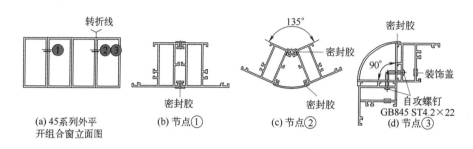

(a) 45系列外平
开组合窗立面图

(b) 节点①

(c) 节点②

(d) 节点③

图 5-20 45 系列外平开组合窗安装节点构造

5.2.6 50 系列窗五金安装节点构造

50 系列窗五金安装节点构造如图 5-21 所示。

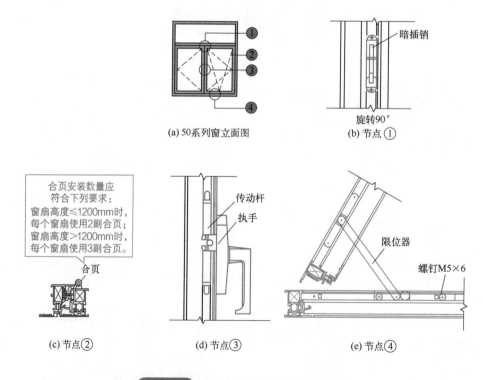

(a) 50系列窗立面图

(b) 节点①

(c) 节点②

(d) 节点③

(e) 节点④

图 5-21 50 系列窗五金安装节点构造

5.2.7 85 系列推拉窗五金安装节点构造

85 系列推拉窗五金安装节点构造如图 5-22 所示。

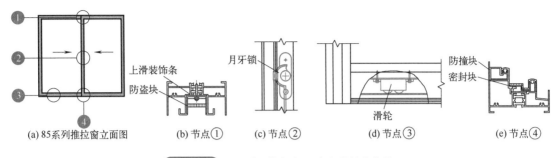

(a) 85系列推拉窗立面图　(b) 节点①　(c) 节点②　(d) 节点③　(e) 节点④

图 5-22 85 系列推拉窗五金安装节点构造

5.2.8 120 系列提升推拉门五金安装节点构造

120 系列提升推拉门五金安装节点构造如图 5-23 所示。

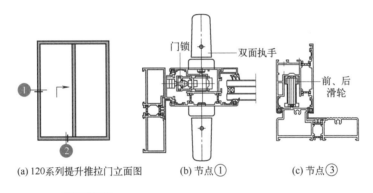

(a) 120系列提升推拉门立面图　(b) 节点①　(c) 节点③

图 5-23 120 系列提升推拉门五金安装节点构造

5.2.9 组合窗的安装

组合窗的安装如图 5-24 所示。

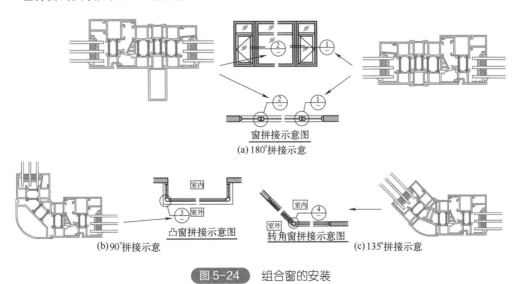

(a) 180°拼接示意

(b) 90°拼接示意　(c) 135°拼接示意

图 5-24 组合窗的安装

5.2.10 铝合金门窗框(有附框)的安装

铝合金门窗框(有附框)的安装如图 5-25 所示。

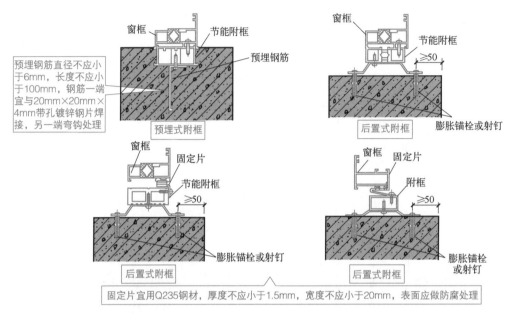

图 5-25 铝合金门窗框(有附框)的安装(单位:mm)

5.2.11 铝合金建筑外窗附框的要求

铝合金建筑外窗附框的要求如下。

(1)附框应满足强度、耐腐蚀性、耐久性、节能以及安装连接功能要求。

(2)附框型材宜采用钢塑共挤型材、木塑复合型材、纤维增强塑料型材制作,附框宜为双腔或多腔结构。

(3)纤维增强塑料附框型材用于固定连接螺钉的加强肋应根据外框型材固定点设置,加强肋的宽度应不小于 12mm,面板壁厚应不小于 2mm。

(4)木塑复合附框型材用于固定连接螺钉的加强肋应根据外框型材固定点设置,加强肋的宽度应不小于 12mm,上、下面板壁厚应不小于 5mm。

(5)钢附框壁厚不得小于 2mm,内外表面应进行热浸镀锌处理,镀锌层厚度不小于 45μm。

(6)钢附框宜采用焊接方式组框,且应对焊缝位置进行防腐处理;其他材料附框应采用专用角码固定方式组框,组角部位应有防渗水措施,角码形状尺寸和强度应能满足附框的连接要求。

(7)钢塑共挤附框型材内置衬钢位置应根据外框型材固定点设置,钢衬壁厚应不小于1.5mm,塑料层壁厚应不小于 2.5mm。

轻松通

前装法,是指在工程墙体洞口位置预埋或在工厂预制装配式墙板中埋设附框的方法。后装法,是指在建筑墙体预留洞口中现场安装附框的方法。

5.2.12　铝合金门窗框（无附框）的安装

铝合金门窗框（无附框）的安装如图 5-26 所示。

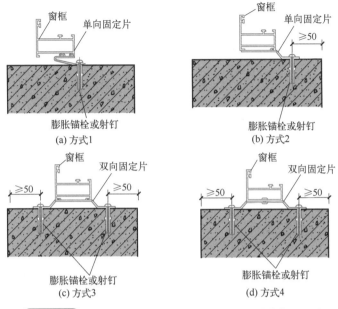

图 5-26　铝合金门窗框（无附框）的安装（单位：mm）

5.2.13　铝合金窗框防水的做法

铝合金窗框防水的做法如图 5-27 所示。

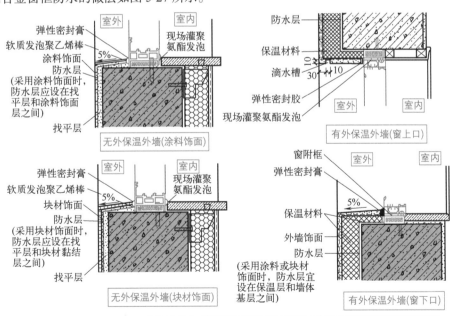

图 5-27　铝合金窗框防水的做法（单位：mm）

5.2.14 铝合金窗其他节点的做法

铝合金窗其他节点的做法如图 5-28 所示。

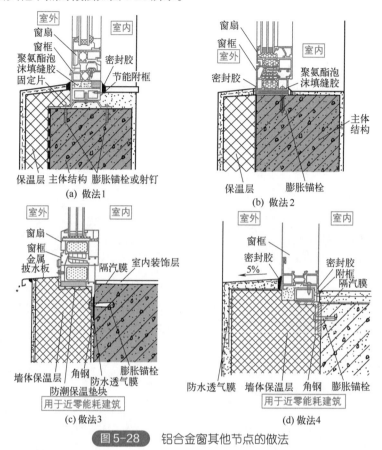

图 5-28 铝合金窗其他节点的做法

5.2.15 阳台铝合金门槛节点的做法

阳台铝合金门槛节点的做法如图 5-29 所示。

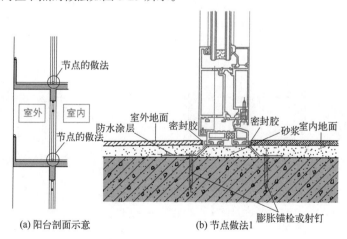

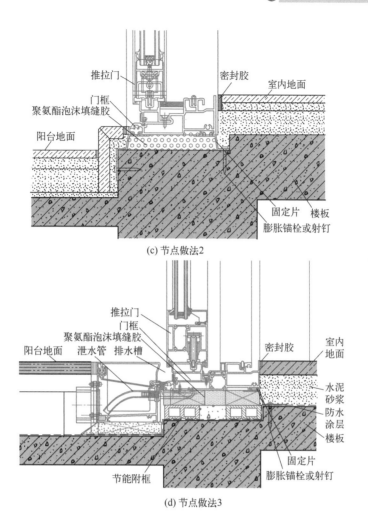

(c) 节点做法2

(d) 节点做法3

图 5-29 阳台铝合金门槛节点的做法

5.2.16 门窗尺寸与形状允许偏差、框扇组装尺寸偏差

门窗尺寸与形状允许偏差、框扇组装尺寸偏差如表 5-14 所示。

表 5-14 门窗尺寸与形状允许偏差、框扇组装尺寸偏差　　　单位：mm

项目	尺寸范围	允许偏差	
		门	窗
对角线尺寸差	≤ 2500	2.5	
	> 2500	3.5	
门窗框与扇搭接宽度	—	± 2.0	± 1.0
框、扇杆件接缝高低差	相同截面型材	≤ 0.3	
	不同截面型材	≤ 0.5	
框、扇杆件装配间隙	—	≤ 0.3	

续表

项目	尺寸范围	允许偏差	
		门	窗
门窗宽度、高度构造尺寸	≤ 2000	± 1.5	
	> 2000 ～ 3500	± 2.0	
	> 3500	± 2.5	
门窗宽度、高度构造尺寸对边尺寸差	≤ 2000	≤ 2.0	
	> 2000 ～ 3500	≤ 2.5	
	> 3500	≤ 3.0	

轻松通

　　铝合金外窗应选用耐候性材料且符合相关标准及规定。隔热铝合金型材应采用多腔构造。有装配关系的主型材基材非壁厚尺寸允许偏差宜按超高精级要求控制。外窗主要受力杆件所用主型材基材壁厚应经设计计算和试验确定。根据不同使用环境选择表面处理方式合理的型材。

5.2.17　铝合金门窗施工注意事项

　　铝合金门窗施工注意事项如下。

　　（1）粉刷门窗套时，需要在门窗框内外框边嵌条留 5 ～ 8mm 深槽口，并且槽口内用密封胶嵌填密封，以及胶体表面要压平、光洁。

　　（2）铝合金门窗的尺寸一定要准确，框扇间的尺寸关系要保证框与洞口的安装缝隙。

　　（3）门窗框与结构应为弹性连接，至少填充 20mm 厚的保温软质材料，以避免门窗框四周形成冷热交换区。

　　（4）需要选择合适的型材，需要满足刚度、强度、耐腐蚀性、密封性等要求。

　　（5）粉刷门窗套时，严禁水泥砂浆直接同门窗框接触，以防腐蚀。

　　（6）制作窗框的型材表面不得有沾污、碰伤的痕迹，不得使用扭曲变形的型材。

　　（7）室内外粉刷未完成前，不要撕掉门窗框保护胶带。

　　（8）粉刷门窗套时，需要用塑料膜遮掩门窗框。如果门窗框上沾上灰浆，应及时用软布抹除，不得用硬物刨刮。

　　（9）铝合金门窗安装后要平整方正。

　　（10）门窗框安装时，塞缝前要检查平整垂直度。塞缝过程中，有一定强度后再拔去木楔。

　　（11）门窗框安装时，安框时要考虑窗头线（贴脸）、滴水板与框的连接。

　　（12）门窗框安装时，一定要吊垂线、对角线卡方。

　　（13）横向、竖向带形门窗间组合杆件必须同相邻门窗套插、搭接，形成曲面组合，并且搭接量应大于 8mm，以及用密封胶密封，以防止门窗因受冷热与建筑变化而产生裂缝。

　　（14）推拉窗下框、外框、轨道根部，需要钻排水孔。横竖框相交丝缝，应注硅酮（聚硅氧烷）胶封严。窗台要放流水坡，不得用密封胶掩埋框边，以避免槽口积水无法外流。

　　（15）门窗洞口为砖砌体时，可以用钻孔或凿洞的方法固定铁脚，不宜用射钉直接固定。

（16）门窗框固定要牢固可靠。门窗装配间隙应进行有效的密封。

（17）门窗锁与拉手等小五金，可以在门窗扇入框后再组装，以有利于对正位置。

（18）采用结构装配玻璃的隐框窗，玻璃与铝型材杆件间的硅酮（聚硅氧烷）结构密封胶和中空玻璃间的二道密封硅酮（聚硅氧烷）结构密封胶，其黏结宽度一般不应小于7mm，黏结厚度一般不应小于6mm。

（19）铝合金门窗封堵密封胶缝应密实、平整。密封胶缝位置的铝合金型材装饰面、玻璃表面，不得有外溢胶黏剂。

（20）铝合金门窗密封胶条应平整连续。转角位置应镶嵌紧密，不得有松脱凸起。接头位置不得有收缩缺口。

5.3 相关数据速查

5.3.1 铝合金表面处理层厚度

铝合金表面处理层厚度要求如图5-30所示。

外门窗铝合金型材装饰面表面处理层厚度要求

表面处理层	阳极氧化	电泳涂漆	喷粉	喷漆
厚度要求	阳极氧化+封孔 阳极氧化+电解着色+封孔 膜厚级别不低于AA15 局部膜厚≥12μm	有光或消光透明漆膜 膜厚级别A、B 阳极氧化膜局部 膜厚≥9μm	光泽平面效果 砂纹、二次喷涂木 纹立体效果 装饰面局部厚度≥50μm	四涂层(高性能金属漆) 装饰面局部膜厚≥55μm 三涂层(一般金属漆) 装饰面局部膜厚≥34μm 二涂层(单色漆、珠光云母漆) 装饰面局部膜厚≥25μm

注：1.适用于外门窗的表面处理层也可用于内门窗。
2.电泳涂漆、喷粉和喷漆型材某些装饰面层(如内角、凹槽等)的局部膜层厚度允许低于规定值，但不应出现露底现象。

图5-30 铝合金表面处理层厚度

5.3.2 铝合金外窗热工性能

铝合金外窗热工性能如表5-15所示。

表5-15 铝合金外窗热工性能

名称	玻璃配置/mm	传热系数 K /[W/(m²·K)]	太阳得热系数 $SHGC$
65系列内平开隔热铝合金窗	5+12A+5	2.8～3.0	0.48～0.53
	5+12A+5Low-E	2.2～2.4	0.35～0.39
	5+12Ar+5Low-E	2.1～2.3	0.35～0.39

续表

名称	玻璃配置 /mm	传热系数 K /[W/(m² · K)]	太阳得热系数 SHGC
70 系列内平开隔热铝合金窗	5+12A+5+12A+5Low-E	1.8 ～ 2.0	0.30 ～ 0.37
	5+12Ar+5+12Ar+5Low-E	1.7 ～ 1.9	0.30 ～ 0.37
	5+12A+5Low-E+12A+5Low-E	1.6 ～ 1.8	0.24 ～ 0.31
	5+12Ar+5Low-E+12Ar+5Low-E	1.5 ～ 1.7	0.24 ～ 0.31
80 系列内平开隔热铝合金窗	5+12Ar+5+12Ar+5Low-E	1.3 ～ 1.5	0.30 ～ 0.37
	5+12Ar+5Low-E+12Ar+5Low-E	1.1 ～ 1.3	0.24 ～ 0.31
90 系列内平开隔热铝合金窗	5+12A+5+V+5Low-E	0.9 ～ 1.1	0.35 ～ 0.39
	5 超白 +12A+5 超白 +V+5 超白 Low-E	0.9 ～ 1.1	0.43 ～ 0.50
100 系列内平开隔热铝合金窗	5+12Ar+5Low-E+12Ar+5Low-E	0.9 ～ 1.1	0.24 ～ 0.31
	5 超白 +12Ar+5 超白 Low-E+12Ar+5 超白 Low-E	0.9 ～ 1.1	0.40 ～ 0.47
	5+12Ar+5+V+5Low-E	0.8 ～ 1.0	0.35 ～ 0.39
	5 超白 +12Ar+5 超白 +V+5 超白 Low-E	0.8 ～ 1.0	0.43 ～ 0.50

注：1. 80 系列隔热铝合金型材隔热条截面高度≥ 44mm；
　　90 系列隔热铝合金型材隔热条截面高度≥ 54mm；
　　100 系列隔热铝合金型材隔热条截面高度≥ 64mm，且隔热条中间空腔需填充泡沫材料。
　2. 玻璃配置从室外侧到室内侧表述；
　　双片 Low-E 膜的中空玻璃膜层一般位于 2、4 面或 3、5 面；
　　真空复合中空玻璃中真空玻璃应位于室内侧，且 Low-E 膜一般位于第 4 面。
　3. 中空玻璃符号：① A 表示空气层；② Ar 表示氩气层；③ Low-E 表示低辐射玻璃；④ V 表示夹胶层。

5.3.3　铝合金门门型

铝合金门门型如图 5-31 所示。

图 5-31

图 5-31 铝合金门门型

5.3.4 70 系列地弹簧门选型与尺寸

70 系列地弹簧门选型与尺寸如图 5-32 所示。

洞高 \ 洞宽	3300			3600		
2100	3250 / 1625 / 2075	3250 / 1625	3250 / 1625	3550 / 1775	3550 / 1775	3550 / 1775
2400	2375					
2700	2675 / 2100					
3000	2975 / 2100					
3300	3275 / 2100					

图 5-32

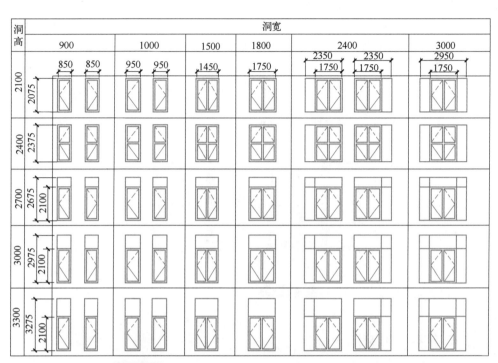

图 5-32 70系列地弹簧门选型与尺寸（单位：mm）

5.3.5 70系列普通平开门选型与尺寸

70系列普通平开门选型与尺寸如图5-33所示。

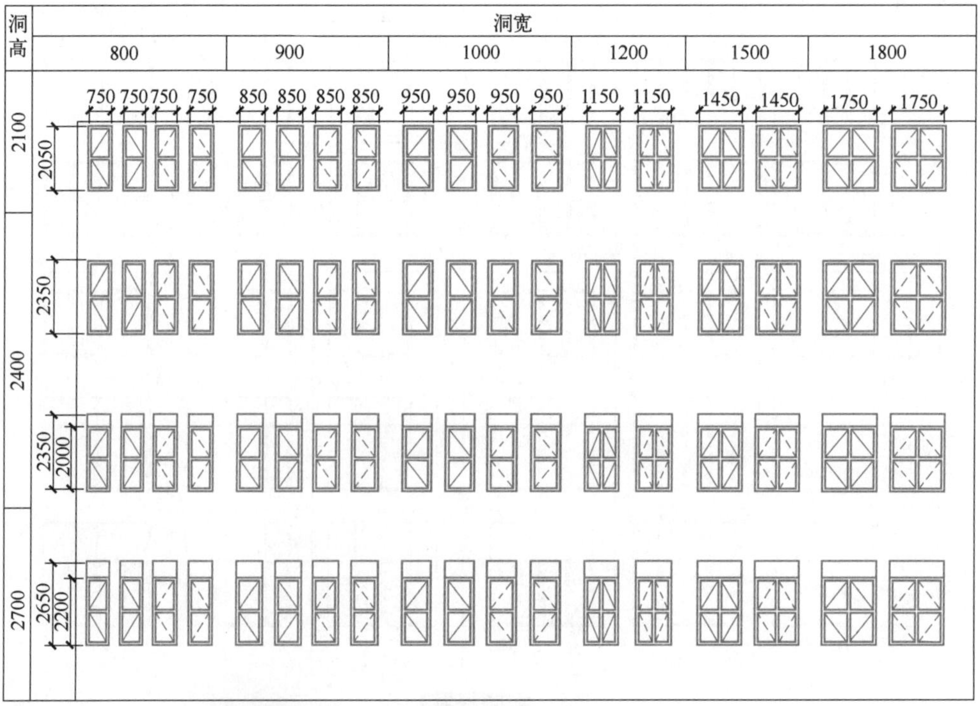

图 5-33 70系列普通平开门选型与尺寸（单位：mm）

5.3.6　70 系列普通推拉门选型与尺寸

70 系列普通推拉门选型与尺寸如图 5-34 所示。

洞高	洞宽							
	1500	1800	2100	2700	3000		3300	
	1450	1750	2050	2650	2950	2950	3250	3250
2100 (2075)								
2400 (2375 / 2000)								
2700 (2675 / 2100)								
3000 (2975 / 2200)								

图 5-34　70 系列普通推拉门选型与尺寸（单位：mm）

88 系列中空玻璃推拉门与 100 系列地弹簧门的选型与尺寸，读者可扫码进行查看。

赠送文档 1

5.3.7　铝合金窗型式与尺寸

铝合金窗型式与尺寸（实物，全屋窗系方案）如图 5-35 所示。

(a) 型式示意1

(b) 型式示意2

图 5-35

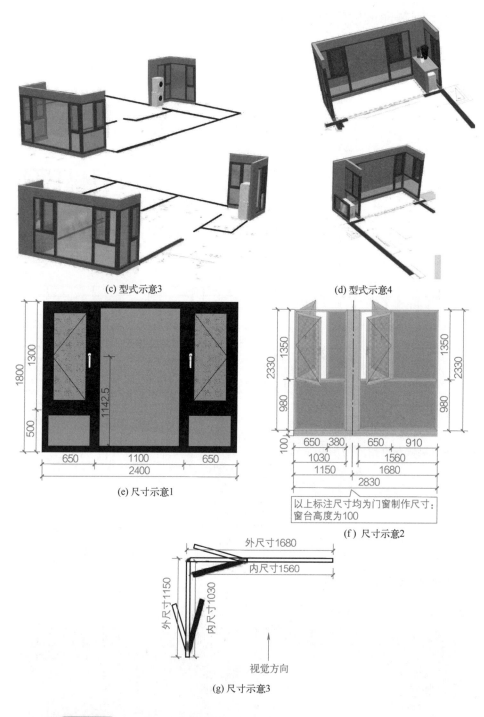

(c) 型式示意3

(d) 型式示意4

(e) 尺寸示意1

(f) 尺寸示意2

以上标注尺寸均为门窗制作尺寸;
窗台高度为100

(g) 尺寸示意3

图 5-35　铝合金窗户型式与尺寸（实物，全屋窗系方案）（单位：mm）

5.3.8　50 系列中空玻璃平开窗选型与尺寸

50 系列中空玻璃平开窗选型与尺寸如图 5-36 所示。

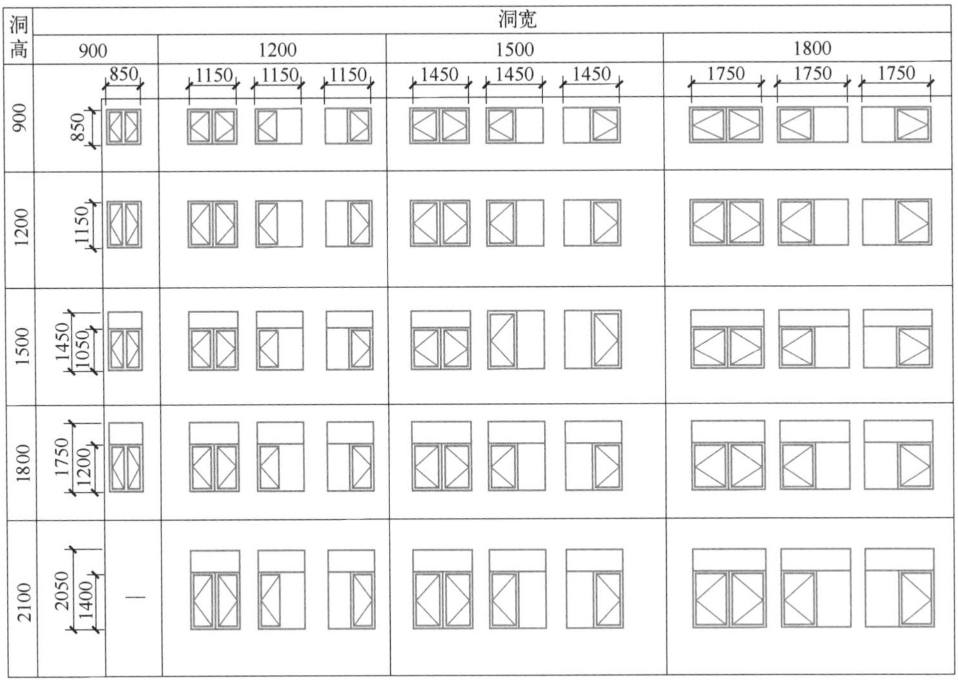

图 5-36　50 系列中空玻璃平开窗选型与尺寸（单位：mm）

5.3.9　55 系列断热平开窗选型与尺寸

55 系列断热平开窗选型与尺寸如图 5-37 所示。

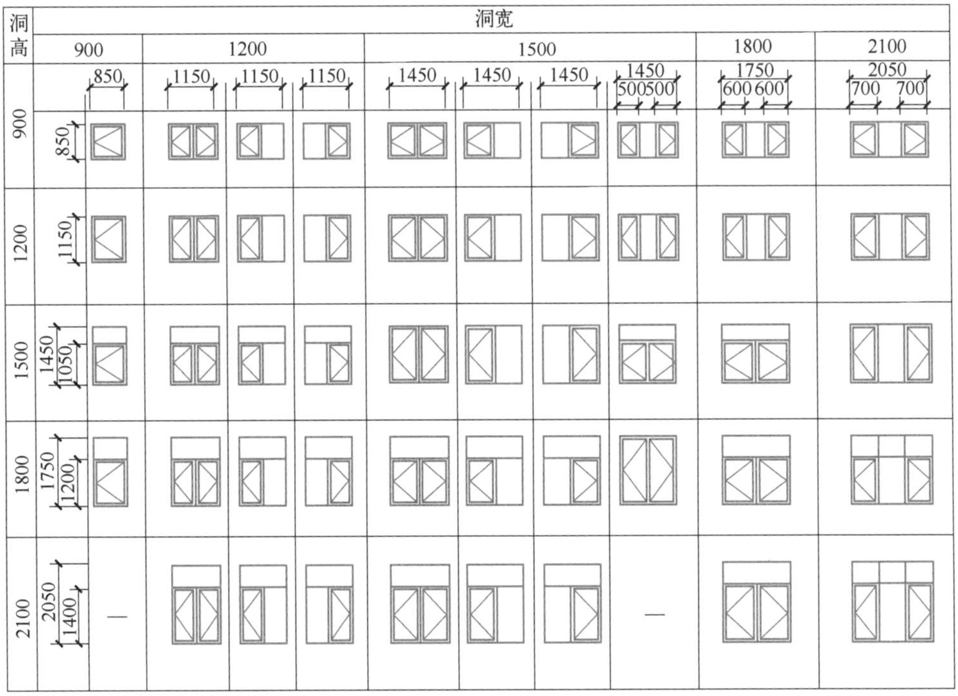

图 5-37　55 系列断热平开窗选型与尺寸（单位：mm）

5.3.10　70 系列上悬窗选型与尺寸

70 系列上悬窗选型与尺寸如图 5-38 所示。

图 5-38　70 系列上悬窗选型与尺寸（单位：mm）

70 系列普通平开窗、70 系列普通推拉窗、85 系列推拉窗、88 系列中空玻璃推拉窗、90 系列断热推拉窗 、114 系列中空玻璃透气窗、125 系列单框双玻璃推拉窗的选型与尺寸，读者可扫码进行查看。

赠送文档 2

5.3.11　严寒、寒冷地区铝合金门窗选用

严寒、寒冷地区铝合金门窗选用可参考表 5-16。

表 5-16　严寒、寒冷地区铝合金门窗选用

型号	玻璃配置 /mm	水密性能 /级	气密性能 /级	抗风压性能 /级	隔声性能 /级	传热系数 K/ [W/(m² · K)]
55 系列内平开下悬窗、外平开窗（隔热铝合金型材隔热条宽度14.8mm）	5Low-E+12Ar+5	5	6	6	3	2.60
60 系列内平开下悬窗、外平开窗（隔热铝合金型材隔热条宽度20mm）	6Low-E+12Ar+5	6	8	6	3	2.30
60 系列内平开下悬窗（隔热铝合金型材隔热条宽度20mm）	5Low-E+12Ar+5+12Ar+5	6	8	9	4	1.80

续表

型号	玻璃配置/mm	水密性能/级	气密性能/级	抗风压性能/级	隔声性能/级	传热系数 K/ $[W/(m^2 \cdot K)]$
65 系列内平开下悬窗、外平开窗（隔热铝合金型材隔热条宽度24mm）	5Low-E+12Ar+5+12Ar+5	6	8	9	4	1.80
70 系列内平开下悬窗（隔热铝合金型材隔热条宽度30mm）	5Low-E+12Ar+5+12Ar+5	6	8	9	4	1.60
75 系列内平开下悬窗（隔热铝合金型材隔热条宽度35mm）	5Low-E+12Ar+5Low-E+12Ar+5	6	8	9	4	1.40
80 系列内平开下悬窗（隔热铝合金型材隔热条宽度39mm）	5Low-E+16Ar+5Low-E+16Ar+5	6	8	9	4	1.20
80 系列内平开下悬窗（隔热铝合金型材隔热条宽度44mm）	5Low-E+16Ar+5Low-E+16Ar+5	6	8	9	4	1.10
85 系列内平开下悬窗（隔热铝合金型材隔热条宽度44mm）	5Low-E+16Ar+5+16Ar+5Low-E	6	8	9	4	1.10
90 系列内平开下悬窗（隔热铝合金型材隔热条宽度54mm）	5Low-E+16Ar+5+16Ar+5Low-E	6	8	9	4	1.00
100 系列内平开下悬窗（隔热铝合金型材隔热条宽度64mm）	5Low-E+0.3V+5Low-E+12Ar+6+12Ar+6	6	8	9	4	0.80
170 系列垂直滑动窗（隔热铝合金型材隔热条宽度14.8mm）	5Low-E+12Ar+5+12Ar+5	6	8	9	3	1.70
55 系列内平开门（隔热铝合金型材隔热条宽度14.8mm）	5Low-E+12Ar+5	5	6	9	3	2.80
55 系列外平开门（隔热铝合金型材隔热条宽度14.8mm）	5Low-E+12Ar+5	5	6	9	3	2.80
60 系列内平开门（隔热铝合金型材隔热条宽度20mm）	5Low-E+12Ar+5	5	6	9	3	2.40
60 系列外平开门（隔热铝合金型材隔热条宽度20mm）	5Low-E+12Ar+5	5	6	9	3	2.40
65 系列内平开门（隔热铝合金型材隔热条宽度24mm）	5+12Ar+5Low-E+12Ar+5Low-E	5	6	9	3	2.00
65 系列外平开门（隔热铝合金型材隔热条宽度24mm）	5+12Ar+5Low-E+12Ar+5Low-E	5	6	9	3	2.00
70 系列内平开门（隔热铝合金型材隔热条宽度30mm）	5+12Ar+5Low-E+12Ar+5Low-E	5	6	9	3	1.80
70 系列外平开门（隔热铝合金型材隔热条宽度30mm）	5+12Ar+5Low-E+12Ar+5Low-E	5	6	9	3	1.80
75 系列内平开门（隔热铝合金型材隔热条宽度35mm）	5+12Ar+5Low-E+12Ar+5Low-E	5	6	9	3	1.60
75 系列外平开门（隔热铝合金型材隔热条宽度35mm）	5+12Ar+5Low-E+12Ar+5Low-E	5	6	9	3	1.60

型号	玻璃配置 /mm	水密 性能 /级	气密 性能 /级	抗风压 性能 /级	隔声 性能 /级	传热系数 K/ [W/(m² · K)]
95 系列外平开门（隔热铝合金 型材隔热条宽度 54mm）	5Low-E+16Ar+5+16Ar+5Low-E	6	8	9	4	1.00
165 系列提升推拉门（隔热铝 合金型材隔热条宽度 14.8mm）	5+12Ar+5Low-E+12Ar+5Low-E	5	5	9	3	2.00

注：1. 中空玻璃符号：① A 表示空气层；② Ar 表示氩气层；③ Low-E 表示低辐射玻璃；④ V 表示夹胶层。

2. 连窗门的热工性能可分别参考门和窗的性能。

5.3.12 夏热冬冷、夏热冬暖、温和地区铝合金门窗选用

夏热冬冷、夏热冬暖、温和地区铝合金门窗选用可参考表 5-17。

表5-17　夏热冬冷、夏热冬暖、温和地区铝合金门窗选用

型号	型材	玻璃配置 /mm	玻璃传热 系数 /[W/ (m² · K)]	整窗传热系数 /[W/ (m² · K)] 窗框窗洞面积比			水密 性能	气密 性能	抗风压 性能	隔声 性能
				15%	20%	30%				
50 系列 外平开窗	铝合金型材	5+12A+5	2.63	3.30	3.52	3.95	6级	8级	根据不同 加强方案 可达 9 级	3级
		5Low-E+12A+5	1.75	2.55	2.81	3.33				
55 系列 外平开窗	铝合金型材	5+12A+5	2.63	3.30	3.52	3.95				
		5Low-E+12A+5	1.75	2.55	2.81	3.33				
60 系列 外平开窗	隔热铝合金 型材	5+12A+5	2.63	2.97	3.07	3.30				
		5Low-E+12A+5	1.75	2.22	2.30	2.68				
60 系列内 平开下悬窗	隔热铝合金 型材	5+12A+5	2.63	2.80	2.90	3.02				
		5Low-E+12A+5	1.75	2.08	2.18	2.65				
65 系列 外平开窗	隔热铝合金 型材	5+12A+5	2.63	2.78	2.82	2.90				
		5Low-E+12A+5	1.75	2.03	2.11	2.29				
70 系列 外平开窗	隔热铝合金 型材	5+12A+5	2.63	2.73	2.77	2.85				
		5Low-E+12A+5	1.75	1.98	2.06	2.24				
70 系列内平 开下悬窗	隔热铝合金 型材	5+12A+5	2.63	2.63	2.67	2.75				
		5Low-E+12A+5	1.75	1.88	1.96	2.14				
108 系列推 拉窗（双扇）	铝合金 型材	5+12A+5	2.63	3.41	3.60	4.80	3级	8级	根据不同 加强方案 可达 9 级	2级
		5Low-E+12A+5	1.75	2.66	2.91	3.48				
108 系列推 拉窗（四扇）	铝合金 型材	5+12A+5	2.63	3.46	3.65	4.85				
		5Low-E+12A+5	1.75	2.71	2.96	3.53				
112 系列推 拉窗	铝合金 型材	5+12A+5	2.63	3.41	3.60	4.80				
		5Low-E+12A+5	1.75	2.66	2.91	3.48				
112 系列推 拉窗	隔热铝合金 型材	5+12A+5	2.63	3.03	3.13	3.41				
		5Low-E+12A+5	1.75	2.28	2.43	2.79				
50 系列外平 开门	铝合金型材	6+12A+6	2.61	3.32	3.54	3.97	6级	8级	根据不同 加强方案 可达 9 级	3级
		6Low-E+12A+6	1.75	2.57	2.83	3.35				
60 系列外平 开门	隔热铝合金 型材	6+12A+6	2.61	2.78	2.82	2.97				
		6Low-E+12A+6	1.75	2.04	2.13	2.32				

续表

型号	型材	玻璃配置/mm	玻璃传热系数/[W/(m²·K)]	整窗传热系数/[W/(m²·K)] 窗框窗洞面积比			水密性能	气密性能	抗风压性能	隔声性能
				15%	20%	30%				
60系列外平开门	铝合金型材	6+12A+6	2.61	3.32	3.54	3.97	6级	8级	根据不同加强方案可达9级	3级
		6Low-E+12A+6	1.75	2.57	2.83	3.35				
70系列外平开门	隔热铝合金型材	6+12A+6	2.61	2.73	2.77	2.85				
		6Low-E+12A+6	1.75	1.98	2.06	2.24				
108系列推拉门（双扇）	铝合金型材	6+12A+6	2.61	3.41	3.60	4.80	3级（隐藏式排水系统可达6级）	8级	根据不同加强方案可达9级	2级
		6Low-E+12A+6	1.75	2.66	2.91	3.48				
108系列推拉门（四扇）	铝合金型材	6+12A+6	2.61	3.46	3.65	4.85				
		6Low-E+12A+6	1.75	2.71	2.96	3.53				
113系列推拉门	隔热铝合金型材	6+12A+6	2.61	3.10	3.19	3.44				
		6Low-E+12A+6	1.75	2.35	2.49	2.83				
113系列推拉门	铝合金型材	6+12A+6	2.61	3.37	3.57	4.02				
		6Low-E+12A+6	1.75	2.65	2.88	3.41				
137系列推拉门	隔热铝合金型材	6+12A+6	2.61	3.08	3.17	3.43				
		6Low-E+12A+6	1.75	2.33	2.48	2.82				
147系列推拉门	隔热铝合金型材	6+12A+6	2.61	2.97	3.05	3.22				
		6Low-E+12A+6	1.75	2.24	2.36	2.60				
137系列提升推拉门	铝合金型材	6+12A+6	2.61	3.33	3.54	3.94	3级（隐藏式排水系统可达6级）	8级	根据不同加强方案可达9级	2级
		6Low-E+12A+6	1.75	2.60	2.86	3.34				
137系列提升推拉门	隔热铝合金型材	6+12A+6	2.61	3.05	3.16	3.41				
		6Low-E+12A+6	1.75	2.31	2.47	2.81				
147系列提升推拉门	隔热铝合金型材	6+12A+6	2.61	2.92	2.98	3.12				
		6Low-E+12A+6	1.75	2.19	2.29	2.51				
167系列提升推拉门	铝合金型材	6+12A+6	2.61	3.29	3.51	3.86				
		6Low-E+12A+6	1.75	2.55	2.83	3.27				
167系列提升推拉门	隔热铝合金型材	6+12A+6	2.61	2.82	2.87	2.97				
		6Low-E+12A+6	1.75	2.09	2.17	2.34				

注：1. 外门窗玻璃配置是5+12A+5时太阳得热系数 $SHGC$ 为 0.48～0.53。

2. 外门窗玻璃配置是5Low-E+12A+5时太阳得热系数 $SHGC$ 为 0.35～0.39。

3. 中空玻璃符号：① A 表示空气层；② Low-E 表示低辐射玻璃。

轻松通

塑料丝窗纱应使用定型纱网，不得使用编织型纱网。门窗通风单元所采用过滤隔声材料应便于清洁、更换。两台及以上开窗器同时作用于同一窗扇时，应具备启闭同步性功能设置。铝合金型材隔热腔中的填充材料，宜采用聚乙烯泡沫条或低发泡聚氨酯发泡剂。

5.3.13 铝合金建筑外窗玻璃选用要求

铝合金建筑外窗玻璃选用要求如下。

（1）玻璃深加工的原片玻璃必须达到《平板玻璃》（GB 11614—2022）规定的一等品等要求。

（2）超白钢化玻璃与均质钢化玻璃能够有效降低玻璃的自爆率，减少玻璃破碎坠落引起的人身伤害、财物损失。经均质处理的钢化玻璃应提供均质处理记录文件，并可溯源。

（3）夹层玻璃边缘的封边处理，可以采用增加金属边框、涂密封胶等措施。

（4）玻璃制品的品种、颜色、性能，需要根据建筑物的功能要求选用。

（5）钢化玻璃，宜采用超白浮法玻璃为原片生产或进行均质处理。

（6）玻璃裁切中，边部容易产生大小不等的缺口、锯齿状凹凸，这容易引起边缘应力分布不均。

（7）目前加工夹层玻璃的方法有干法、湿法等种类。干法生产的夹层玻璃质量稳定可靠，属于推广选用的方法。干法夹层玻璃的中间层胶片有离子性中间膜（SGP）、聚乙烯醇缩丁醛（PVB）、乙烯 - 醋酸乙烯共聚物（EVA）等材料。使用 EVA 材料的夹层玻璃，由于玻璃破碎后的材料黏结力较弱，不推荐选用。

（8）耐火窗应根据耐火等级要求采用防火玻璃或其制品。

（9）夹层玻璃应为干法加工合成，其中间层应采用 PVB 胶片或 SGP 胶片。夹层玻璃的单片玻璃厚度相差一般不宜大于 3mm，外露的 PVB 夹层玻璃边缘，应进行封边处理。

（10）有热工性能要求时应选用中空玻璃或真空玻璃，并应符合如下规定。

① 单腔中空玻璃的气体层厚度一般不应小于 12mm，玻璃厚度不应小于 5mm。双腔或多腔中空玻璃的气体层厚度不应小于 9mm，内外两侧玻璃厚度不应小于 4mm，并且单片玻璃厚度差一般不应大于 3mm。

② 中空玻璃配置一片低辐射镀膜玻璃时，应采用真空磁控溅射法（离线法）生产的 Low-E 玻璃。无活动外遮阳时，Low-E 膜层应位于外片玻璃朝向气体层一侧。有活动外遮阳时，Low-E 膜层宜位于内片玻璃朝向气体层一侧。

③ 中空玻璃宜采用暖边间隔条，不得使用热熔型间隔条、PVC 暖边间隔条。

④ 间隔条应采用连续折弯方式加工，充惰性气体的中空玻璃还需要对间隔条接缝处做密封处理。

⑤ 中空玻璃间隔条中应使用 3A 分子筛，不得使用氯化钙、氧化钙类干燥剂。

⑥ 中空玻璃应采用双道密封。第一道密封胶应采用丁基热熔密封胶，第二道胶宜采用聚硫类中空玻璃密封胶。当二道密封胶起到结构传力作用时应采用中性硅酮结构密封胶。

⑦ 离线低辐射镀膜中空玻璃在合片前，应进行涂胶部位的除膜处理。

⑧ 单腔中空玻璃配置两片低辐射镀膜玻璃时，第二片 Low-E 玻璃宜采用热喷涂法（在线法）生产，Low-E 膜层应位于内片玻璃朝向室内一侧。多腔中空玻璃配置两片低辐射镀膜玻璃时，应根据《建筑门窗玻璃幕墙热工计算规程》（JGJ/T 151—2008）等规定计算选用。

轻松通

铝合金建筑外窗玻璃支承垫块应采用挤压成型的硬质橡胶或邵氏硬度符合要求的氯丁橡胶材料，定位块宜采用有弹性的非吸附性材料制成，不得使用硫化再生橡胶、木片或其他吸水性材料。

第6章

塑料门窗

6.1 塑料门窗基础知识

6.1.1 建筑用塑料门窗术语解说

根据所采用的材料不同，塑料门窗可分为钙塑门窗、玻璃钢门窗、改性聚氯乙烯塑料门窗等。塑料门窗如图 6-1 所示。

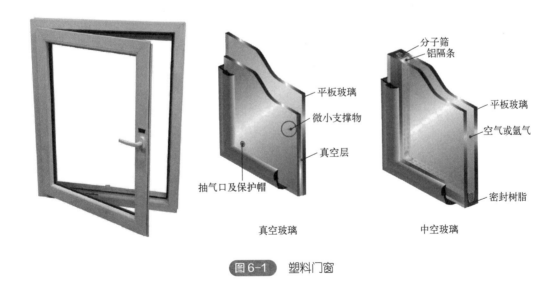

真空玻璃 — 平板玻璃、微小支撑物、真空层、抽气口及保护帽

中空玻璃 — 分子筛、铝隔条、平板玻璃、空气或氩气、密封树脂

图 6-1 塑料门窗

钙塑门窗，又称为硬质 PVC 门窗，其是以聚氯乙烯树脂为基料，以轻质碳酸钙做填料，掺加少量添加剂，机械加工制成各种截面的异型材，并在其空腔中设置衬钢，以提高门窗骨架的整体刚度的门窗。因此，钙塑门窗也称为塑钢门窗。

建筑用塑料门窗术语解说如表 6-1 所示。

表6-1 建筑用塑料门窗术语解说

名称	解 说
安全玻璃	经剧烈振动或撞击不破碎，即使破碎也不易伤人的玻璃
承重垫块	位于玻璃边缘与槽间，主要起支承作用，并且使玻璃位于槽内正中的弹性材料块
窗台板	用于外窗台的辅助构件，主要起阻挡雨水流入等作用
定位垫块	位于玻璃边缘与槽间，防止玻璃与槽产生相对运动的弹性材料块
附框	安装门窗前在墙体洞口预先安装的结构件，门窗通过该构件与墙体相连
披水条	用于外窗的辅助构件，主要起到阻挡雨水流入等作用
相容性	密封材料间或密封材料与其他材料接触时，相互不产生有害的物理或化学反应的性能

塑料门窗型材选用要求如下。

（1）平开窗主型材可视面最小实测壁厚不应小于 2.5mm。

（2）平开门主型材可视面最小实测壁厚不应小于 2.8mm。

（3）推拉窗主型材可视面最小实测壁厚不应小于 2.2mm。

（4）推拉门主型材可视面最小实测壁厚不应小于 2.5mm。

（5）严禁使用老化时间小于 6000h 的未增塑聚氯乙烯（PVC-U）型材。

（6）主型材截面应具有独立的增强型钢腔室、排水腔室。严禁使用单腔结构的 PVC-U 型材。

轻松通

　　塑料门窗玻璃承重垫块需要选用邵氏硬度为 70 ~ 90（A）的硬橡胶或塑料，不得使用硫化再生橡胶、木片、其他吸水性材料。垫块长度一般宜为 80 ~ 100mm，宽度一般应大于玻璃厚度 2mm 以上，厚度根据框、扇（梃）与玻璃的间隙来确定，并且不宜小于 3mm。定位垫块需要能吸收温度变化产生的变形。

6.1.2 门窗构件的连接计算

　　门窗构件的连接计算如图 6-2 所示。

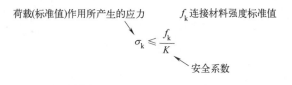

荷载(标准值)作用所产生的应力　　　f_k 连接材料强度标准值

$$\sigma_k \leqslant \frac{f_k}{K}$$

安全系数

图6-2 门窗构件的连接计算

轻松通

　　用于门窗框、扇连接的配件，其设计承载力应小于承载力许用值。对于不能提供承载力许用值的配件，需要进行试验确定其承载力，并且根据安全使用的最小荷载值除以安全系数 K（取 1.65）来换算承载力许用值。

6.1.3 塑料门窗的水密性能

塑料门窗的水密性能要求如下。

（1）拼樘料与窗框连接位置需要采取有效可靠的防水密封措施。

（2）门窗框与洞口墙体安装间隙需要有防水密封措施。

（3）外门、外窗的框、扇下横边排水孔宜加盖排水孔帽。

（4）外门、外窗的框、扇下横边应设置排水孔，并且根据等压原理设置气压平衡孔槽。排水孔的位置、数量、开口尺寸需要满足排水要求，并且内外侧排水槽横向错开，以避免直通。

（5）带外墙外保温层的洞口安装塑料门窗时，宜安装室外披水窗台板，并且窗台板的边缘与外墙间需要妥善收口。

（6）外墙窗楣需要做滴水线或滴水槽。外窗台流水坡度一般不应小于 2%。平开窗宜在开启部位安装披水条，如图 6-3 所示。

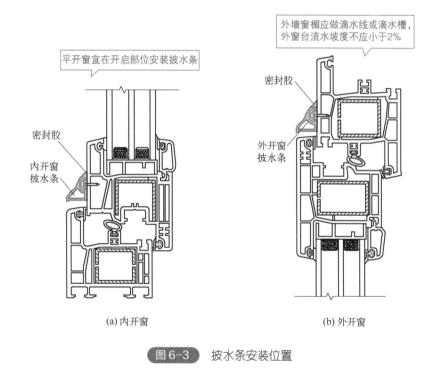

(a) 内开窗　　　　　　　　　　　(b) 外开窗

图6-3　披水条安装位置

6.1.4 塑料门窗的保温与隔热性能

有保温和隔热要求的门窗工程，需要采用中空玻璃。中空玻璃气体层厚度一般不应小于 9mm，可以使用暖边间隔条。平开门宜选用中空 Low-E 镀膜玻璃。严寒地区应使用中空 Low-E 镀膜玻璃或单框三玻中空玻璃窗，窗框与窗扇宜采用三道密封。严寒地区采用附框法与墙体连接时，应采用节能附框。附框不能被外墙外保温材料完全覆盖时，附框的传热系数不应大于外窗窗框的传热系数。

塑料门窗玻璃的抗风压设计应考虑玻璃的厚度、最大许用面积、安装尺寸等，单片玻璃厚度一般不应小于 4mm。塑料门窗采用的五金件，需要启闭灵活、无噪声，满足使用功能要求、环保要求、耐蚀性要求等。

轻松通

　　门窗主要受力杆件内衬增强型钢的惯性矩需要满足受力要求，增强型钢需要与型材内腔紧密吻合。塑料门窗设计宜考虑防蚊蝇措施。门窗用窗纱应使用耐老化、耐锈蚀、耐燃的材料。建筑外窗应选用多点锁闭结构的联动执手。门窗采用外开窗时应有防止窗扇坠落装置。

6.1.5　塑料门窗及其材料的质量要求

　　塑料门窗及其材料的质量要求如下。

　　（1）塑料门窗质量需要符合现行国家标准有关规定。

　　（2）塑料门窗采用的型材需要符合现行国家标准有关规定。

　　（3）塑料门窗产品应有出厂合格证与相关信息条码。

　　（4）塑料门窗采用的密封用胶条回弹恢复不应小于6级，热老化后回弹恢复不应小于5级。有耐火完整性要求的门窗用胶条回弹恢复不应小于6级。

　　（5）增强型钢应进行热镀锌处理，镀锌层厚度一般不应小于12μm。

　　（6）塑料门窗中空玻璃间隔条，需要采用连续折弯型且内含干燥剂的铝框。

　　（7）塑料门窗用间隔铝框制备的中空玻璃，需要采用双道密封，第一道密封采用热熔性丁基密封胶。第二道密封采用硅酮（聚硅氧烷）、聚硫类中空玻璃密封胶，并且采用专用打胶机进行混合、打胶。

　　（8）塑料门窗用密封毛条应选用平板硅化加片型。

　　（9）塑料门窗用增强型钢的壁厚，需要根据抗风压性能要求计算来确定，并且门用增强型钢最小壁厚不应小于2.5mm，窗用增强型钢最小壁厚一般不宜小于2mm，组合窗用拼樘料增强型钢壁厚不应小于2.5mm。

　　（10）塑料组合门窗使用的拼樘料截面尺寸、内衬增强型钢的形状及壁厚需要符合设计要求。

　　（11）塑料组合门窗承受风荷载的拼樘料，需要采用与其内腔紧密吻合的增强型钢作为内衬，并且型钢两端应比拼樘料略长，其长度也需要符合设计等有关要求。

　　（12）安装塑料门窗用固定片壁厚一般不应小于1.8mm。

　　（13）与聚氯乙烯型材直接接触的密封条、五金件、紧固件、玻璃垫块、密封胶等材料应与聚氯乙烯塑料相容。

　　（14）塑料门窗钢附框，一般应采用壁厚不小于1.5mm的碳素结构钢或低合金结构钢制成。

　　（15）塑料门窗附框的内、外表面应进行防锈处理。

　　（16）用于组合门窗拼樘料与墙体连接的钢连接件，厚度应经计算确定，并且不得小于2.5mm。

　　（17）用于组合门窗的连接件表面应进行防锈处理。

6.1.6　塑料门窗墙体、洞口的质量要求

　　塑料门窗墙体、洞口的质量要求如下。

　　（1）塑料门窗应采用预留洞口法安装，不得采用边安装边砌口或先安装后砌口的施工方法。

（2）塑料安装前，门窗洞口应验收合格。

（3）塑料窗安装，应测出各窗洞口中线，并且逐一做出标记。对多层建筑，可从最高层一次垂吊。对高层建筑，可用经纬仪找垂直线，以及弹出水平线。

（4）建筑的同一类型门窗洞口，上下、左右方向位置偏差需要符合以下要求。

① 处于同一水平位置的相邻洞口，中线上下位置相对偏差不应大于10mm；全楼长度内，所有处于同一水平线位置的各单元洞口，上下位置相对偏差不应大于15mm（全楼长度小于30m）或20mm（全楼长度大于或等于30m）。

② 处于同一垂直位置的相邻洞口，中线左右位置相对偏差不应大于10mm；全楼高度内，所有处于同一垂直线位置的各楼层洞口，左右位置相对偏差不应大于15mm（全楼高度小于30m）或20mm（全楼高度大于或等于30m）。

（5）门窗及玻璃的安装应在墙体湿作业完工且硬化后进行。当需要在湿作业前进行时，应采取保护措施。

（6）门的安装应在地面工程施工前进行。

（7）门、窗的构造尺寸应考虑预留洞口与待安装门、窗框的伸缩缝间隙以及墙体饰面材料的厚度。洞口与门、窗框伸缩缝间隙要求如图6-4所示。

（8）门窗的安装应在洞口尺寸检验合格，并且办好工种间交接手续后方可进行。

（9）无下框平开门，门框高度应比洞口高度大10～15mm；带下框平开门或推拉门，门框高度应比洞口高度小5～10mm。

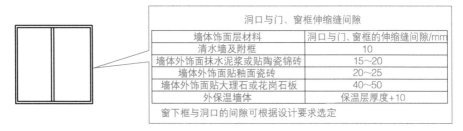

洞口与门、窗框伸缩缝间隙	
墙体饰面层材料	洞口与门、窗框的伸缩缝间隙/mm
清水墙及附框	10
墙体外饰面抹水泥浆或贴陶瓷锦砖	15～20
墙体外饰面贴釉面瓷砖	20～25
墙体外饰面贴大理石或花岗石板	40～50
外保温墙体	保温层厚度+10
窗下框与洞口的间隙可根据设计要求选定	

图6-4 洞口与门、窗框伸缩缝间隙要求

轻松通

门窗安装前，应清除洞口周围松动的砂浆、浮渣、浮灰。必要时，可在洞口四周涂刷一层防水聚合物水泥胶浆。安装门窗框时，其环境温度一般不应低于5℃，安装玻璃时其环境温度不宜低于10℃。

6.2 塑料门窗的安装

6.2.1 塑料门窗的安装要求

塑料门窗的安装要求如下。

（1）安装前，检查安装材料与工具机具。常见材料有：对拔木楔、钢钉、自攻螺钉、密封膏、尼龙胀管螺栓、填充料、木螺钉、抹布、塑钢门窗、全套附件。常见工具机具有：吊线锤、水平尺、扁铲、钢卷尺、挂线板、手锤、灰线包、螺丝刀、冲击电钻、射钉枪等。

（2）安装前，需要复查洞口尺寸。洞口表面平整度、侧面垂直度和对角线长度均为 ±3mm，不合格的需要及时修整。

（3）安装前，要检查门窗成品。门窗表面色泽要均匀、无裂纹、无麻点、无气孔、无明显擦伤，保护膜完好。门窗框与扇应装配成套，各种配件齐全。门窗尺寸允许偏差如表 6-2 所示。

表6-2　门窗尺寸允许偏差

项目	名称	允许偏差/mm	附注
翘曲	框	2	—
翘曲	扇	2	—
对角线长度	框、扇	2	—
高度、宽度	框	+0、−2	框外包尺寸

（4）门窗安装的主要工序如表 6-3 所示。

表6-3　门窗安装的主要工序

序号	工序名称	门窗类型		
		单樘窗	组合门窗	普通门
1	洞口找中线	应	应	应
2	补贴保护膜	应	应	应
3	安装后置埋件	—	可	—
4	框上找中线	应	应	应
5	安装附框	可	可	可
6	抹灰找平	可	可	可
7	卸玻璃（或门、窗扇）	可	可	可
8	粘贴防水材料	可	可	—
9	框进洞口	应	应	应
10	调整定位	应	应	应
11	门窗框固定	应	应	应
12	盖工艺孔帽及密封处理	应	应	应
13	装拼樘料	—	应	—
14	打发泡胶	应	应	应
15	装窗台板	可	可	—
16	洞口抹灰	应	应	应
17	清理砂浆	应	应	应
18	打密封胶	应	应	应
19	安装配件	应	应	应
20	装玻璃（或门、窗扇）	应	应	应
21	装纱窗（门）	可	可	可
22	表面清理	应	应	应
23	去掉保护膜	应	应	应

注：1. 序号1～4为安装前准备工序。
　　2. 表中"应"表示应进行的工序。
　　3. 表中"可"表示可选择工序。

（5）塑料门窗宜采用固定片法安装。旧窗改造或构造尺寸较小的窗型，窗上框、窗侧框可采用直接固定法进行安装。窗下框不宜采用直接固定法进行安装。

（6）根据设计等要求，可以在门、窗框安装前预先安装附框。附框宜采用固定片法与墙体连接牢固。附框与洞口间应采用防水砂浆或聚氨酯发泡胶填塞，以及宜使用中性硅酮（聚硅氧烷）密封胶密封。

（7）附框与门、窗框间应预留伸缩缝，门、窗框与附框的连接需要采用直接固定法，但是不得直接在窗框排水槽内进行钻孔。

（8）门窗框的安装，需要根据设计图纸确定门窗框的安装位置、门扇的开启方向。

（9）门窗框的安装，框入洞口时，其上下框中线应与洞口中线对齐；门窗的上下框四角、中横梃的对称位置，需要用木楔或垫块塞紧作临时固定。下框长度大于 0.9m 时，则其中央也应用木楔或垫块塞紧，临时固定。

（10）安装门窗时，如果玻璃已装在门窗上，宜卸下玻璃（或门、窗扇），以及做好标记。门窗框四周可粘贴预压缩膨胀密封胶带，再在 15min 内进洞口安装。

（11）安装门时，应采取防止门框变形的措施。无下框平开门应使两边框的下脚低于地面标高线，并且高度差宜为 30mm。带下框平开门或推拉门，应使下框底面低于最终装修地面10mm。

（12）安装门时，应先固定上框的一个点，再调整门框的水平度、垂直度、直角度，以及应用木楔临时定位。

6.2.2 塑料门窗的安装节点

塑料门窗的安装节点如表 6-4 所示。

表 6-4 塑料门窗的安装节点

项目	解　说
门窗框与墙体间采用膨胀螺钉直接固定	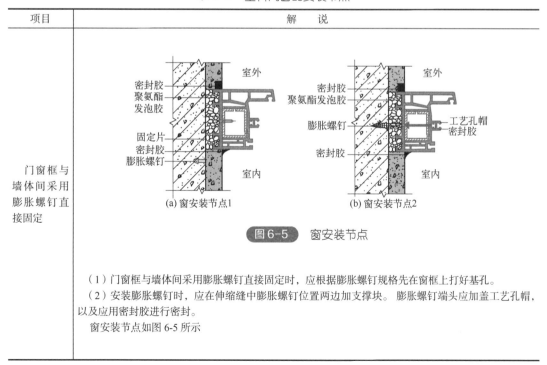 图 6-5　窗安装节点 （1）门窗框与墙体间采用膨胀螺钉直接固定时，应根据膨胀螺钉规格先在窗框上打好基孔。 （2）安装膨胀螺钉时，应在伸缩缝中膨胀螺钉位置两边加支撑块。膨胀螺钉端头应加盖工艺孔帽，以及应用密封胶进行密封。 窗安装节点如图 6-5 所示

续表

项　目	解　　说
固定片或膨胀螺钉的安装	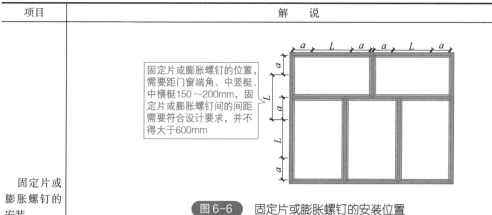 固定片或膨胀螺钉的位置，需要距门窗端角、中竖梃、中横梃150～200mm，固定片或膨胀螺钉间的间距需要符合设计要求，并不得大于600mm 图6-6　固定片或膨胀螺钉的安装位置 a—端头（或中框）到固定片（或膨胀螺钉）的距离； L—固定片（或膨胀螺钉）间的间距 （1）固定片或膨胀螺钉的位置，需要距门窗端角、中竖梃、中横梃150～200mm，固定片或膨胀螺钉间的间距需要符合设计要求，以及不得大于600mm。 （2）不得将固定片直接装在中横梃、中竖梃的端头上。平开门安装铰链的相应位置，宜安装固定片或采用直接固定法固定。 固定片或膨胀螺钉的安装位置如图6-6所示
附框或门窗与墙体的固定	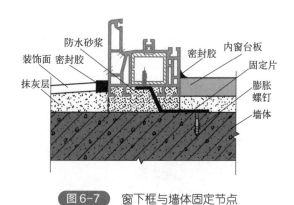 防水砂浆　密封胶　内窗台板 装饰面　密封胶　固定片 抹灰层　膨胀螺钉 墙体 图6-7　窗下框与墙体固定节点 （1）附框或门窗与墙体固定时，应先固定上框，后固定边框。固定片形状应预先弯曲到贴近洞口固定面，不得直接锤打固定片使其弯曲。 （2）混凝土墙洞口应采用射钉或膨胀螺钉固定。 （3）砖墙洞口或空心砖洞口应用膨胀螺钉固定，并且不得固定在砖缝处。 （4）轻质砌块或加气混凝土洞口可在预埋混凝土块上用射钉或膨胀螺钉固定。 （5）设有预埋铁件的洞口应采用焊接的方法固定，也可先在预埋件上按紧固件规格打基孔，然后用紧固件固定。 窗下框与墙体固定节点如图6-7所示

续表

项目	解　说
拼樘料的安装	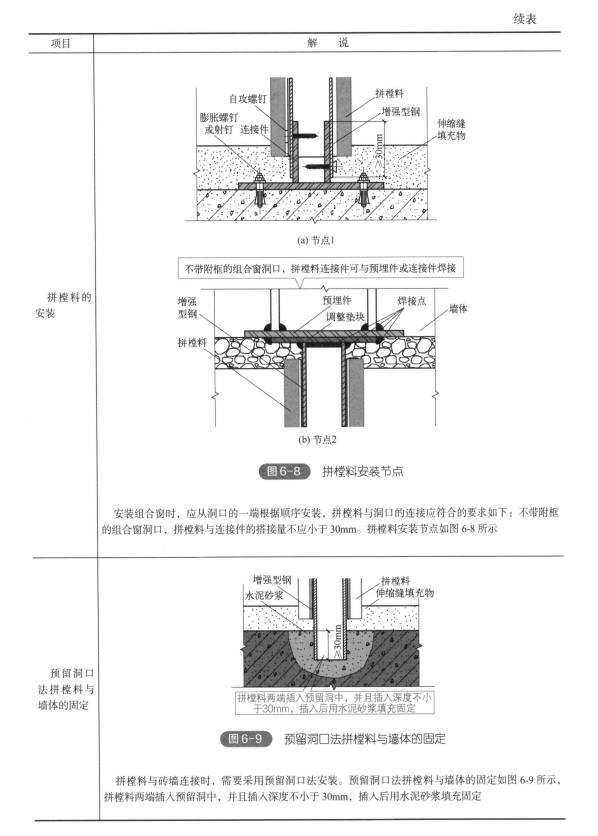

(a) 节点1

不带附框的组合窗洞口，拼樘料连接件可与预埋件或连接件焊接

(b) 节点2

图6-8　拼樘料安装节点

安装组合窗时，应从洞口的一端根据顺序安装，拼樘料与洞口的连接应符合的要求如下：不带附框的组合窗洞口，拼樘料与连接件的搭接量不应小于30mm。拼樘料安装节点如图6-8所示

预留洞口法拼樘料与墙体的固定	

图6-9　预留洞口法拼樘料与墙体的固定

拼樘料两端插入预留洞中，并且插入深度不小于30mm，插入后用水泥砂浆填充固定

拼樘料与砖墙连接时，需要采用预留洞口法安装。预留洞口法拼樘料与墙体的固定如图6-9所示，拼樘料两端插入预留洞中，并且插入深度不小于30mm，插入后用水泥砂浆填充固定

续表

项目	解　说
拼樘料的连接	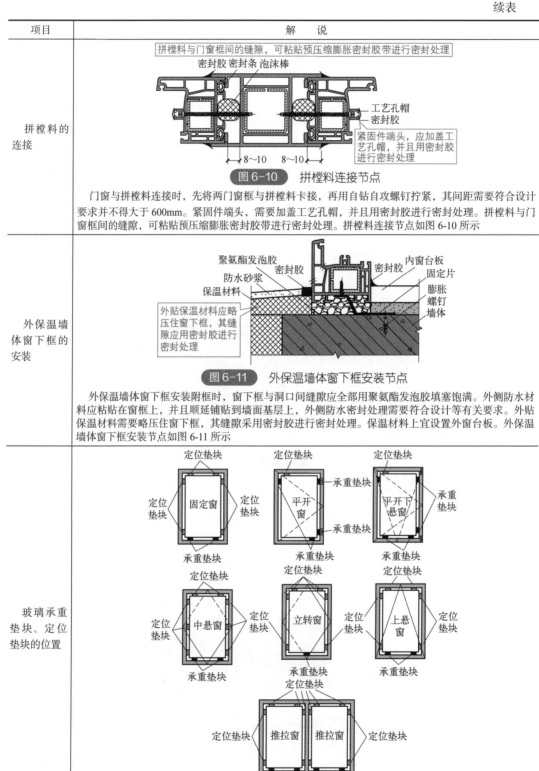 拼樘料与门窗框间的缝隙，可粘贴预压缩膨胀密封胶带进行密封处理 密封胶 密封条 泡沫棒 工艺孔帽 密封胶 紧固件端头，应加盖工艺孔帽，并且用密封胶进行密封处理 8～10　8～10 图6-10　拼樘料连接节点 　　门窗与拼樘料连接时，先将两门窗框与拼樘料卡接，再用自钻自攻螺钉拧紧，其间距需要符合设计要求并不得大于600mm。紧固件端头，需要加盖工艺孔帽，并且用密封胶进行密封处理。拼樘料与门窗框间的缝隙，可粘贴预压缩膨胀密封胶带进行密封处理。拼樘料连接节点如图6-10所示
外保温墙体窗下框的安装	聚氨酯发泡胶　密封胶　内窗台板 防水砂浆　密封胶　固定片 保温材料　膨胀螺钉墙体 外贴保温材料应略压住窗下框，其缝隙应用密封胶进行密封处理 图6-11　外保温墙体窗下框安装节点 　　外保温墙体窗下框安装附框时，窗下框与洞口间缝隙应全部用聚氨酯发泡胶填塞饱满。外侧防水材料应粘贴在窗框上，并且顺延铺贴到墙面基层上，外侧防水密封处理需要符合设计等有关要求。外贴保温材料需要略压住窗下框，其缝隙采用密封胶进行密封处理。保温材料上宜设置外窗台板。外保温墙体窗下框安装节点如图6-11所示
玻璃承重垫块、定位垫块的位置	定位垫块　定位垫块　定位垫块 定位垫块　固定窗　定位垫块　平开窗　承重垫块　平开下悬窗　承重垫块 承重垫块　承重垫块　承重垫块 定位垫块　定位垫块　定位垫块 定位垫块　中悬窗　定位垫块　立转窗　定位垫块　上悬窗　定位垫块 承重垫块　承重垫块　承重垫块 定位垫块 定位垫块　推拉窗　推拉窗　定位垫块 承重垫块　承重垫块 图6-12　承重垫块和定位垫块位置

续表

项　目	解　　说
玻璃承重垫块、定位垫块的位置	（1）玻璃应平整，安装牢固，不得有松动现象。玻璃的层数、品种、规格应符合设计要求。 （2）镀膜中空玻璃的镀膜层应朝向中空气体层。 （3）单片镀膜玻璃的镀膜层、磨砂玻璃的磨砂层应朝向室内。 （4）安装好的玻璃不得直接接触型材，应在玻璃四边垫上不同作用的垫块，中空玻璃的垫块宽度应与中空玻璃的厚度相匹配。 （5）竖框（扇）上的垫块，应用胶固定。 （6）安装玻璃密封条时，密封条应比压条略长，密封条与玻璃及玻璃槽口的接触应平整，不得卷边、不得脱槽。密封条断口接缝需要黏结。 （7）玻璃装入框、扇后，应用玻璃压条将其固定，玻璃压条必须与玻璃全部贴紧，压条与型材的接缝处应无明显缝隙，压条角部对接缝隙一般应小于1mm，并且不得在一边使用2根（含2根）以上压条，以及压条需要在室内侧。 承重垫块和定位垫块位置如图6-12所示

轻松通

　　窗框与洞口间的伸缩缝内应采用聚氨酯发泡胶填充，发泡胶填充应均匀密实。发泡胶成型后不宜切割。对于保温、隔声等级要求较高的工程，先按设计要求采用相应的隔热、隔声材料填塞，再采用聚氨酯发泡胶封堵。填塞后，撤掉临时固定用木楔或支撑垫块，其空隙也应用聚氨酯发泡胶填塞。门窗扇应等框水泥砂浆硬化后安装。推拉门窗扇必须有防脱落装置。安装五金配件时，应将螺钉固定在内衬增强型钢上，或使螺钉穿过塑料型材的壁和内筋。紧固件不得采用预先打孔的固定方法。安装滑撑时，紧固螺钉必须使用不锈钢材质，并且与框扇增强型钢或内衬局部加强钢板可靠连接。螺钉与框扇连接位置应进行防水密封处理。安装门锁与执手时，应将螺钉固定在内衬增强型钢上，增强型钢不应在此处断开。安装后的门窗密封条应是连续完整的，密封条接口应严密，并且应位于窗的上方。应在所有工程完工后及装修工程验收前去掉保护膜。

6.2.3　塑料门窗的安装施工注意事项

　　塑料门窗的安装施工注意事项如下。

　　（1）塑料门窗在运输过程中注意保护。

　　（2）窗的尺寸较宽时，不得用小窗组合。

　　（3）安装操作时，需要系好安全带，并且安全带必须有坚固牢靠的挂点，严禁把安全带挂在窗体上。

　　（4）施工现场成品及辅助材料应堆放整齐、平稳，并且采取防火等安全措施。

　　（5）安装门窗、玻璃或擦拭玻璃时，严禁手攀窗框、窗扇、窗梃、窗撑。

　　（6）应经常检查电动工具，不得有漏电现象，以及采取安全保护措施。

　　（7）施工中使用的角磨机设备，需要设有防护罩。

　　（8）安装操作时，采取必要的劳动保护、防火防毒等施工安全技术，以及执行建筑施工高处作业安全技术规范的要求。

　　（9）施工中使用电、气焊等设备时，需要做好木制品等易燃物的防火措施。

　　（10）施工过程中，楼下应设警示区域，设专人看守，不得让行人进入。

（11）塑料门窗在安装过程中、工程验收前，需要采取防护措施，不得污损。

（12）塑料门窗在安装过程中、工程验收前，门窗下框宜加盖防护板，边框宜使用胶带密封保护，不得损坏保护膜。

（13）严禁在门窗框、扇上安装脚手架、悬挂重物。外脚手架不得顶压在门窗框、扇或窗撑上。严禁蹬踩窗框、窗扇或窗撑。

（14）已装门窗框、扇的洞口，不得再作运料通道。

（15）应防止电、气焊火花烧伤或烫伤面层。

（16）应防止利器划伤门窗表面。

（17）安装窗台板或进行装修时，严禁撞、挤门窗。

（18）立体交叉作业时，严禁碰撞门窗。

（19）门窗安装后，需要在工程验收前撕掉保护膜，并且不得污损型材表面。

轻松通

门窗五金配件应避免腐蚀性介质的侵蚀。滑轮、传动机构、铰链、执手等要求开启灵活的部位应经常采取除灰、注油等保养措施。发现门窗开启不灵活或五金配件松动、损坏等现象时，应及时修理或更换。发现密封胶、密封条有老化开裂、缩短、脱落等现象时，需要及时进行修补或更换。

第7章

铝木复合门窗与铝塑复合门窗

7.1 铝木复合门窗

7.1.1 铝木复合门窗基础知识

铝木复合门窗是指采用铝合金型材与木型材通过连接卡件或螺钉等连接方式制作的框、扇构件的一类门窗，如图 7-1 所示。

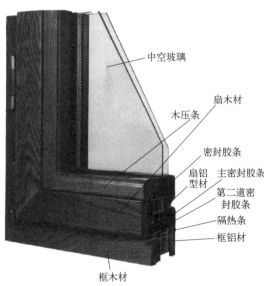

中空玻璃

扇木材

木压条

密封胶条

扇铝型材 主密封胶条

第二道密封胶条

隔热条

框铝材

框木材

图 7-1 铝木复合门窗

铝木复合门窗的规格由宽度构造尺寸（W）、高度构造尺寸（H）的千、百、十位数字，前后顺序排列的六位数字来表示。例如，门窗的宽度、高度分别为 1150mm、1450mm 时，则标记为：115145。

轻松通

　　连接卡件，是指用于铝合金型材与木型材间的结构连接件。指接材，是指以锯材为原料经指榫加工、胶合接长制成的板方材。集成材，是指将纤维方向基本平行的板材、小方材等在长度、宽度、厚度方向上集成胶合而成的材料。

7.1.2　铝木复合门窗按结构、开启形式分类

　　铝木复合门窗可根据铝合金型材与木型材的组合结构形式进行分类，如图 7-2 所示，也可按开启形式分类，如图 7-3 所示。

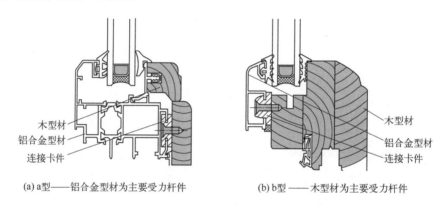

(a) a型——铝合金型材为主要受力杆件　　　　(b) b型——木型材为主要受力杆件

图 7-2　按铝合金型材与木型材的组合结构形式分类

类别	平开旋转类							
开启形式	平开	滑轴平开	上悬	下悬	中悬	滑轴上悬	平开下悬	立转
代号	P	HZP	SX	XX	ZX	HSX	PX	LZ
类别	推拉平移类					折叠类		
开启形式	(水平)推拉	提升推拉		平开推拉	推拉下悬	提拉	折叠推拉	
代号	T	ST		PT	TX	TL	ZT	

(a) 窗的分类

类别	平开旋转类		推拉平移类			折叠类	
开启形式	平开	平开下悬	(水平)推拉	提升推拉	推拉下悬	折叠平开	折叠推拉
代号	P	PX	T	ST	TX	ZP	ZT

(b) 门的分类

图 7-3　按开启形式分类

7.1.3　铝木复合门窗按功能分类

　　铝木复合门窗可按使用功能分类，门的功能类型分类如表 7-1 所示，窗的功能类型分类如表 7-2 所示。

表7-1 门功能类型分类

性能项目	种 类		
	隔声型	保温型	遮阳型
空气声隔声性能（R_w）	必须项目	必须项目	选择项目
遮阳性能（SC）	选择项目	必须项目	必须项目
启闭力	必须项目	必须项目	必须项目
反复启闭性能	必须项目	必须项目	必须项目
撞击性能	必须项目	必须项目	必须项目
垂直荷载强度	必须项目	必须项目	必须项目
抗静扭曲性能	必须项目	必须项目	必须项目
抗风压性能（P_3）	必须项目	必须项目	必须项目
水密性能（ΔP）	必须项目	必须项目	必须项目
气密性能（q_1、q_2）	必须项目	必须项目	必须项目
保温性能（K）	选择项目	必须项目	—

表7-2 窗功能类型分类

性能项目	种 类		
	隔声型	保温型	遮阳型
空气声隔声性能（R_w）	必须项目	必须项目	选择项目
遮阳性能（SC）	选择项目	必须项目	必须项目
采光性能	选择项目	选择项目	选择项目
启闭力	必须项目	必须项目	必须项目
反复启闭性能	必须项目	必须项目	必须项目
抗风压性能（P_3）	必须项目	必须项目	必须项目
水密性能（ΔP）	必须项目	必须项目	必须项目
气密性能（q_1、q_2）	必须项目	必须项目	必须项目
保温性能（K）	选择项目	必须项目	—

7.1.4 铝木复合门窗一般要求

7.1.4.1 铝合金型材

（1）铝合金型材尺寸精度需要符合 GB/T 5237 系列标准规定的高精级要求。

（2）以铝合金型材为主要受力杆件的门窗（a 型），门用铝合金主型材的主要受力部位基材截面最小实测壁厚一般不应小于 2mm，窗用铝合金主型材的主要受力部位基材截面最小实测壁厚不应小于 1.4mm。

（3）以木型材为主要受力杆件的门窗（b 型），除了压条、扣板外，铝合金型材主要受力部位基材截面最小实测壁厚一般不应小于 1.4mm。

（4）阳极氧化型材：阳极氧化膜膜厚需要符合 AA15 级要求，氧化膜平均膜厚不应小于 15μm，局部膜厚不小于 12μm。

（5）电泳涂漆型材：阳极氧化复合膜，表面漆膜采用透明漆符合 B 级要求，复合膜局部膜厚不应小于 16μm。表面漆膜采用有色漆符合 S 级要求，复合膜局部膜厚不应小于 21μm。

（6）粉末喷涂型材：装饰面上涂层最小局部厚度应大于40μm。

（7）氟碳漆喷涂型材：二涂层氟碳漆膜，装饰面平均漆膜厚度不应小于30μm；三涂层氟碳漆膜，装饰面平均漆膜厚度不应小于40μm。

（8）铝合金隔热型材采用穿条工艺的复合铝型材其隔热材料应使用聚酰胺66加25%玻璃纤维，采用浇注工艺的复合铝型材其隔热材料应使用高密度聚氨基甲酸乙酯材料。

（9）铝合金型材表面不得有铝屑、毛刺、油污、其他污迹。铝合金型材组角应牢固。

7.1.4.2 木材

（1）木材需要选用同一树种材料，含水率不应低于8%，并且不高于（X+1）%。（X为当地年平均木材平衡含水率×100）

（2）指接材可视面拼条长度除端头外应大于250mm，宽度方向无拼接，指接缝隙处无明显缺陷。

（3）木型材表面要平整光洁、纹理相近。木型材表面四角镶嵌牢固，连接处不得有外溢的黏合剂，也不得有脱开等异常现象。

（4）集成材外观质量应符合优等品要求，可视面拼条长度除端头外应大于250mm，宽度方向无拼接，厚度方向相邻层的拼接缝应错开，指接缝隙处无明显缺陷。

（5）木材型材平整无翘曲，棱角部位应为圆角。

（6）甲醛含量应符合E_1级的要求。

（7）木材表面光洁、纹理相近，无死节、虫眼、腐朽、夹皮等现象。

7.1.4.3 水性涂料

木材用水性涂料耐黄变性$\Delta E \leqslant 1.0$（紫外灯光照射不小于168h）。

7.1.4.4 玻璃

根据工程设计、功能要求，一般宜选用中空玻璃与真空玻璃。玻璃的品种、规格、质量要求满足有关规定。玻璃应无明显色差，表面不得有明显擦伤、划伤、霉斑。

7.1.4.5 密封材料

门窗应使用中性耐候密封胶或聚氨酯密封胶。密封毛条应使用加片型的防水硅化密封毛条。门窗用密封胶条，宜使用硫化橡胶类材料或热塑性弹性体类材料。

7.1.4.6 五金配件、紧固件

（1）门窗用五金配件需要符合门窗功能设计要求，以及满足反复启闭的耐久性要求。

（2）活动五金件需要便于维修、更换。

（3）合页、滑撑、滑轮等五金件的选用需要满足门窗承载力要求。

（4）五金配件、紧固件等采用碳素结构钢、优质碳素结构钢材料制作的产品应采取热浸镀锌、锌电镀、黑色氧化等有效防腐处理。采用合金压铸材料、工程塑料等制作的产品，应能够满足强度要求、耐久性能。

7.1.4.7 连接卡件

连接卡件宜采用聚酰胺66或ABS等具有足够强度、耐久性能的材料。

7.1.5 铝木复合门尺寸允许偏差

铝木复合门尺寸允许偏差如表 7-3 所示。

表7-3 铝木复合门尺寸允许偏差　　　　　　　　　单位：mm

项　目	尺寸范围	允许偏差
门框（扇）对角线尺寸之差	≤3000	≤3.0
	>3000	≤4.0
门框与扇搭接宽度	—	±2.0
门框（扇）杆件接缝高低差	—	≤0.2
门框（扇）杆件装配间隙（铝型材）	—	≤0.3
门框（扇）杆件装配间隙（木型材）	—	≤0.5
门框（扇）高度、宽度	≤2000	±1.5
	>2000	±2.0
门框（扇）槽口对边尺寸之差	≤2000	≤1.0
	>2000	≤1.5

7.1.6 铝木复合窗尺寸允许偏差

铝木复合窗尺寸允许偏差如表 7-4 所示。

表7-4 铝木复合窗尺寸允许偏差　　　　　　　　　单位：mm

项　目	尺寸范围	允许偏差
窗框（扇）对角线尺寸之差	≤2000	≤2.5
	>2000	≤3.5
窗框与扇搭接宽度	—	±1.0
窗框（扇）杆件接缝高低差	—	≤0.2
窗框（扇）杆件装配间隙（铝型材）	—	≤0.3
窗框（扇）杆件装配间隙（木型材）	—	≤0.5
窗框（扇）槽口高度、宽度	≤2000	±1.5
	>2000	±2.0
窗框（扇）槽口对边尺寸之差	≤2000	≤1.0
	>2000	≤1.5

7.1.7 玻璃与槽口配合

　　铝合金型材玻璃镶嵌构造需要符合有关规定。木型材玻璃镶嵌，当槽口采用密封胶密封时，配合间隙一般不应小于 1mm，如图 7-4 所示。

　　玻璃与槽口安装应缝隙均匀，用密封胶密封时，需要涂饰平滑连续、不得外溢。用密封条密封时，需要连续平滑，不得翘曲，接缝不应设在转角位置。

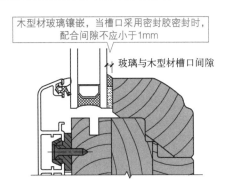

木型材玻璃镶嵌，当槽口采用密封胶密封时，配合间隙不应小于1mm

玻璃与木型材槽口间隙

图7-4 玻璃与木型材槽口间隙

7.1.8　铝木构件连接装配

　　铝合金型材构件与木型材连接卡件的固定螺钉直径，一般不应小于3.5mm。相邻连接卡件距离一般不应大于200mm，连接卡件端头距离一般不应大于150mm，并且每边连接卡件一般不应少于3个，如图7-5所示。铝型材与木型材复合后，需要可靠牢固，型材要平整，不得松动、不得翘曲。

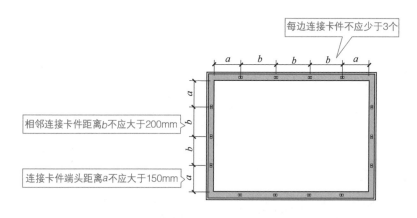

每边连接卡件不应少于3个

相邻连接卡件距离*b*不应大于200mm

连接卡件端头距离*a*不应大于150mm

图 7-5　连接卡件安装位置

轻松通

　　门窗框、扇、杆件、五金配件等各部件装配需要符合设计要求，装配应牢固。密封条安装位置应正确。开启扇启闭灵活，无卡滞，无噪声，闭合后间隙均匀、无翘曲。五金件配件安装位置应正确，开启五金件应转动灵活无卡滞。

7.2　铝塑复合门窗

7.2.1　铝塑复合门窗概述

　　铝塑复合门窗是继铝合金门窗、塑钢门窗后一种新型门窗。铝塑复合门窗是指采用铝塑复合型材制作框、扇杆件结构的一种门、窗的总称。铝塑复合型材，是建筑铝合金型材与未增塑聚氯乙烯（PVC-U）塑料型材通过机械方法复合为一体，以及共同承担荷载作用的一种门窗用型材。

　　铝塑复合门窗的规格，一般是由门窗的宽度构造尺寸与高度构造尺寸的千、百、十位数字，前后顺序排列的六位数字来表示的。例如，尺寸规格型号为115145，则表示门窗的宽度构造尺寸、高度构造尺寸分别为1150mm、1450mm。

　　铝塑复合型材根据从室外到室内铝、塑排列顺序可分为铝塑复合型材、铝塑铝复合型材等种类。铝塑复合型材使用温度一般不应超过70℃。

　　根据开启形式，铝塑复合窗的分类与代号如表7-5所示。

表7-5 铝塑复合窗按开启形式分类

分类	代号	分类	代号
百叶窗	Y	上悬窗	SX
固定窗	G	推拉窗	T
平开窗	P	下悬窗	XX
平开下悬窗	PX	中悬窗	ZX
纱扇	S	—	—

根据开启形式，铝塑复合门的分类与代号如表7-6所示。

表7-6 铝塑复合门按开启形式分类

分类	代号	分类	代号
平开门	P	推拉下悬门	TX
平开下悬门	PX	折叠门	Z
推拉门	T	—	—

7.2.2 铝塑复合门窗的一般要求

铝塑复合门窗玻璃安装、杆件连接、附件装配所用密封胶，需要与所接触的各种材料相容，并且与所需黏结基材具有良好黏结性。密封胶条与型材不能有相溶性。

门窗框扇连接、锁固用功能性五金配件，需要满足整樘门、窗承载能力，以及反复启闭性能的要求。

门窗组装机械连接需要采用不锈钢紧固件，不得使用铝及铝合金抽芯铆钉做门窗受力连接用紧固件。

铝塑复合门窗可视面需要表面平整，不得有明显的色差、凹凸不平、裂痕、杂质、严重划伤、擦伤、碰伤等缺陷，也不得有油污、毛刺、铝屑、其他污迹。铝塑复合门窗连接位置不得有外溢的胶黏剂。铝塑复合门窗型材端部要清洁、无毛刺。

铝塑复合门窗主要受力杆件中，塑料型材壁厚一般不应小于2.3mm，允许偏差0～+0.2mm。铝塑复合型材的宽度、厚度一般允许偏差为±0.3mm；长度为1m的铝塑复合型材直线偏差一般应不大于1mm。铝合金型材壁厚一般不应小于1.4mm，允许偏差0～+0.2mm。

铝塑复合门框、门扇外形尺寸允许偏差如表7-7所示。

表7-7 铝塑复合门框、门扇外形尺寸允许偏差   单位：mm

项 目	尺寸范围	允许偏差
门宽度和高度构造内侧尺寸 对边尺寸之差	—	≤3.0
宽度和高度	≤2000	±2.0
	>2000	±3.0
门框、门扇对角线尺寸之差	—	≤3.0

铝塑复合窗框、窗扇外形尺寸允许偏差如表7-8所示。

表7-8 铝塑复合窗框、窗扇外形尺寸允许偏差 单位：mm

项　目	尺寸范围	允许偏差
窗宽度和高度构造内侧尺寸对边尺寸之差	—	≤ 3.0
宽度和高度	≤ 1500	± 2.0
	> 1500	± 2.5
窗框、窗扇对角线之差	—	≤ 3.0

轻松通

　　民用建筑中，以铝合金型材为主要受力杆件的铝木复合门窗，铝合金型材主型材基材壁厚（附件功能槽口处的翅壁壁厚除外）公称尺寸要求为外门不应小于2.2mm，外窗不应小于1.8mm；以木材为主要受力杆件的铝木复合门窗，铝合金型材基材壁厚公称尺寸不应小于1.4mm。

7.2.3 铝塑复合门窗的装配要求

　　铝塑复合门窗的装配要求如下。

　　（1）门窗框、门窗扇相邻构件装配间隙一般不应大于0.3mm，相邻两构件同一平面高低差一般不应大于0.5mm。

　　（2）平开门窗、平开下悬门窗关闭时，搭接量需要满足设计要求。窗扇与窗框搭接量允许偏差为±1mm，门扇与门框搭接量允许偏差一般为±2mm。搭接量的实测值一般不应小于5mm。

　　（3）平开门窗、平开下悬门窗关闭时，门窗框、扇四周的配合间隙需要满足设计要求，配合间隙允许偏差为±1mm。

　　（4）主要受力杆件的长度大于500mm时，型材腔体中宜放置增强型钢，并且增强型钢壁厚不应小于1.5mm。用于固定每根增强型钢的紧固件一般不应少于三个，其间距一般不应大于300mm，距型材端头内角距离一般不应大于100mm。另外，固定后的增强型钢不得松动。

　　（5）五金配件承载能力要与扇重量、抗风压要求相匹配。门、窗扇的锁闭点不宜少于2个。门、窗扇高度大于1.2m时，锁闭点不应少于3个。外平开窗扇的宽度不宜大于600mm，高度不宜大于1500mm。

　　（6）五金配件安装位置要正确，数量要齐全，并且能够承受往复运动的配件在结构上应便于更换。

　　（7）压条应装配牢固。

　　（8）压条角部对接位置的间隙一般不应大于1mm。

　　（9）框梃、框组角、扇组角连接位置，需要采用连接件组装，并且四周缝隙采用密封。

　　（10）密封条装配后需要接口严密、均匀牢固，无脱槽、虚压、收缩等现象。

轻松通

　　民用建筑中，铝木复合门窗的铝合金型材与木材间宜采用卡件连接，连接卡件宜采用尼龙66或ABS等材料。卡件间安装间距一般不应大于200mm。铝型材与木材复合应牢固可靠，型材应平整，不得松动，不得翘曲。

7.2.4 铝塑复合门窗力学性能

铝塑复合平开窗、悬窗力学性能需要符合的要求如表 7-9 所示。

铝塑复合推拉窗力学性能需要符合的要求如表 7-10 所示。

铝塑复合平开门、平开下悬门、推拉下悬门力学性能需要符合的要求如表 7-11 所示。

铝塑复合推拉门力学性能需要符合的要求如表 7-12 所示。

铝塑复合门窗物理性能分级及指标包括抗风压性能、气密性能、水密性能、保温性能、空气声隔声性能、采光性能、遮阳性能等。

表 7-9 铝塑复合平开窗、悬窗力学性能需要符合的要求

项目	技术要求
窗撑试验	200N 的作用下，窗扇不得位移，连接处型材不得破裂
大力关闭	经模拟 7 级风连续开关 10 次，试件不损坏，仍保持开关功能
反复启闭	经不少于 10000 次的开关试验，试件、五金件不损坏，其固定处、玻璃压条不松脱
启闭力	平铰链：不大于 80N；滑撑铰链：不小于 30N，不大于 80N
翘曲	300N 作用力下，允许有不影响使用的残余变形，试件不损坏，仍保持使用功能
锁紧器（执手）的启闭力	启闭力不大于 80N，力矩不大于 10N·m
悬端吊重	500N 作用力下残余变形不大于 2mm，试件不损坏，仍保持使用功能

表 7-10 铝塑复合推拉窗力学性能需要符合的要求

项目	技术要求
反复启闭	经不少于 10000 次的开关试验，试件、五金件不损坏，其固定处及玻璃压条不松脱
扭曲（没有凸出把手的推拉除外）	200N 作用力下，试件不损坏，允许有不影响使用的残余变形
启闭力	上下推拉窗：不大于 135N；左右推拉窗：不大于 100N
弯曲	300N 作用力下，试件不得损坏，允许有不影响使用的残余变形，仍保持使用功能

表 7-11 铝塑复合平开门、平开下悬门、推拉下悬门力学性能需要符合的要求

项目	技术要求
垂直荷载强度	对门施加 30kg 荷载，门扇卸荷后的下垂量不应大于 2mm
大力关闭	经模拟 7 级风连续开关 10 次，试件不损坏，仍保持开关功能
反复启闭	经不少于 100000 次的开关试验，试件及五金件不损坏，其固定处及剥离压条不松脱
启闭力	不大于 80N
翘曲	300N 作用力下，允许有不影响使用的残余变形，试件不损坏，仍保持使用功能
软物撞击	试验后无破损，仍保持开关功能
锁紧器（执手）的启闭力	启闭力不大于 100N，力矩不大于 10N·m
悬端吊重	500N 作用力下残余变形不大于 2mm，试件不损坏，仍保持使用功能
硬物撞击	无破损

注：垂直荷载强度适用于平开门。全玻璃门不检测软、硬物体撞击性能。

表 7-12　铝塑复合推拉门力学性能需要符合的要求

项目	技 术 要 求
反复启闭	经不少于 100000 次的开关试验，试件及五金件不损坏，其固定处及玻璃压条不松脱
扭曲	200N 作用力下，试件不损坏，允许有不影响使用的残余变形
启闭力	不大于 100N
软物撞击	试验后无破损，仍保持开关功能
弯曲	300N 作用力下，试件不损坏，允许有不影响使用的残余变形，仍保持使用功能
硬物撞击	无破损

注：无凸出把手的推拉门不做扭曲试验。全玻璃门不检测软、硬物体撞击性能。

轻松通

下列情况之一时需要进行型式检验：
（1）产品长期停产后，恢复生产时。
（2）出厂检验结果与上次型式检验有较大差异时。
（3）国家质量监督机构提出进行型式检验要求时。
（4）新产品或老产品转厂生产的试制定型鉴定。
（5）正常生产时，每两年检测一次。
（6）正式生产后，当结构、材料、工艺有较大改变而可能影响产品性能时。

7.2.5　铝塑复合窗型式检验与出厂检验项目

铝塑复合窗型式检验与出厂检验项目如表 7-13 所示。

表 7-13　铝塑复合窗型式检验与出厂检验项目

项　目	型式检验				出厂检验			
	固定窗	平开窗	推拉窗	悬窗	固定窗	平开窗	推拉窗	悬窗
外观质量	√	√	√	√	√	√	√	√
尺寸允许偏差	√	√	√	√	√	√	√	√
对角线尺寸之差	√	√	√	√	√	√	√	√
窗框、窗扇相邻构件装配间隙	√	√	√	√	√	√	√	√
相邻两构件同一平面度	√	√	√	√	√	√	√	√
窗框、窗扇配合间隙	—	√	√	√	—	√	—	√
窗框、窗扇搭接量	—	√	√	√	—	√	√	√
紧固件	√	√	√	√	√	√	√	√
增强型钢壁厚	√	√	√	√	√	√	√	√
五金配件装配	—	√	√	√	—	√	√	√
中梃连接处的密封	√	√	√	√	√	√	√	√
密封条、毛条装配	√	√	√	√	√	√	√	√
压条装配	√	√	√	√	√	√	√	√
锁紧器（执手）的启闭力	—	√	—	√	—	√	—	√
启闭力	—	√	√	√	—	√	√	√

续表

项　目	型式检验				出厂检验			
	固定窗	平开窗	推拉窗	悬窗	固定窗	平开窗	推拉窗	悬窗
悬端吊重（上悬窗、中悬窗、下悬窗除外）	—	√	—	√	—	—	—	—
翘曲	—	√	—	√	—	—	—	—
大力关闭	—	√	—	—	—	—	—	—
窗撑试验	—	√	—	√	—	—	—	—
弯曲	—	—	√	—	—	—	—	—
扭曲	—	—	√	—	—	—	—	—
反复启闭	—	√	√	√	—	—	—	—
抗风压性能	√	√	√	√	—	—	—	—
气密性能	√	√	√	√	—	—	—	—
水密性能	√	√	√	√	—	—	—	—
保温性能	√	√	√	√	—	—	—	—
空气声隔声性能	△	△	△	△	—	—	—	—
采光性能	△	△	△	△	—	—	—	—
遮阳性能	△	△	△	△	—	—	—	—
型材壁厚	√	√	√	√	√	√	√	√

注：1. 表中符号"√"表示需检测项目，符号"—"表示无需检测项目，符号"△"表示用户提出要求时的检测项目。

2. 增强型钢壁厚、型材壁厚项目检测应为生产过程检测。

7.2.6　铝塑复合门出厂检验与型式检验项目

铝塑复合门出厂检验与型式检验项目如表7-14所示。

表7-14　铝塑复合门出厂检验与型式检验项目

项　目	型式检验					出厂检验				
	平开门	平开下悬门	推拉门	推拉下悬门	折叠门	平开门	平开下悬门	推拉门	推拉下悬门	折叠门
外观质量	√	√	√	√	√	√	√	√	√	√
尺寸允许偏差	√	√	√	√	√	√	√	√	√	√
对角线尺寸	√	√	√	√	√	√	√	√	√	√
门框、门扇相邻构件装配间隙	√	√	√	√	√	√	√	√	√	√
相邻两构件同一平面度	√	√	√	√	√	√	√	√	√	√
门框、门扇配合间隙	√	√	—	√	√	√	√	—	√	√
门框、门扇搭接量	√	√	√	√	√	√	√	√	√	√
紧固件	√	√	√	√	√	√	√	√	√	√
增强型钢壁厚	√	√	√	√	√	√	√	√	√	√
五金件安装	√	√	√	√	√	√	√	√	√	√
中梃连接处的密封	√	√	√	√	√	√	√	√	√	√
密封条、毛条装配	√	√	√	√	√	√	√	√	√	√
压条装配	√	√	√	√	√	√	√	√	√	√

续表

项　目	型式检验					出厂检验				
	平开门	平开下悬门	推拉门	推拉下悬门	折叠门	平开门	平开下悬门	推拉门	推拉下悬门	折叠门
锁紧器（执手）的启闭力	√	√	—	√	√	√	√	—	√	—
启闭力	√	√	√	√	√	√	√	√	√	√
悬端吊重	√	√	—	√	—	—	—	—	—	—
翘曲	√	√	—	√	√	—	—	—	—	—
大力关闭	√	√	—	—	—	—	—	—	—	—
弯曲	—	—	√	√	—	—	—	—	—	—
扭曲	—	—	√	√	—	—	—	—	—	—
反复启闭	√	√	√	√	√	—	—	—	—	—
垂直荷载强度	√	—	—	—	—	—	—	—	—	—
软物撞击	√	√	√	√	√	—	—	—	—	—
硬物撞击	√	√	√	√	√	—	—	—	—	—
抗风压性能	√	√	√	√	√	—	—	—	—	—
气密性能	√	√	√	√	√	—	—	—	—	—
水密性能	√	√	√	√	√	—	—	—	—	—
保温性能	√	√	√	√	√	—	—	—	—	—
空气声隔声性能	△	△	△	△	△	—	—	—	—	—
遮阳性能	△	△	△	△	△	—	—	—	—	—
型材壁厚	√	√	√	√	√	√	√	√	√	√

注：1. 表中符号"√"表示需检测的项目，符号"—"表示无需检测的项目，符号"△"表示用户提出要求时的检测项目。

2. 内门及无下框（无槛）外门不检测抗风压、气密、水密、保温性能。

3. 增强型钢壁厚、型材壁厚项目检测应为生产过程检测。

7.3　铝塑共挤门窗与其他合金门窗

7.3.1　铝塑共挤门窗概述

铝塑共挤门窗，是铝衬与塑料紧密复合为一体的一种复合门窗，也就是采用铝塑共挤型材制作框、扇杆件结构的门窗。铝塑共挤门窗的型材制作是将厚度大约 4mm 的表面硬质芯部发泡的塑料复合在铝衬表面上，从而达到内金属与外塑料结合为一体的效果。

铝塑共挤门窗把传统的金属门窗与塑料门窗融为一体，同时兼容了金属门窗的高强度、塑料门窗的保温性等优点。

铝塑共挤门窗分为外墙用门窗、内墙用门窗，即外门窗（代号为 W）、内门窗（代号为 N）。

铝塑共挤门窗规格型号以门窗的宽度构造尺寸（W）、高度构造尺寸（H）的千、百、十位数字，前后顺序排列的六位数字来表示的。例如，门窗的 W、H 分别为 1150mm、1450mm 时，则尺寸规格型号为 115145。

轻松通

铝塑共挤门窗以门、窗框在洞口深度方向的构造尺寸（代号为 C，单位为 mm）来划分，并且以其数值表示。例如，门、窗框厚度构造尺寸为 70mm 时，则该产品系列叫做 70 系列。

7.3.2 铝塑共挤门窗的要求

铝塑共挤门窗的要求如下。

（1）门窗组成的各种材料与配件相互间不应产生腐蚀作用。

（2）门窗玻璃安装、杆件连接、附件装配所用密封胶，需要与所接触的各种材料相容，以及与所需黏结基材具有良好黏结性。

（3）金属材料除不锈钢外，应进行热镀锌处理或其他有效防腐蚀处理。

（4）门窗工程连接用螺钉、螺栓等紧固件，需要采用不锈钢，不得采用铝及铝合金抽芯铆钉做门窗受力结构件连接件。

（5）门窗用密封毛条，需要用平板硅化加片型。

（6）门窗框扇连接、锁固用功能性五金配件，需要满足整樘门窗承载能力、反复启闭性能的要求。

（7）门窗框、扇连接时，相邻构件装配间隙，一般不得大于 0.4mm，连接位置的缝隙需要有可靠的密封措施。相邻两构件同一平面高低差一般不得大于 0.4mm。

（8）门窗框、扇对角线尺寸之差一般不得大于 3mm。

（9）门窗框、扇连接时，铝合金部分需要采用内置铝角码连接，塑料部分宜焊接，以及用不锈钢螺钉连接内置角码与铝塑共挤型材。

（10）平开门窗、平开下悬门窗关闭时，搭接量需要满足设计要求，并且不得小于 5mm。窗框与窗扇搭接量允许偏差一般为 ±2mm，门框与门扇搭接量允许偏差一般为 ±2.5mm。

（11）可以用塞尺测量门窗框、门窗扇相邻构件装配间隙。相邻两构件连接位置同一平面高低差可以用精度为 0.02mm 的深度尺进行测量。

（12）五金配件安装位置应正确，数量应齐全，以及应满足整樘门窗承重、抗风压、门窗反复启闭性能等要求。

（13）平开门窗开启扇需要有防下垂措施。搭接量可以用精度为 0.02mm 的量具来检测。

（14）门窗密封条、毛条装配应牢固、均匀、接口严密，无脱槽、虚压等现象。

（15）门窗压条，需要安装在室内侧，压条装配后需要牢固。

（16）门窗附件的安装连接构造应牢固可靠、易于更换、易于维修。

（17）耐火型门窗的耐火完整性不应低于 30min。

（18）门窗扇的锁闭点一般不宜少于 2 个。扇高大于 1.2m 时，锁闭点一般不应少于 3 个。

（19）门窗压条角部对接位置的间隙一般不应大于 0.5mm。同一边压条不得拼接。

轻松通

外门窗用铝塑共挤型材老化时间不应小于6000h，内门窗用铝塑共挤型材老化时间不应小于4000h。铝塑共挤外门窗主要受力杆件所用主型材的铝衬壁厚需要经设计计算、试验来确定。铝衬型材根据功能需要局部应加厚，满足构造的要求。铝塑共挤主型材的铝衬截面主要受力部位周壁、翅壁最小公称壁厚要求为：窗一般不应小于1.4mm，门一般不应小于2mm。铝型材一般需要满足《铝合金建筑型材 第1部分：基材》（GB/T 5237.1—2017）等规定的高精级要求。

7.3.3 钛合金、镁合金门窗

钛合金的分类如表7-15所示。

表7-15 钛合金分类

名称	解　说
α钛合金	（1）包括全α、近α、α+化合物合金。 （2）以锡、铝、锆为主要合金元素，在近α型钛合金中还添加例如钼、钒、钽、铌、钨、铜、硅等少量β稳定元素。
β钛合金	（1）包括热力学稳定β型钛合金、亚稳定β型钛合金、近β型钛合金。 （2）主要加入的合金元素有：Mo、V等
α+β钛合金	以Ti-Al为基再加适量β稳定元素

铝钛合金门窗，是将经过表面处理的铝合金型材，通过下料、打孔、铣槽、攻螺纹、制窗等加工工艺制成门窗框料构件，然后再与玻璃、连接件、密封件、开闭五金件一起组合装配而成的一种门窗。

铝钛合金门窗与普通木门窗、钢门窗相比，具有的主要特点为：重量轻，铝钛合金门窗比钢门窗轻50%左右；断面尺寸较大、重量较轻的情况下，其截面却有较高的抗弯强度；密封性能好，密封性能为门窗的重要性能指标，铝钛合金门窗与普通木门窗和钢门窗相比，其气密性、水密性、隔声性更好。

轻松通

镁合金，是以镁为基础加入其他元素组成的合金。钛镁合金的主要合金元素有铝、锌、锰、铈、钍以及少量锆或镉等。目前使用最广的是镁铝合金，其次是镁锰合金、镁锌锆合金。

第8章

塑钢门窗

8.1 塑钢门窗的基础知识

8.1.1 塑钢门窗类型与代号

塑钢门窗类型与代号如图 8-1 所示。

塑钢窗类型	代号	塑钢门类型	代号
固定窗	CSG	平开全板门	MSP
平开窗	CSP	平开半玻门	MSP1
悬窗	CSX	平开全玻门	MSP2
内平开下悬窗	CSPX	推拉全板门	MST
推拉窗	CST	推拉半玻门	MST1
异形窗	CSY	推拉全玻门	MST2
平开组合窗	CSPZ	平开门连窗	MSPC
推拉组合窗	CSTZ	平开门连推拉窗	MSPTC
		地弹簧门	MSDT

图 8-1　塑钢门窗类型与代号

8.1.2 塑钢窗结构

塑钢窗结构如图 8-2 所示。

8.1.3 塑钢门结构

塑钢门结构如图 8-3 所示。

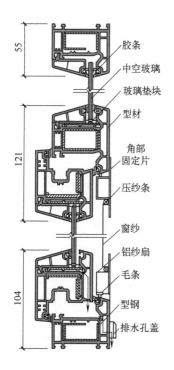
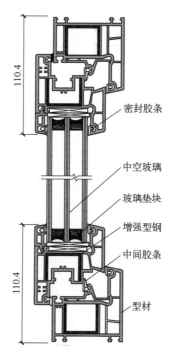
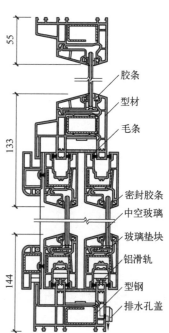

胶条
中空玻璃
玻璃垫块
型材
角部固定片
压纱条
窗纱
铝纱扇
毛条
型钢
排水孔盖

55
121
104

密封胶条
中空玻璃
玻璃垫块
增强型钢
中间胶条
型材

110.4
110.4

胶条
型材
毛条
密封胶条
中空玻璃
玻璃垫块
铝滑轨
型钢
排水孔盖

55
133
144

图8-2 塑钢窗的结构（单位：mm）

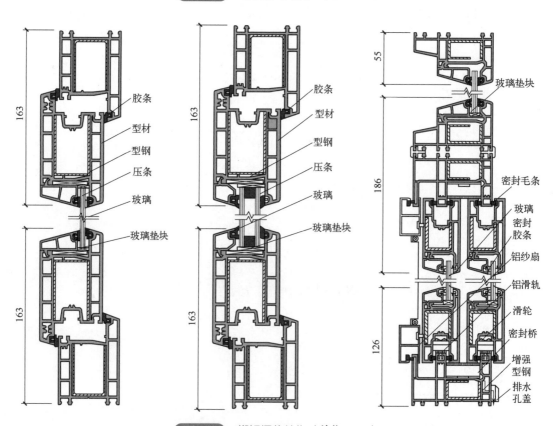

胶条
型材
型钢
压条
玻璃
玻璃垫块

163
163

胶条
型材
型钢
压条
玻璃
玻璃垫块

163
163

玻璃垫块
密封毛条
玻璃
密封胶条
铝纱扇
铝滑轨
滑轮
密封桥
增强型钢
排水孔盖

55
186
126

图8-3 塑钢门的结构（单位：mm）

8.2 塑钢门窗相关数据速查

8.2.1 塑钢内平开窗选型与尺寸

塑钢内平开窗选型与尺寸如图 8-4 所示。

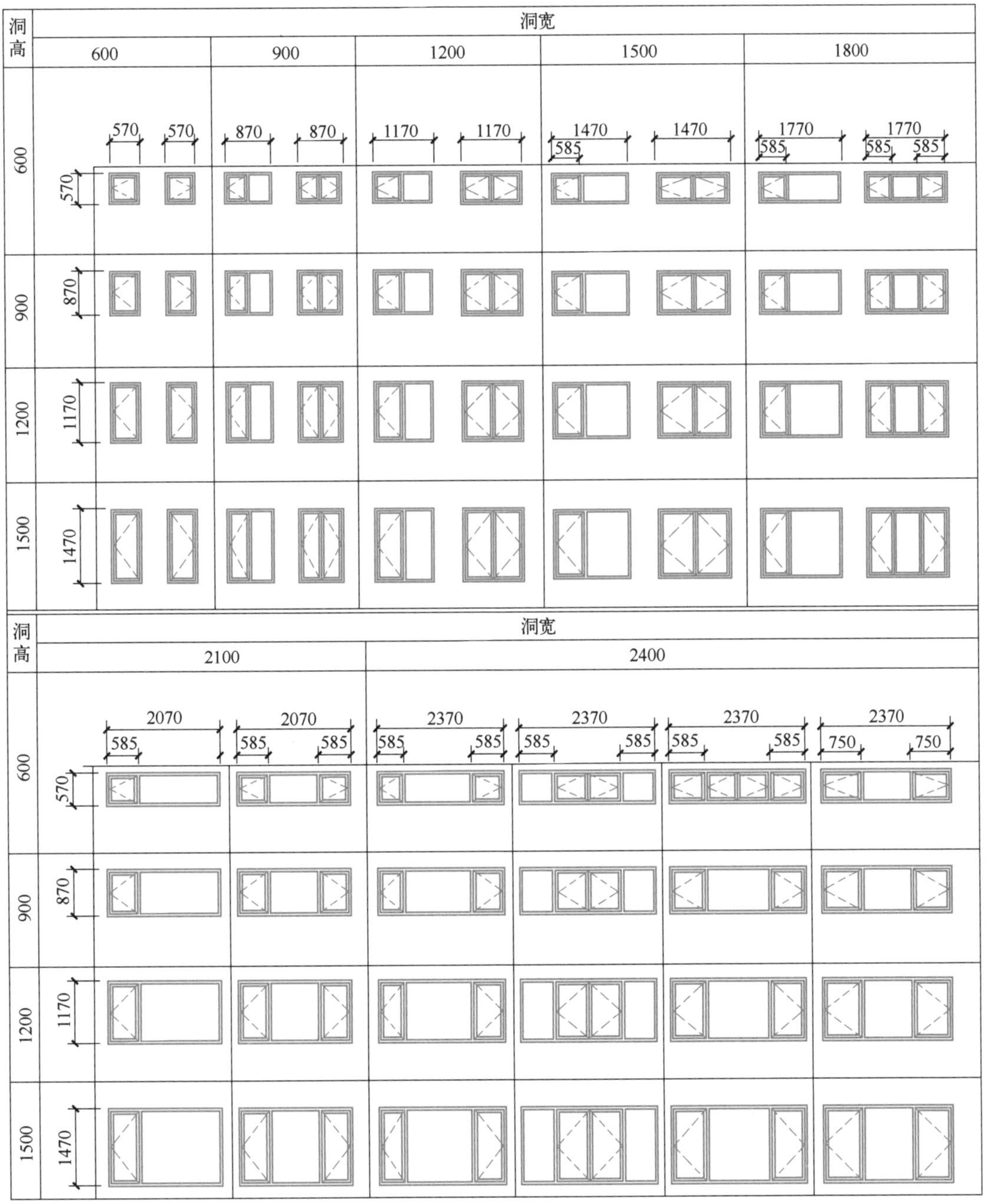

图 8-4

洞高	洞宽		
	600	900	1200
	570　570　570　570	870　870　870　870	1170　1170
1500	1470（485 / 485）		
1800	1770（585 / 585）		
2100	2070（685 / 685）		
2400	2370（585 / 585）　885　885		

洞高	洞宽	
	1200	1500
	1170　1170　1170　1170　1170　1170	1470　1470　1470（585 / 585）
1500	1470（485 / 485）	
1800	1770（585 / 585）	
2100	2070（685 / 685）	
2400	2370（885 / 585　885 / 585）	

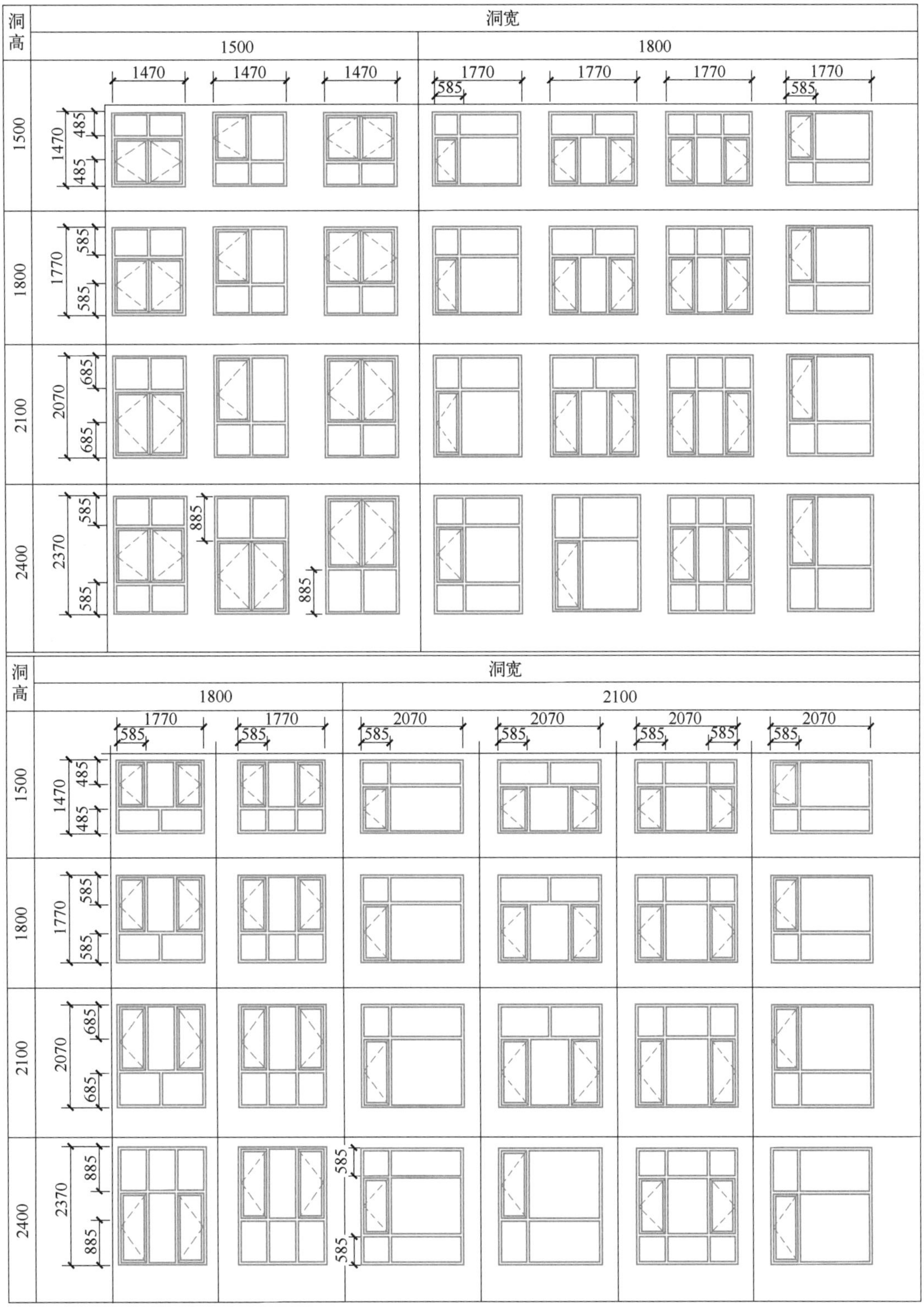

洞高	洞宽						
	1500			**1800**			
1500	1470	1470	1470	1770 585	1770	1770	1770 585
1800							
2100							
2400							

洞高	洞宽						
	1800		**2100**				
1500	1770 585	1770 585	2070 585	2070 585	2070 585 585	2070 585	
1800							
2100							
2400							

图8-4

洞高	洞宽					
	2100		2400			
	2070 685	2070 585 585	2370 585	2370 585 585	2370 585 585	2370 585
1500	1470 485 485					
1800	1770 585 585					
2100	2070 685 685					
2400	2370 885 885		585 585			

洞高	洞宽					
	2400		2700			
	2370 585 585	2370 585 585	2670 650	2670 650 650	2670 650 650	2670 650
1500	1470 485 485					
1800	1770 585 585					
2100	2070 685 685					
2400	2370 885 585 885 585					

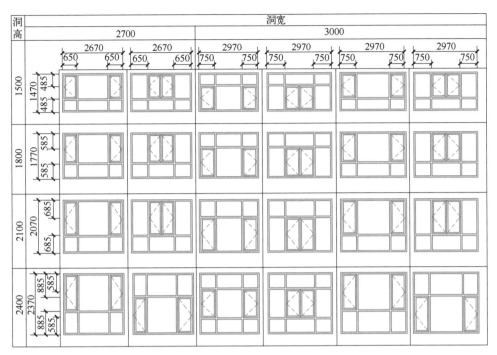

图 8-4　塑钢内平开窗选型与尺寸（单位：mm）
距地安全高度内设防护栏杆

8.2.2　塑钢内平开下悬窗选型与尺寸

塑钢内平开下悬窗选型与尺寸如图 8-5 所示。

图 8-5

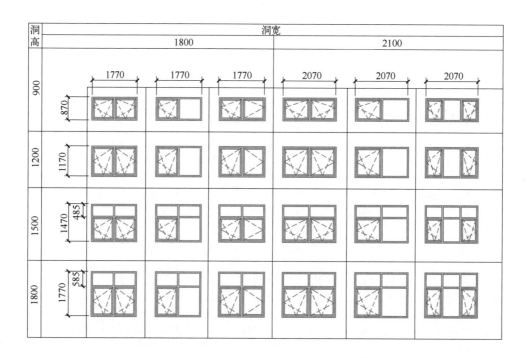

图 8-5 塑钢内平开下悬窗选型与尺寸（单位：mm）

　　塑钢上悬窗、塑钢外平开窗、塑钢固定窗、塑钢异形窗、塑钢推拉窗、塑钢平开组合窗、塑钢推拉组合窗的选型与尺寸，读者可扫码查看。

赠送文档3

塑钢内平开门、塑钢外平开门、塑钢推拉门、塑钢地弹门、塑钢平开门连窗、塑钢平开门连推拉窗的选型与尺寸，读者可扫码查看。

赠送文档4

8.2.3 塑钢门窗安装节点做法

塑钢门窗安装节点做法如图 8-6、图 8-7 所示。连接件需进行防腐处理，型材与墙体间应连接牢固、不得松动。

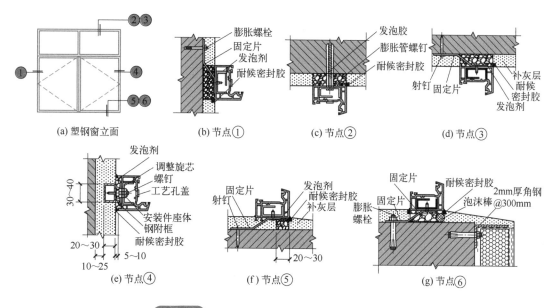

图 8-6 塑钢内平开窗安装节点（单位：mm）

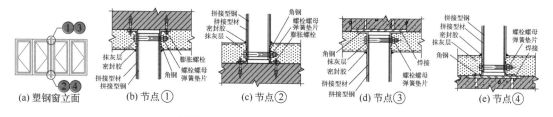

图 8-7 塑钢平开组合窗安装节点做法

第9章

不锈钢门窗

9.1 不锈钢门窗常识

9.1.1 不锈钢门窗基础知识

不锈钢门窗具有极强的防腐性能，独具不锈钢的光泽，保温性能优于同结构普通钢门窗。因此，不锈钢门窗主要用于防腐蚀要求高的部位或装饰要求高的场所。

不锈钢金属格栅门如图9-1所示。

图9-1　不锈钢金属格栅门

不锈钢门窗分为焊接、插接等型式。不锈钢门窗属于高档门窗。高档门窗是否选用不锈钢型材，根据设计需要而确定。门窗抗风压强度，应根据建筑重要性、周围环境、所在地区基础风压、高度等计算来确定，以及符合当地要求。保温性能需要符合当地建筑设计节能要求。型材厚度需要满足抗风压强度计算、工艺要求。非硅化密封毛条、高填充PVC密封胶条禁止用于房屋建筑门窗。非滚动轴承滑轮不得用于房屋建筑的推拉门窗（纱窗除外）。

门窗不锈钢厚度要求如图9-2所示。

部件	材料厚度/mm
窗框板	≥1.2
铰链板	≥3.0
不带螺孔的加固件	≥1.2
带螺孔的加固件	≥3.0
门扇面板	≥1.5
窗扇面板	≥1.2
门框板	≥1.5

门框、门扇、窗框、窗扇应采用不锈钢冷轧薄钢板，推荐采用300系列不锈钢，也可采用400系列或200系列不锈钢材料。门框采用60～90系列，窗框采用50～70系列。所用加固件可采用不锈钢热轧钢材

图9-2 门窗不锈钢厚度要求

9.1.2 不锈钢门类型与代号

不锈钢门窗的类型与代号如图 9-3 所示。

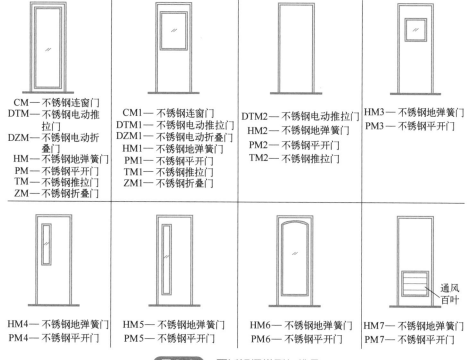

CM— 不锈钢连窗门
DTM— 不锈钢电动推拉门
DZM— 不锈钢电动折叠门
HM— 不锈钢地弹簧门
PM— 不锈钢平开门
TM— 不锈钢推拉门
ZM— 不锈钢折叠门

CM1— 不锈钢连窗门
DTM1— 不锈钢电动推拉门
DZM1— 不锈钢电动折叠门
HM1— 不锈钢地弹簧门
PM1— 不锈钢平开门
TM1— 不锈钢推拉门
ZM1— 不锈钢折叠门

DTM2— 不锈钢电动推拉门
HM2— 不锈钢地弹簧门
PM2— 不锈钢平开门
TM2— 不锈钢推拉门

HM3— 不锈钢地弹簧门
PM3— 不锈钢平开门

HM4— 不锈钢地弹簧门
PM4— 不锈钢平开门

HM5— 不锈钢地弹簧门
PM5— 不锈钢平开门

HM6— 不锈钢地弹簧门
PM6— 不锈钢平开门

通风百叶

HM7— 不锈钢地弹簧门
PM7— 不锈钢平开门

图9-3 不锈钢门类型与代号

轻松通

不锈钢门窗常用窗洞尺寸有 1200mm×1500mm、1500mm×1500mm、1800mm×1500mm 等。

不锈钢平开门、不锈钢地弹簧门、不锈钢推拉门、不锈钢电动推拉门、不锈钢节能窗选型与尺寸，读者可扫码查看。

赠送文档5

9.2 不锈钢门套

9.2.1 不锈钢门套安装的基础知识

不锈钢门套安装的基础知识如表 9-1 所示。

表 9-1 不锈钢门套安装的基础知识

项目	解 说
不锈钢门套安装主要机具	焊把线、电锤、焊机、焊钳、水平尺、手持电砂轮、小电动台锯、气钉枪、手锤、气泵、靠尺、墨斗、钢卷尺、尼龙线、橡皮锤、木槌等
不锈钢门套安装的作业条件	（1）门安装完毕。 （2）墙面抹灰经验收后达到合格标准，各工种间办理了交接手续。 （3）根据图示尺寸弹好门中线、弹好 +50cm 水平线、校正门洞口位置尺寸、校正标高等。 （4）认真检查半成品不锈钢板保护膜的完整。 （5）各种电动工具的临时电源先接好，并且进行安全试运转
不锈钢门套安装的操作工艺	（1）不锈钢门套安装工艺流程：找平→定位→划线→打孔→钉木楔→安装衬板细木工板→安装、粘接不锈钢门套板。 （2）门套进行装饰施工前，需要把结构墙面不平或结构不满足尺寸要求的地方进行打凿，再用水泥砂浆找平。 （3）定位与划线，需要根据门套安装要求进行中心定位、弹好找平线。 （4）有的门套基层是细木工板，用木条、木楔子固定。竖向间距控制在 200～400mm 之间，边口用细木条塞缝。在弹好的线上用电锤打孔。 （5）基层细木工板需要刷防火涂料。 （6）将木楔钉入孔中，深度一般不小于 50mm。 （7）用气钉将锯好的细木工板根据要求固定在木楔上，并且保证细木工板的平整度。 （8）细木工板安装必须牢固、无松动等现象。如果不平，则需要加木方垫平后固定。 （9）拉丝不锈钢面层，可以用玻璃胶黏结。黏结后不得有翘边、凹凸不平等异常现象

轻松通

　　不锈钢门套材料要求如下：①与不锈钢匹配的胶黏剂技术性能需要符合设计、有关标准的规定，并且需要有产品质量证明书。②衬板厚度、不锈钢板厚度，以及其强度、规格尺寸需要符合设计、规范等要求。

9.2.2 不锈钢门窗框料连接方式

不锈钢门窗框料连接方式如图 9-4 所示。

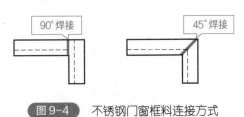

图 9-4　不锈钢门窗框料连接方式

9.2.3 连接件的尺寸与连接方式

连接件的尺寸与连接方式相关规定如图 9-5 所示。

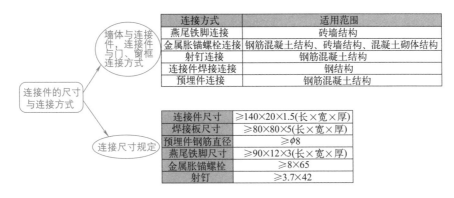

连接方式	适用范围
燕尾铁脚连接	砖墙结构
金属胀锚螺栓连接	钢筋混凝土结构、砖墙结构、混凝土砌体结构
射钉连接	钢筋混凝土结构
连接件焊接连接	钢结构
预埋件连接	钢筋混凝土结构

连接件尺寸	≥140×20×1.5(长×宽×厚)
焊接板尺寸	≥80×80×5(长×宽×厚)
预埋件钢筋直径	≥φ8
燕尾铁脚尺寸	≥90×12×3(长×宽×厚)
金属胀锚螺栓	≥8×65
射钉	≥3.7×42

图 9-5 连接件的尺寸与连接方式（单位：mm）

9.2.4 不锈钢窗拼樘安装节点

不锈钢窗拼樘安装节点如图 9-6 所示。

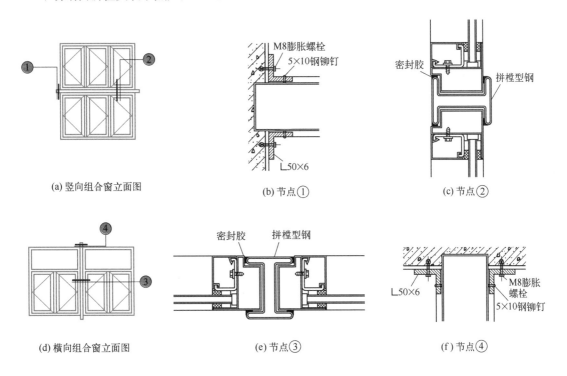

(a) 竖向组合窗立面图　(b) 节点①　(c) 节点②

(d) 横向组合窗立面图　(e) 节点③　(f) 节点④

图 9-6 不锈钢窗拼樘安装节点（单位：mm）

9.2.5 不锈钢节能窗构造节点

不锈钢节能窗构造节点如图 9-7 所示。

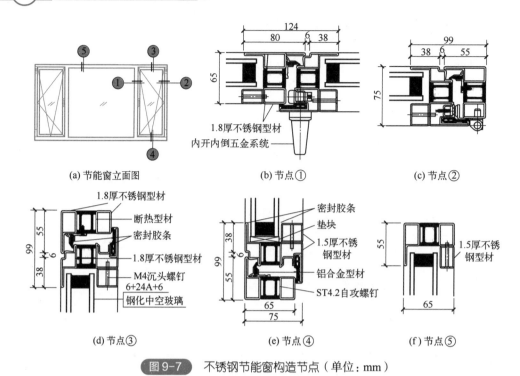

(a) 节能窗立面图　　(b) 节点①　　(c) 节点②

(d) 节点③　　(e) 节点④　　(f) 节点⑤

图 9-7　不锈钢节能窗构造节点（单位：mm）

9.2.6 不锈钢平开门构造节点

不锈钢平开门构造节点如图 9-8 所示。

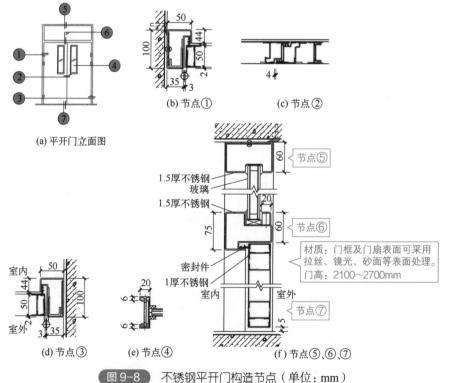

(a) 平开门立面图

(b) 节点①　　(c) 节点②

材质：门框及门扇表面可采用
拉丝、镜光、砂面等表面处理。
门高：2100～2700mm

(d) 节点③　　(e) 节点④　　(f) 节点⑤、⑥、⑦

图 9-8　不锈钢平开门构造节点（单位：mm）

9.2.7　外装不锈钢推拉门构造节点

外装不锈钢推拉门构造节点如图9-9所示。

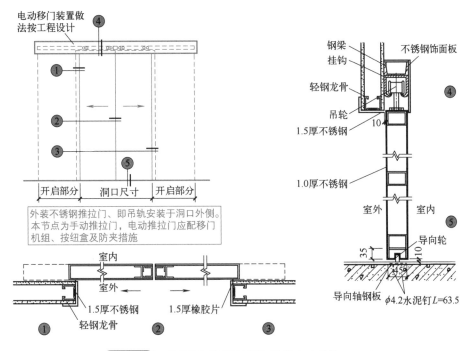

图9-9　外装不锈钢推拉门构造节点（单位：mm）

9.2.8　不锈钢门套安装的质量要求

不锈钢门套安装的质量要求如下。

（1）门套制作与安装所使用的木材的燃烧性能等级、含水率，人造木板、胶黏剂的甲醛含量，应符合设计、标准等要求。

（2）门套表面应平整、洁净，线条顺直，接缝严密，色泽一致。

（3）门套制作与安装所使用材料的材质、规格、花纹、颜色符合设计、标准等要求。

（4）门套的造型、尺寸、固定方法符合设计要求，安装应牢固。

（5）门套安装的允许偏差与检验方法如表9-2所示。

表9-2　门套安装的允许偏差与检验方法

项　　目	允许偏差 /mm	检 验 方 法
门套上口水平度	1	可以用1m水平检查尺和塞尺来检查
门套上口直线度	3	可以拉5m线，不足5m拉通线，用钢尺来检查
正侧面垂度	3	可以用1m垂直检查尺来检查

轻松通

安装施工时，注意保护好电梯设备与电梯门；注意成品保护；材料表面保护膜应在工程竣工时拆除；工程垃圾宜密封包装并放在指定垃圾堆放地。

第10章

钢塑复合门窗

10.1 钢塑复合门窗的基础知识

10.1.1 钢塑复合型材与钢塑复合门窗

钢塑复合型材是指建筑钢型材与塑料复合成一体的一种门窗用型材。

钢塑复合门窗是指采用钢塑复合型材制作框、扇杆件结构的门、窗的总称。

钢塑复合门代号为 GSM，钢塑复合窗代号为 GSC。钢塑复合门窗的标记如图 10-1 所示。钢塑复合门窗的分类及代号如图 10-2 所示。

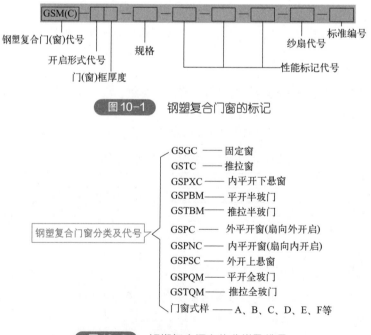

图 10-1 钢塑复合门窗的标记

图 10-2 钢塑复合门窗的分类及代号

轻松通

门窗耐火完整性，就是在标准耐火试验条件下，建筑门窗某一面受火时，在一定时间内阻止火焰与热气穿透或在背火面出现火焰的能力。

10.1.2 钢塑复合门窗基本标志内容

钢塑复合门窗基本标志内容如图 10-3 所示。对于结构复杂、开启方法比较特殊，使用不当会造成产品本身损坏或产生使用安全问题的门窗，则需要设置简明有效的使用警示标志、说明。

图 10-3 钢塑复合门窗基本标志内容

轻松通

钢塑复合门窗随行文件包括：产品合格证、产品质量保证书、安装图、随机附件清单、装箱单、搬运说明、产品说明书、其他有关资料。

10.1.3 钢塑复合型材的材料要求

钢塑复合型材的材料要求如下。

（1）灌注式型材使用的灌注材料，表观密度一般不应大于 120kg/m³，热导率一般不应大于 0.050W/（m·K）。

（2）对于组合式塑料型材，主要受力杆件型材可视面公称壁厚一般不应小于 2.5mm。

（3）钢塑复合型材所用钢型材的材质，需要选用建筑室外用钢材。

（4）钢塑复合型材中的碳素结构钢冷轧钢带，其基板公称厚度不应小于 1.2mm。

（5）钢塑复合型材中的镀锌钢带，其基板公称厚度不应小于 1.2mm。

（6）钢塑复合型材中的彩色涂层钢板，其基板公称厚度不应小于 0.7mm。

（7）钢塑共挤型材分类与标记如图 10-4 所示。

10.1.4 门、窗用钢塑共挤微发泡型材

门、窗用钢塑共挤微发泡型材相关术语解说如图 10-5 所示。

10.1.5 钢塑复合型材的构造

按照构造，钢塑复合型材可以分为组合式、灌注式等种类，如图 10-6 所示。

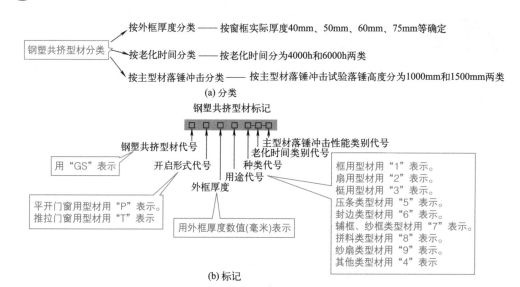

(a) 分类

(b) 标记

图 10-4　钢塑共挤型材分类与标记

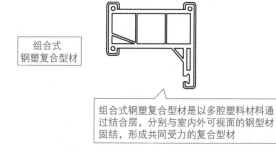

图 10-5　门、窗用钢塑共挤微发泡型材相关术语解说

图 10-6　钢塑复合型材的构造

轻松通

　　钢塑复合型材表面不得有明显的机械划伤、分层、压痕、波浪曲面、裂纹、脱漆等缺陷。塑料型材与钢质型材复合部位的涂层可有轻微裂纹，但是钢质基材不得有裂纹。

10.1.6　钢塑复合型材的壁厚偏差要求

钢塑复合型材的壁厚偏差要求如表 10-1 所示。

单位：mm

表 10-1 钢塑复合型材的壁厚偏差要求

项　　目	公称厚度	允许偏差
碳素结构钢冷轧钢带	1.2	± 0.12
镀锌钢带	1.2	± 0.12
不锈钢板	0.6	± 0.06
塑料型材主壁	2.5	± 0.2
彩色涂层钢板	0.7	± 0.07

轻松通

　　钢塑复合型材定尺长度应为 6000mm，长度允许偏差为 -50 ～ 0mm。特殊长度可根据协商要求来确定。

10.1.7　钢塑复合型材的弯曲度要求

钢塑复合型材弯曲度要求如图 10-7 所示。

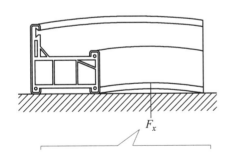 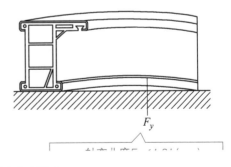

图 10-7 钢塑复合型材弯曲度要求

L—钢塑复合型材对应长度

轻松通

　　钢塑复合型材的主型材的质量要求：主型材每米长度的质量不应小于标称质量值的95%。

10.1.8　钢塑复合门窗的一般要求

钢塑复合门窗的一般要求如下。

（1）门窗组装机械连接不应使用铝及铝合金抽芯铆钉做门窗受力连接用紧固件。

（2）密封材料应满足相应标准要求。门窗玻璃安装、杆件连接及附件装配所用密封胶应与所接触的各种材料相容，并与接触材料具有良好黏结性。

（3）密封胶条与型材不应发生粘连。

（4）执手、合页、滑撑等五金件的连接部位应使用加强衬板，加强衬板的壁厚一般不得小于 1.5mm，长度一般不得小于 300mm。

（5）五金件、加强衬板、连接件、紧固件、纱门窗应满足相应标准要求。门窗框扇连接、锁固用功能性五金配件应满足整樘门、窗承载能力及反复启闭性能的要求。

（6）门窗可视面应表面平整，不得有明显的色差、凹凸不平。不得有金属屑、毛刺、油污或其他污迹。连接处不得有外溢的胶黏剂。

（7）钢塑复合门的门框、门扇尺寸偏差需要符合的规定如表 10-2 所示。

表 10-2　钢塑复合门的门框、门扇尺寸偏差应符合的规定　　　　　单位：mm

项　目	尺寸范围	允许偏差
门宽度和高度构造尺寸 对边尺寸之差	—	≤ 3.0
宽度和高度	≤ 2000	± 2.0
	> 2000	± 3.0
门框、门扇对角线之差	—	≤ 3.0

（8）钢塑复合窗的窗框、窗扇尺寸偏差应符合的规定如表 10-3 所示。

表 10-3　钢塑复合窗的窗框、窗扇尺寸偏差应符合的规定　　　　　单位：mm

项　目	尺寸范围	允许偏差
窗宽度和高度构造尺寸 对边尺寸之差	—	≤ 3.0
宽度和高度	≤ 1500	± 2.0
	> 1500	± 2.5
窗框、窗扇对角线之差	—	≤ 3.0

10.1.9　钢塑复合门窗的装配要求

钢塑复合门窗的装配要求如下。

（1）玻璃装配需要符合规定。门窗有耐火完整性要求时，所用的玻璃夹持装置需要和钢型材可靠连接。

（2）玻璃装配质量可以采用目测、手试等方法来进行检查判断。

（3）框、扇组角连接位置需要采用连接件组装。连接位置缝隙需要采取注胶等密封措施。

（4）框、扇相邻构件装配间隙一般不得大于 0.3mm。

（5）框、扇相邻两构件同一平面高低差不得大于 0.5mm。

（6）框组角、扇组角连接位置可以采用目测来检查判断。

（7）门窗框、门窗扇配合间隙可以用精度不低于 0.1mm 的塞尺、游标卡尺来检测判断。

（8）门窗框、门窗扇相邻构件装配间隙，可以用精度为 0.1mm 的塞尺来测量判断。

（9）门窗框、门窗扇相邻两构件连接位置同一平面高低差，可以用精度为 0.02mm 的深度尺进行测量判断。

（10）门窗框与扇四周搭接量，需要采用精度为 0.02mm 的量具，在门、窗扇宽度与高度的中点进行检测判断。

（11）密封条、毛条应易于更换。

（12）密封条、毛条装配可以采用目测检查判断。

（13）密封条、毛条装配后，需要均匀牢固、接口严密，无脱槽、收缩、虚压等现象。

（14）平开门窗、平开下悬门窗、推拉门窗关闭时，框、扇四周配合间隙需要满足设计要求，允许偏差一般为设计值 ±1mm。

（15）平开门窗、平开下悬门窗、推拉门窗关闭时，扇、框搭接量需要满足设计要求，并且窗扇与窗框搭接量允许偏差为 ±1mm，门扇与门框搭接量允许偏差为 ±2mm。门窗扇与门窗框室内侧搭接量的实测值不得小于 5mm。

（16）五金配件安装，可以采用目测检查，以及用金属直尺来测量判断。

（17）五金配件安装位置、数量，需要符合设计等有关要求。

（18）五金配件承载能力，需要与扇重量、抗风压要求相匹配。门、窗扇的锁闭点不宜少于 2 个。扇高大于 1.2m 时，锁闭点不得少于 3 个。外平开窗扇的宽度不宜大于 700mm，高度不宜大于 1500mm。

（19）压条角部对接位置的间隙不得大于 1mm。

（20）压条装配后要牢固。

（21）压条装配是否牢固，可以用精度 0.1mm 塞尺测量压条对接位置的间隙来判断。

（22）窗框与洞口的间隙要求可以参考表 10-4。

表 10-4 窗框与洞口的间隙要求

墙体外饰面层材料	窗框与洞口间隙 /mm
墙体外饰面抹水泥砂浆	15 ~ 20
墙体外饰面贴釉面瓷砖	20 ~ 25
墙体外饰面贴花岗岩板	40 ~ 45

注：当采用干挂花岗岩或其他饰面材料时，按实调整。

10.1.10 钢塑基本门窗安装节点

钢塑基本门窗安装节点如图 10-8 所示。

10.1.11 钢塑复合窗与墙壁的固定安装

钢塑复合窗与墙壁的固定安装方法如图 10-9 所示。

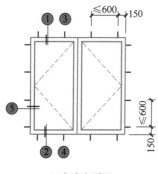

(a) 门窗立面图

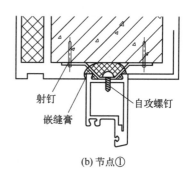

(b) 节点①

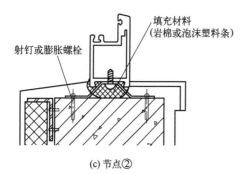

(c) 节点②

(d) 节点③

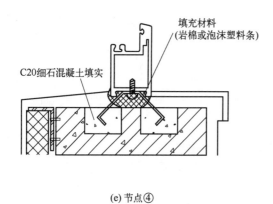

(e) 节点④

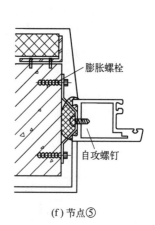

(f) 节点⑤

图 10-8 钢塑基本门窗安装节点（单位：mm）

窗与墙体固定时,应先固定上框,然后固定两侧边框,固定方法应符合要求

混凝土墙洞口应采用塑料胀管螺钉或射钉固定

加气混凝土洞口应采用木螺钉将连接件固定在胶粘圆木上

混凝土墙设有预埋铁件的洞口，应采用焊接方法固定

砖墙洞口应采用塑料胀管螺钉固定，且不得固定在砖缝处，严禁使用射钉

窗下框尽量采用地脚安装方式

图 10-9 钢塑复合窗与墙壁的固定安装方法

轻松通

　　钢塑复合门窗的贮存应放在通风、干燥、清洁、防雨、平整的地方，不得与腐蚀物质接触。钢塑复合门窗贮存环境温度应低于50℃，距热源不应小于1m。钢塑复合门窗应用非金属垫块垫平，应立放，并且立放角不应小于70°，以及具有防倾倒措施。

10.1.12　钢塑复合门窗的其他安装要求与检验方法

　　钢塑复合门窗的其他安装要求与检验方法如表10-5所示。

表10-5　钢塑复合门窗的其他安装要求与检验方法

项　目		质量要求	检验方法
门窗表面		洁净、平整、光滑、大面无划痕碰伤，型材无开裂	观察
五金配件		齐全、位置正确、安装牢固、使用灵活、达到使用功能	观察、钢卷尺
门窗安装		门窗框与墙体连接，门窗与墙体间缝隙嵌缝饱满，门窗框应横平竖直，高低一致，连接件安装位置应正确，间距应≤600mm，框与墙体应连接牢固，缝隙应用弹性保温材料填嵌饱满，表面用嵌缝膏密封，无裂缝	观察、钢卷尺
压条		带密封条的压条必须与玻璃全部贴紧，压条与型材接缝处应无明显缝隙，接头缝隙≤1mm	观察、塞尺
排水孔		畅通，位置正确	观察
密封条		密封条与玻璃及槽口接触紧密平整，不得卷边脱槽	观察
密封质量		门窗关闭时，扇与框之间无明显缝隙，密封面上的密封条处于压缩状态	观察
玻璃	单玻	安装好的玻璃应平整牢固，不得直接接触型材，不应有松动现象，内外表面应洁净。单面镀膜玻璃的镀膜层应朝室内	观察
	双玻	玻璃应平整牢固，垫块安装牢固正确，不应有松动现象，内外表面洁净，夹层内不得有灰尘和水汽，中空玻璃间隔条设置符合设计要求，单面镀膜玻璃应在最外层，镀膜层朝向室内	观察
拼樘料		应与窗框连接紧密不得动，螺钉间距应≤600mm，内衬增强型钢两端均应与洞口固定牢靠，拼樘料与窗框间应用嵌缝膏密封	观察、钢卷尺
平开门窗扇		关闭严密，搭接量均匀，开关灵活，密封条不得脱槽，开关力：平铰链应≤80N；滑撑铰链应≥30N且≤80N	观察、弹簧秤
旋转窗		关闭严密，间隙基本均匀，开关灵活	观察
推拉门窗扇		关闭严密，扇与框搭接量符合设计要求，开关力应≤100N	观察、弹簧秤、深度尺

10.2　钢塑复合门窗的性能与分级

10.2.1　启闭力分级

　　门窗启闭力以活动扇操作力、锁闭装置操作力为分级指标。门窗启闭力分级需要符合的规定如表10-6所示。

表10-6 启闭力分级

分级			1	2	3	4	5	6
活动扇操作力 F_b/N			$150 \geq F_b > 100$	$100 \geq F_b > 75$	$75 \geq F_b > 50$	$50 \geq F_b > 25$	$25 \geq F_b > 10$	$F_b \leq 10$
锁闭装置操作力	手操作	最大力 F_{a1}/N	$150 \geq F_{a1} > 100$	$100 \geq F_{a1} > 75$	$75 \geq F_{a1} > 50$	$50 \geq F_{a1} > 25$	$25 \geq F_{a1} > 10$	$F_{a1} \leq 10$
		最大力矩 M_{a1}/（N·m）	$15 \geq M_{a1} > 10$	$10 \geq M_{a1} > 7.5$	$7.5 \geq M_{a1} > 5$	$5 \geq M_{a1} > 2.5$	$2.5 \geq M_{a1} > 1$	$M_{a1} \leq 1$
	手指操作	最大力 F_{a2}/N	$30 \geq F_{a2} > 20$	$20 \geq F_{a2} > 15$	$15 \geq F_{a2} > 10$	$10 \geq F_{a2} > 6$	$6 \geq F_{a2} > 4$	$F_{a2} \leq 4$
		最大力矩 M_{a2}/（N·m）	$7.5 \geq M_{a2} > 5$	$5 \geq M_{a2} > 4$	$4 \geq M_{a2} > 2.5$	$2.5 \geq M_{a2} > 1.5$	$1.5 \geq M_{a2} > 1$	$M_{a2} \leq 1$

注：1. 活动扇操作力、锁闭装置手（手指）操作力（力矩）分别定级后，以最低分级定为启闭力分级。
　　2. 特种规格、特种形式门窗，可商定指标值。

10.2.2 耐垂直荷载性能分级

平开旋转类门窗耐垂直荷载性能以开启状态下施加的垂直静荷载为指标，其分级需要符合的规定如表10-7所示。分级指标值作用后，门窗扇自由端残余变形量允许值一般为3mm，以及启闭应正常。

表10-7 耐垂直荷载性能分级

分级	1	2	3	4
静态试验荷载/N	100	300	500	800

10.2.3 抗静扭曲性能分级

平开旋转类门的门扇抗静扭曲性能以开启状态下施加的水平静载荷为指标，活动扇残余变形量允许值一般为5mm。其分级需要符合的规定如表10-8所示。

表10-8 抗静扭曲性能分级

分级	1	2	3	4
静态试验荷载/N	200	250	300	350

10.2.4 耐软重物撞击性能分级

门耐软重物体撞击性能以所能承受的软重物体最大下落高度作为分级指标，其分级需要符合的规定如表10-9所示。

表10-9 耐软重物撞击性能分级

分级	1	2	3	4	5	6
软重物下落高度/mm	100	200	300	450	700	950

10.2.5 反复启闭耐久性能分级

窗经过启闭循环后，启闭力增加率不应大于10%。门经过启闭循环后，启闭力增加率不应大于 10%。其分级需要符合的规定如表 10-10 所示。

表 10-10　反复启闭耐久性能分级

分　级		1	2	3
推拉平移类、平开旋转类	门反复启闭次数 / 万次	10	20	30
	窗反复启闭次数 / 万次	1	2	3

轻松通

　　复合开启形式的门窗（例如折叠平开、折叠推拉、提升推拉等），其反复启闭次数可以由供需双方协定。

10.2.6　抗风压性能分级

　　钢塑复合门窗的抗风压性能以产品设计风荷载标准值 P_3 进行分级，分级需要符合的规定如表 10-11 所示。

表 10-11　抗风压性能分级

分级	1	2	3	4	5	6	7	8	9
设计风荷载标准值 P_3/kPa	$1.0 \leqslant P_3$ < 1.5	$1.5 \leqslant P_3$ < 2.0	$2.0 \leqslant P_3$ < 2.5	$2.5 \leqslant P_3$ < 3.0	$3.0 \leqslant P_3$ < 3.5	$3.5 \leqslant P_3$ < 4.0	$4.0 \leqslant P_3$ < 4.5	$4.5 \leqslant P_3$ < 5.0	$P_3 \geqslant 5.0$

注：第 9 级在分级后同时注明具体检测压力差值。

10.2.7　气密性能分级

　　钢塑复合门窗的气密性能以单位开启缝长空气渗透量 q_1 与单位面积空气渗透量 q_2 进行分级，分级需要符合的规定如表 10-12 所示。

表 10-12　气密性能分级

分级	4	5	6	7	8
单位开启缝长空气渗透量 q_1/[m³/(m·h)]	$2.5 \geqslant q_1 > 2.0$	$2.0 \geqslant q_1 > 1.5$	$1.5 \geqslant q_1 > 1.0$	$1.0 \geqslant q_1 > 0.5$	$q_1 \leqslant 0.5$
单位面积空气渗透量 q_2/[m³/(m²·h)]	$7.5 \geqslant q_2 > 6.0$	$6.0 \geqslant q_2 > 4.5$	$4.5 \geqslant q_2 > 3.0$	$3.0 \geqslant q_2 > 1.5$	$q_2 \leqslant 1.5$

10.2.8　水密性能分级

　　钢塑复合门窗的水密性能以检测压力差值 ΔP 进行分级，分级需要符合的规定如表 10-13 所示。

表 10-13　水密性能分级

分级	1	2	3	4	5	6
检测压力差值 ΔP/Pa	$100 \leqslant \Delta P < 150$	$150 \leqslant \Delta P < 250$	$250 \leqslant \Delta P < 350$	$350 \leqslant \Delta P < 500$	$500 \leqslant \Delta P < 700$	$\Delta P \geqslant 700$

注：第 6 级在分级后同时注明具体检测压力差值。

10.2.9　保温性能分级

钢塑复合门窗的保温性能分级，是以传热系数 K 为分级指标，分级需要符合的规定如表 10-14 所示。

表10-14　保温性能分级

分级	5	6	7	8	9	10
传热系数 $K/[\mathrm{W}/(\mathrm{m}^2 \cdot \mathrm{K})]$	$3.0 > K \geqslant 2.5$	$2.5 > K \geqslant 2.0$	$2.0 > K \geqslant 1.6$	$1.6 > K \geqslant 1.3$	$1.3 > K \geqslant 1.1$	$K < 1.1$

10.2.10　隔热性能分级

钢塑复合门窗的隔热性能分级，是以太阳得热系数 $SHGC$ 为分级指标，分级需要符合的规定如表 10-15 所示。

表10-15　隔热性能分级

分级	1	2	3	4	5	6	7
太阳得热系数 $SHGC$	$0.8 \geqslant SHGC > 0.7$	$0.7 \geqslant SHGC > 0.6$	$0.6 \geqslant SHGC > 0.5$	$0.5 \geqslant SHGC > 0.4$	$0.4 \geqslant SHGC > 0.3$	$0.3 \geqslant SHGC > 0.2$	$SHGC \leqslant 0.2$

10.2.11　空气声隔声性能分级

钢塑复合门窗的空气声隔声性能分级需要符合的规定如表 10-16 所示。

表10-16　空气声隔声性能分级

分级	外门、外窗的分级指标值 /dB	内门、内窗的分级指标值 /dB
1	$20 \leqslant R_{\mathrm{w}} + C_{\mathrm{tr}} < 25$	$20 \leqslant R_{\mathrm{w}} + C < 25$
2	$25 \leqslant R_{\mathrm{w}} + C_{\mathrm{tr}} < 30$	$25 \leqslant R_{\mathrm{w}} + C < 30$
3	$30 \leqslant R_{\mathrm{w}} + C_{\mathrm{tr}} < 35$	$30 \leqslant R_{\mathrm{w}} + C < 35$
4	$35 \leqslant R_{\mathrm{w}} + C_{\mathrm{tr}} < 40$	$35 \leqslant R_{\mathrm{w}} + C < 40$
5	$40 \leqslant R_{\mathrm{w}} + C_{\mathrm{tr}} < 45$	$40 \leqslant R_{\mathrm{w}} + C < 45$
6	$R_{\mathrm{w}} + C_{\mathrm{tr}} \geqslant 45$	$R_{\mathrm{w}} + C \geqslant 45$

注：1. 用于对建筑内机器、设备噪声源隔声的建筑内门窗，对中低频噪声宜用外门窗的指标值进行分级；对中高频噪声仍可采用内门窗的指标值进行分级。
2. R_{w} 为计权隔声量（dB）；C_{tr} 为交通噪声频谱修正量（dB）；C 为粉红噪声频谱修正量（dB）。

10.2.12　采光性能分级

钢塑复合门窗的采光性能分级如表 10-17 所示。

表10-17　采光性能分级

分级	1	2	3	4	5
透光折减系数 T_{r}	$0.20 \leqslant T_{\mathrm{r}} < 0.30$	$0.30 \leqslant T_{\mathrm{r}} < 0.40$	$0.40 \leqslant T_{\mathrm{r}} < 0.50$	$0.50 \leqslant T_{\mathrm{r}} < 0.60$	$T_{\mathrm{r}} \geqslant 0.60$

注：T_{r} 值大于 0.60 时需给出具体值。

10.2.13　耐火完整性分级

钢塑复合门窗的耐火完整性分级如表 10-18 所示。

表10-18 耐火完整性分级

项　　目		分级代号及指标	
受火面	室内侧	E30（i）	E60（i）
	室外侧	E30（o）	E60（o）
耐火时间 t/min		$30 \leqslant t < 60$	$t \geqslant 60$

10.2.14　抗爆炸冲击波性能分级

抗爆炸冲击波性能分为抗汽车炸弹级、抗手持炸药包级，以试件承受爆炸冲击波作用后的危险等级分级，其分级需要符合的规定如表10-19、表10-20所示。

表10-19 抗汽车炸弹级性能分级

汽车炸弹级等级代号	危险等级代号					
	A	B	C	D	E	F
EXV1	EXV1（A）	EXV1（B）	EXV1（C）	EXV1（D）	EXV1（E）	EXV1（F）
EXV2	EXV2（A）	EXV2（B）	EXV2（C）	EXV2（D）	EXV2（E）	EXV2（F）
EXV3	EXV3（A）	EXV3（B）	EXV3（C）	EXV3（D）	EXV3（E）	EXV3（F）
EXV4	EXV4（A）	EXV4（B）	EXV4（C）	EXV4（D）	EXV4（E）	EXV4（F）
EXV5	EXV5（A）	EXV5（B）	EXV5（C）	EXV5（D）	EXV5（E）	EXV5（F）
EXV6	EXV6（A）	EXV6（B）	EXV6（C）	EXV6（D）	EXV6（E）	EXV6（F）
EXV7	EXV7（A）	EXV7（B）	EXV7（C）	EXV7（D）	EXV7（E）	EXV7（F）

表10-20 抗手持炸药包级性能分级

手持炸药包级等级代号	危险等级代号					
	A	B	C	D	E	F
SB1	SB1（A）	SB1（B）	SB1（C）	SB1（D）	SB1（E）	SB1（F）
SB2	SB2（A）	SB2（B）	SB2（C）	SB2（D）	SB2（E）	SB2（F）
SB3	SB3（A）	SB3（B）	SB3（C）	SB3（D）	SB3（E）	SB3（F）
SB4	SB4（A）	SB4（B）	SB4（C）	SB4（D）	SB4（E）	SB4（F）
SB5	SB5（A）	SB5（B）	SB5（C）	SB5（D）	SB5（E）	SB5（F）
SB6	SB6（A）	SB6（B）	SB6（C）	SB6（D）	SB6（E）	SB6（F）
SB7	SB7（A）	SB7（B）	SB7（C）	SB7（D）	SB7（E）	SB7（F）

10.2.15　防沙、防尘性能分级

防沙性能以单位开启缝长进入室内沙的质量 M 为分级指标，防尘性能以可吸入颗粒物透过量 C 为分级指标，其分级需要分别符合的规定如表10-21、表10-22所示。

表10-21 防沙性能分级

分级	1	2	3	4
分级指标值 M/（g/m）	$6.0 \geqslant M > 4.5$	$4.5 \geqslant M > 3.0$	$3.0 \geqslant M > 1.5$	$M \leqslant 1.5$

表10-22 防尘性能分级

分级	1	2	3	4	5	6
分级指标值 C/（mg/m²）	$60.0 \geqslant C > 50.0$	$50.0 \geqslant C > 40.0$	$40.0 \geqslant C > 30.0$	$30.0 \geqslant C > 20.0$	$20.0 \geqslant C > 10.0$	$C \leqslant 10.0$

10.2.16　抗风携碎物冲击性能分级

钢塑复合门窗的抗风携碎物冲击性能，是以发射物的质量 m 与速度 v 为分级指标，其分级需要符合的规定如表 10-23 所示。

表 10-23　抗风携碎物冲击性能分级

分级	1	2	3	4	5
发射物	钢球	木块	木块	木块	木块
质量 m	2g ± 0.1g	0.9kg ± 0.1kg	2.1kg ± 0.1kg	4.1kg ± 0.1kg	4.1kg ± 0.1kg
速度 v/（m/s）	39.6	15.3	12.2	15.3	24.4

10.2.17　门抗平面内变形性能分级

钢塑复合门的门抗平面内变形性能分级，是以层间位移角 γ 为分级指标，其分级需要符合的规定如表 10-24 所示。

表 10-24　门抗平面内变形性能分级

分级	1	2	3	4	5	6	7	8
分级指标值 γ	± 1/400	± 1/300	± 1/200	± 1/150	± 1/120	± 1/90	± 1/75	± 1/60

10.2.18　其他性能要求

钢塑复合门窗的其他性能要求如表 10-25 所示。

表 10-25　钢塑复合门窗的其他性能要求

名称	性 能 要 求
撑挡试验	活动扇在开启状态下，由撑挡定位，通过垂直活动扇方向施加荷载，撑挡不得破坏，活动扇的最大变形量不得大于 2mm，残余变形量不得大于 0.5mm
大力关闭	采用试验负荷为 75Pa 乘以门扇或窗扇的面积，试验负荷通过定滑轮作用在门扇或窗扇的执手处，在此试验负荷作用后，门窗不得发生破坏或功能障碍
开启限位	质量为 10kg ± 0.05kg 的重物以自由落体方式冲击活动窗扇，反复 3 次后，限位装置不得发生破坏
抗对角线变形性能	活动扇施加 200N 作用力时，活动扇残余变形量不应大于 5mm
抗扭曲变形性能	活动扇施加 200N 作用力时，镶嵌位置的卸载残余变形量不应大于 1mm

10.2.19　钢塑复合窗出厂检验与型式检验项目

钢塑复合窗出厂检验与型式检验项目如表 10-26 所示。钢塑复合门出厂检验与型式检验项目如表 10-27 所示。

表 10-26　钢塑复合窗出厂检验与型式检验项目

项　　目	出厂检验				型式检验			
	固定窗	平开窗	推拉窗	悬窗	固定窗	平开窗	推拉窗	悬窗
外观	√	√	√	√	√	√	√	√
尺寸偏差	√	√	√	√	√	√	√	√
框、扇相邻构件装配间隙	√	√	√	√	√	√	√	√

项 目	出厂检验				型式检验			
	固定窗	平开窗	推拉窗	悬窗	固定窗	平开窗	推拉窗	悬窗
相邻两构件同一平面高低差	√	√	√	√	√	√	√	√
框、扇四周配合间隙	—	√	—	√	—	√	√	√
框、扇搭接量	—	√	√	√	—	√	√	√
五金配件安装	—	√	√	√	—	√	√	√
组角连接处	√	√	√	√	√	√	√	√
密封条、毛条装配	√	√	√	√	√	√	√	√
压条装配	√	√	√	√	√	√	√	√
玻璃装配	√	√	√	√	√	√	√	√
启闭力	—	√	√	√	—	√	√	√
耐垂直荷载性能	—	—	—	—	—	√	—	—
抗静扭曲性能	—	—	—	—	—	√	—	—
抗扭曲变形性能	—	—	—	—	—	—	√	—
抗对角线变形性能	—	—	—	—	—	—	√	—
大力关闭	—	—	—	—	—	√	—	√
开启限位	—	—	—	—	—	√	—	√
撑挡试验	—	—	—	—	—	√	—	√
反复启闭耐久性能	—	—	—	—	—	√	√	√
抗风压性能	—	—	—	—	√	√	√	√
气密性能	—	—	—	—	√	√	√	√
水密性能	—	—	—	—	√	√	√	√
保温性能	—	—	—	—	√	√	√	√
隔热性能	—	—	—	—	√	√	√	√
空气声隔声性能	—	—	—	—	√	√	√	√
采光性能	—	—	—	—	√	√	√	√
耐火完整性	—	—	—	—	△	△	△	△
抗爆炸冲击波性能	—	—	—	—	△	△	△	△
防沙尘性能	—	—	—	—	△	△	△	△
抗风携碎物冲击性能	—	—	—	—	△	△	△	△

注：表中"√"表示需检验的项目；"—"表示不需检验的项目；"△"表示用户提出要求时的检验项目。

表10-27 钢塑复合门出厂检验与型式检验项目

项 目	出厂检验					型式检验				
	平开门	平开下悬门	推拉门	推拉下悬门	折叠门	平开门	平开下悬门	推拉门	推拉下悬门	折叠门
外观	√	√	√	√	√	√	√	√	√	√
尺寸偏差	√	√	√	√	√	√	√	√	√	√
框、扇相邻构件装配间隙	√	√	√	√	√	√	√	√	√	√
相邻两构件同一平面度	√	√	√	√	√	√	√	√	√	√
框、扇四周配合间隙	√	√	—	√	√	√	√	—	√	√

续表

项目	出厂检验					型式检验				
	平开门	平开下悬门	推拉门	推拉下悬门	折叠门	平开门	平开下悬门	推拉门	推拉下悬门	折叠门
框、扇搭接量	√	√	√	√	√	√	√	√	√	√
五金配件安装	√	√	√	√	√	√	√	√	√	√
组角连接处	√	√	√	√	√	√	√	√	√	√
密封条、毛条装配	√	√	√	√	√	√	√	√	√	√
压条装配	√	√	√	√	√	√	√	√	√	√
玻璃装配	√	√	√	√	√	√	√	√	√	√
启闭力	√	√	√	√	√	√	√	√	√	√
耐垂直荷载性能	—	—	—	—	—	√	√	—	—	—
抗静扭曲性能	—	—	—	—	—	√	√	—	—	—
抗扭曲变形性能	—	—	—	—	—	√	√	—	—	—
抗对角线变形性能	—	—	—	—	—	—	—	√	√	—
大力关闭	—	—	—	—	—	√	√	—	—	—
开启限位	—	—	—	—	—	√	√	—	—	—
耐软重物撞击性能	—	—	—	—	—	√	√	—	—	—
反复启闭耐久性能	—	—	—	—	—	√	√	√	√	√
抗风压性能	—	—	—	—	—	√	√	√	√	√
气密性能	—	—	—	—	—	√	√	√	√	√
水密性能	—	—	—	—	—	√	√	√	√	√
保温性能	—	—	—	—	—	√	√	√	√	√
隔热性能	—	—	—	—	—	△	△	△	△	△
空气声隔声性能	—	—	—	—	—	√	√	√	√	√
采光性能	—	—	—	—	—	√	√	√	√	√
耐火完整性	—	—	—	—	—	△	△	△	△	△
抗爆炸冲击波性能	—	—	—	—	—	△	△	△	△	△
防沙尘性能	—	—	—	—	—	△	△	△	△	△
抗风携碎物冲击性能	—	—	—	—	—	△	△	△	△	△
抗平面内变形性能	—	—	—	—	—	√	√	√	√	√

注：1. 表中"√"表示需检验的项目；"—"表示不需检验的项目；"△"表示用户提出要求时的检验项目。

2. 门及无下框（无槛）外门不检验抗风压、气密、水密、保温性能。

轻松通

出厂检验项目中，当其中某项不合格时，应加倍抽样。对不合格的项目进行复验。如果该项仍不合格时，则判定该批产品为不合格品。加倍抽样的样品经检验，如果全部检测项目符合规定的合格指标，则判定该批产品为合格品。必要时，出厂检验可根据有关各方协议的要求进行。

10.3 相关数据速查

10.3.1 钢塑复合门窗规格与选型

钢塑复合门窗规格与选型如表 10-28 所示。

表 10-28 钢塑复合门窗规格与选型

名称		类型	类型代号	型材规格系列	最大洞口尺寸/mm	单扇最大尺寸/mm	备 注
内平开下悬窗		内平开下悬窗	GSPXC	60	2100×1800	600×1200	可配单玻或中空玻璃
上悬窗		上悬窗	GSPSC	60	2400×900	600×900	可配单玻或中空玻璃
推拉窗		单、双扇推拉窗	GSTC	50、60、70	2700×1500	600×1500	推拉扇可配单玻或中空玻璃、纱扇
		推拉组合窗			3600×1500	600×1500	
固定窗		无亮窗固定窗	GSGC	60	2100×1500	—	可配单玻或中空玻璃
		上亮窗固定窗			2100×1800		
		下亮窗固定窗			2100×1800		
平开窗	向外开启	无亮窗平开窗	GSPC	60	2100×1200	600×1200	可配单玻或中空玻璃，室内可装置内开隐形纱扇
		上亮窗平开窗			2100×1800		
		下亮窗平开窗			2100×1800		
	向内开启	无亮窗平开窗	GSPNC	60	2100×1200	600×1200	可配单玻或中空玻璃
		上亮窗平开窗			2100×1800		
		下亮窗平开窗			2100×1800		
推拉门		推拉半玻门	GSTBC	60	2100×2400	1050×2100	推拉门扇分为半玻和全玻，可配单玻或中空玻璃
		推拉全玻门	GSTQC	50、60			
平开门		平开半玻门	GSPBC	60	1800×2400	900×2100	门扇分为半玻和全玻，可配单玻或中空玻璃
		平开全玻门	GSPQC	60			

10.3.2 钢塑固定窗型式与尺寸

钢塑固定窗型式与尺寸如图 10-10 所示。

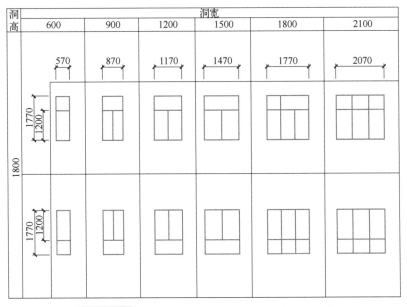

图 10-10 钢塑固定窗型式与尺寸（单位：mm）

10.3.3 钢塑推拉窗型式与尺寸

钢塑推拉窗型式与尺寸如图 10-11 所示。

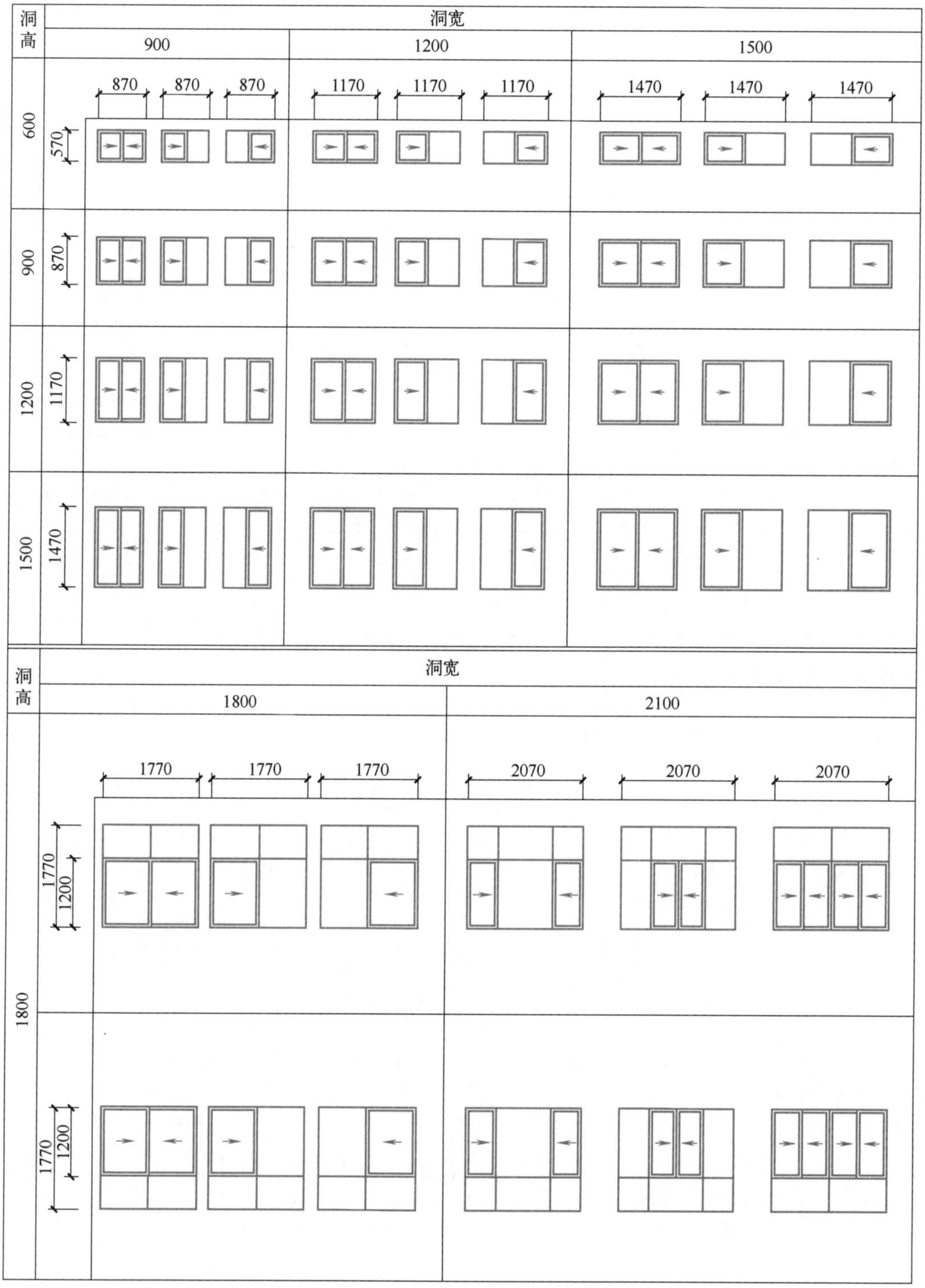

洞高	洞宽		
	900	1200	1500
600			
900			
1200			
1500			

洞高	洞宽	
	1800	2100
1800		

洞高	洞宽				
	2400			2700	
	2370	2370	2370	2670	2670
600 (570)					
900 (870)					
1200 (1170)					
1500 (1470)					

图 10-11　钢塑推拉窗型式与尺寸（单位：mm）

钢塑推拉半玻门、钢塑推拉全玻门型式与尺寸读者可扫码查看。

赠送文档6

第11章

木 门 窗

11.1 木门窗基础知识

11.1.1 木材的等级、分类

木材等级是根据木材加工的难易程度来划分的，其中一类最易，四类最难，如表 11-1 所示。

表 11-1 木材的等级

类别	木 材 名 称
一类	红松、桐木、樟子松等
二类	柳木、白松、杨木、椴木、杉木等
三类	黄花松、榆木、柏木、樟木、楠木、马尾松、椿木、梓木、楸木、柚木、黄檗、橡木等
四类	檀木、荔木、柞木、色木、桦木、水曲柳等

11.1.2 木门窗的概念

木门是指用木材或木质人造板为主要材料制作门框、门扇的一种门。

木窗是指用木材或木质人造板为主要材料制作窗框、窗扇的一种窗。

各类木门如图 11-1 所示。

图 11-1　木门

11.1.3　木门的构造组成和拼接方式

木门的构造组成如图 11-2 所示。木门的拼接方式如图 11-3 所示。

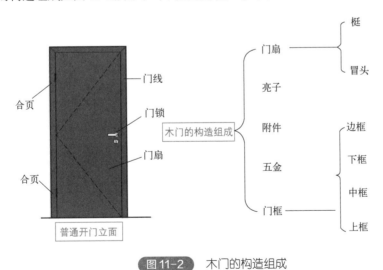

图 11-2　木门的构造组成

11.1.4　木门窗的主要材质

常见木门窗材质有樱桃、胡桃、花梨、白影、沙比利、曲柳、红榉、白橡等。常见木门窗材质比较如表 11-2 所示。

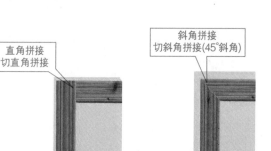

直角拼接
切直角拼接

斜角拼接
切斜角拼接(45°斜角)

图 11-3   木门的拼接方式

表 11-2   常见木门窗材质比较

名称	解　说
白橡	颜色黄中泛白，纹理有点类似水曲柳，个性鲜明
白影	具有立体感极强的云状或水波状木影
红榉	色泽淡红自然，格调柔和偏暖
胡桃	质感略粗糙，性能稳定良好
花梨	色彩鲜艳，纹理清晰美丽，颜色由浅黄到紫赤
曲柳	颜色黄中泛白，制成山纹后纹理清晰
沙比利	色泽红褐，木质纹理粗犷，制成直纹后纹理有闪光感与立体感
樱桃木	木质坚硬，有光泽，呈淡黄色或浅棕红色

11.1.5　木门的分类

11.1.5.1　按开启方式分类

　　根据开启方式，木门分为平开门、折叠门、推拉门、弹簧门等种类，如图 11-4 所示。本书第 1 章中有涉及木门分类的相关内容，这里就不再详细介绍。

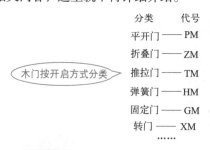

分类　　代号

平开门 —— PM

折叠门 —— ZM

木门按开启方式分类　推拉门 —— TM

弹簧门 —— HM

固定门 —— GM

转门 —— XM

……

图 11-4   木门按开启方式分类

轻松通

　　鉴定木门质量的方法：一看饰面（造型和漆色）；二看证明（有毒物质含量）；三看材质（实木材质）；四看做工（是否尺寸规矩，严丝合缝）。

11.1.5.2　按用途分类

根据用途来分，木门分为进户门、卧室门、书房门、厨房门、卫生间门、隔声门、车库门、保险门、防射线门等种类。

隔声门是指具有特殊隔声效果的木门。一般的木门都具有一定的隔声效果，但是隔声门是进行了特殊隔声处理的门。隔声门门芯中往往填入了具有特殊隔声效果的隔声材料。

管道井门是指用于管道检修的门。

11.1.5.3　按材质分类

根据材质，木门分为全实木榫拼门、原木实木门等种类。

全实木榫拼门是指用实木加工制作的装饰门，代号为 Q。原木实木门是指以取材自森林的天然原木做门芯，再经下料、刨光、开榫、打眼、雕刻、定型等工序科学加工而制成的门。

指接木实木门是指原木经锯切、指接后的木材，经过与原木实木门相同的工序加工制成的木门。

全实木门是指所选用的木材多为名贵木材，再经加工后的成品实木门。全实木门具有良好的吸声性、隔声、造型厚实等特点。

实木复合门是指采用实木为主要结构材料，辅助以各种其他复合材料制造的门。大多数的实木复合门采用的是中密度板。实木复合门的门扇边框使用的是杉木或松木，中间填充蜂窝纸、桥洞力学板、密度板网格等结构。

轻松通

根据饰面材料分类，木门可以分为木皮门、人造板门、高分子材料门等种类，代号分别用 M、R、G 表示。

11.1.6　木窗的分类

11.1.6.1　按构造分类

根据构造，木窗的分类如图 11-5 所示。

11.1.6.2　按开启方式分类

根据开启方式，木窗的分类如图 11-6 所示。

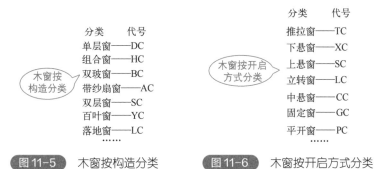

分类	代号
单层窗	DC
组合窗	HC
双玻窗	BC
带纱扇窗	AC
双层窗	SC
百叶窗	YC
落地窗	LC
……	

木窗按构造分类

分类	代号
推拉窗	TC
下悬窗	XC
上悬窗	SC
立转窗	LC
中悬窗	CC
固定窗	GC
平开窗	PC
……	

木窗按开启方式分类

图11-5　木窗按构造分类　　图11-6　木窗按开启方式分类

11.1.7 木门窗代号与应用

木门窗代号与应用如表 11-3 所示。

表 11-3　木门窗代号与应用

名　称			代号	适用
平开门	木框	平开夹板门	PJM A	内门
		平开镶玻门	PBM A	内、外门
		平开弹簧门	HBM A	内、外门
		平开装饰门	PZM A	内门
		平开拼板门	PPM A	内、外门
	钢框	平开夹板门	PJM B	内门
		平开镶玻门	PBM B	内、外门
		平开弹簧门	HBM B	内、外门
		平开装饰门	PZM B	内门
		平开拼板门	PPM B	内、外门
	板框	平开夹板门	PJM C	内门
		平开镶玻门	PBM C	
		平开装饰门	PZM C	
		平开拼板门	PPM C	
推拉门		推拉夹板门	TJM	内门
		推拉镶玻门	TBM	
		推拉装饰门	TZM	
		推拉镶板门	TXM	
折叠门		折叠夹板门	ZJM	内门
		折叠装饰门	ZZM	
		折叠镶板门	ZXM	
窗		平开窗	PC	内外窗
		带纱扇平开窗	APC	外窗
		带百叶扇平开窗	BPC	外窗
		连窗门	CM	外窗门

11.1.8 木门窗的等级

木门窗根据产品的用途、质量进行等级划分如图 11-7 所示。

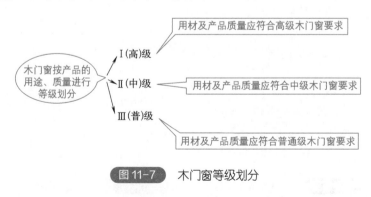

图 11-7　木门窗等级划分

轻松通

Ⅰ（高）级、Ⅱ（中）级门窗外露零部件的木材树种，需要根据材性相近的原则配套使用。Ⅰ（高）级产品材色需要近似，其门芯板如采用木板拼接的，纹理也需要近似。Ⅲ（普）级产品根据软硬杂树种分开使用；采用胶拼方法制作的零部件均需使用单一树种。

11.1.9　木门窗厚度规格

木门窗厚度规格如图 11-8 所示。

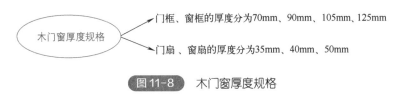

木门窗厚度规格 —— 门框、窗框的厚度分为70mm、90mm、105mm、125mm

门扇、窗扇的厚度分为35mm、40mm、50mm

图 11-8　木门窗厚度规格

11.2　具体木门

11.2.1　平开木门（开门）的开向

人站在室外，门向内开，即为开门。开门的开向有左开、右开、双开左开、双开右开等，如图 11-9、图 11-10 所示。

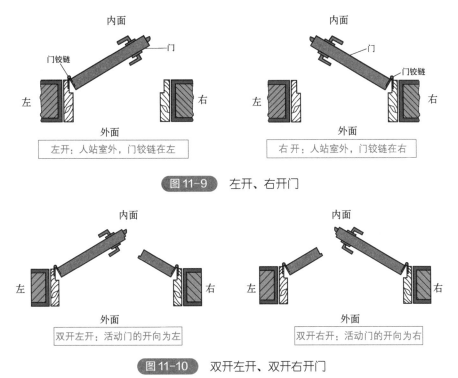

左开：人站室外，门铰链在左

右开：人站室外，门铰链在右

图 11-9　左开、右开门

双开左开：活动门的开向为左

双开右开：活动门的开向为右

图 11-10　双开左开、双开右开门

11.2.2 平开木门（拉门）的开向

拉门是指人站在室外，门向外开（即人所站方向），如图 11-11、图 11-12 所示。

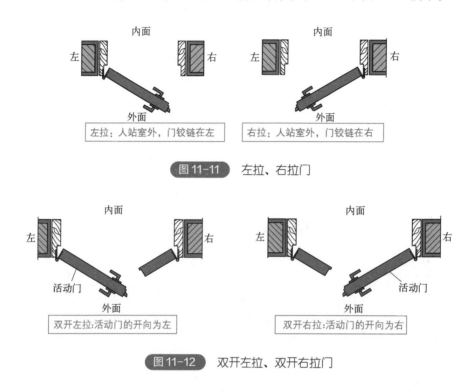

图 11-11   左拉、右拉门

图 11-12   双开左拉、双开右拉门

11.2.3 子母木门

子母木门的一扇门较宽，称为母门，另一扇门较窄，称为子门。母木门装锁体、把手，常常开启。子木门装上下插销，常常关闭。子母木门如图 11-13 所示。

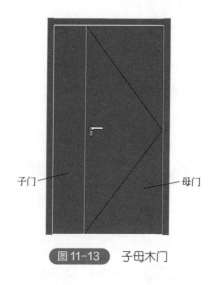

图 11-13   子母木门

11.2.4 拼板木门

拼板木门是指用木板拼合而成的门，如图 11-14 所示。

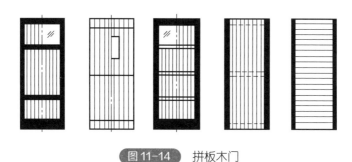

图 11-14 拼板木门

11.2.5 单包套门、双包套门

单包套门、双包套门如图 11-15 所示。

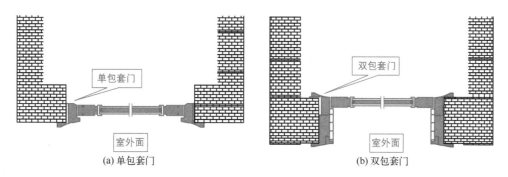

单包套门

室外面

(a) 单包套门

双包套门

室外面

(b) 双包套门

图 11-15 单包套门、双包套门

轻松通

木门的加工流程如下：
（1）木材基本处理——烘干、断料、平刨、梳齿、槽接。
（2）制作木门板材——拼板、平压刨、砂光、冷热压处理。
（3）造型组装成品——组装、封边、封底、刮灰、砂磨、上油漆等。
（4）成品包装。

11.3 木门窗的制作与安装

11.3.1 木门窗结构的制作

木门窗结构的制作要点如下。

（1）木门窗的边框与上下框直角交接位置，可以采用直密榫或其他结构形式。门窗框边缘凡有线脚者，其外露面结构一般为45°割角直密榫。硬木门窗的边角一般采用45°割角做法。

（2）夹板门和模压门如采用人造板（中密度板及刨花板）制作门框，其上框与边框的接合处一般为45°割角、交圈，接缝应严密，内部金属连接件的安装连接应紧密、牢靠。固定侧边的筒子板与贴脸的拐角及门框中间主板应胶黏牢固，其可伸缩的侧边与主板的配合应严密，并与主板榫槽底部留有2mm左右的缝隙。

（3）凡是采用榫接合结构者，装配时应分别在榫头和榫孔壁上施胶，应涂刷均匀。零部件的透榫，组装后应加木楔子。

（4）外露的榫眼结构及线条对角处必须严密，不得有缺榫和空头，线条要交圈。Ⅰ（高）级产品结构处的缝隙宽度不得超过0.2mm，条数不得超过一个框或一个扇的总结构处的1/4。Ⅱ（中）、Ⅲ级（普）级产品不得超过0.4mm，条数不得超过总结构处的1/4，并不得有遗留胶痕。直密榫的中间榫肩最大缝隙宽度不得超过1mm。

轻松通

木板门扇上、中、下梃与边梃的接合，窗扇及亮窗扇上、中、下梃与边梃的接合，可采用直密榫或其他结构形式。夹板门及模压门门胎四角和零部件间可采用榫结构，也可采用N钉连接。

11.3.2 木门窗零部件的拼接与胶贴

木门窗零部件的拼接与胶贴要点如下。

（1）木门窗框的上、下框及边框，木板门扇的上、下梃及边梃的宽度均可以胶拼。Ⅱ（中）级、Ⅲ级（普）级产品其厚度亦可胶拼。

（2）胶拼应严密。Ⅰ（高）级门窗零件不许有明显胶缝。Ⅱ（中）级、Ⅲ级（普）级的零件的局部胶缝最宽处不得超过0.2mm，长不得超过1/4。

（3）Ⅱ（中）级、Ⅲ级（普）级内门的边框，上、中、下梃均可用软杂木（如松木等），表面胶贴刨切硬木单板制作。胶贴的零件应平整、牢固，不得有开胶、波纹、压痕等缺陷。

（4）Ⅱ（中）级、Ⅲ级（普）级门窗的所有零件及各级夹板门和模压门门胎的零件（包括门胎上、下、边梃）均可以短料指接方式接长。夹板门、模压门门胎零件的指接料，长度不得小于200mm（两端除外），其余各级门窗零件的指接料长度不得小于300mm（两端除外）。

（5）各类夹板门及模压门门扇两面所使用的人造板或模压门皮种类及厚度必须一致，如使用胶合板，其树种亦应相同。Ⅱ（中）级、Ⅲ级（普）夹板门所使用的人造板允许长度方向由两块拼接而成（接口应在门的下部或玻璃口的上、下部），接缝处应严密、平整。

（6）各种夹板门、模压门或以装饰人造板为材料制作的门框，其表面装饰材料与基材的胶贴或装饰人造板与门胎的胶贴均应平整、牢固，不得开胶分层，不得有局部鼓泡、凹陷及明显的硬楞、压痕或波纹、砂透等缺陷。

（7）镶木围条的夹板门扇，应在门边与围条上分别施胶后钉合，接缝要严密，不得有遗留的痕迹。以单板或其他装饰材料封边的门边应平整、牢固，拐角处应自然相接，接缝严密，不得有折断、开裂等缺陷。

（8）镶板门的镶线条，亦须施胶并加钉钉合，接缝要严密。

轻松通

　　木门的门芯板如用木材制作，必须使用拼板。内门的门芯板亦可采用胶合板。用于木门窗框料的双裁口的梗条也可以进行胶贴，但是梗条必须嵌入框料 5mm 深的沟槽内，并且施胶钉牢。转窗的梗条可以用胶粘平钉。

　　木门窗的其他制作要点如下。

　　（1）无下框的木门框边梃，应留有 20 ～ 30cm 埋头长度。装配后，其下口应加钉横拉杆以防变形，无中梃的木门窗框应在上角钉 1 ～ 2 根斜拉杆。拉杆的用料规格应不小于 25mm × 25mm。

　　（2）外埠定制的木门窗框可不组装，但必须经过预装配检验。发往外埠的木门窗出厂前应涂刷干性油，以防受潮变形。

　　（3）用作外窗的窗扇下梃应加披水板。

轻松通

　　空心夹板门及模压门的门胎内安装锁盒部位应加锁带板，框内部各空格间均需留有通气路，并在下梃上打排气孔。

11.3.3　门樘的安装方式

　　根据不同的施工方式，门樘的安装方式有立口、塞口等，如图 11-16 所示。

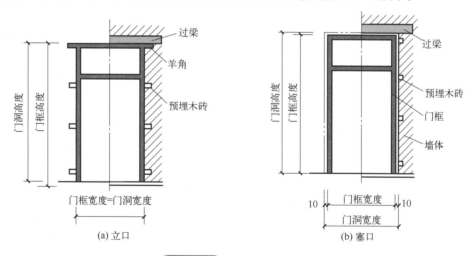

图 11-16　门樘的安装方式

轻松通

　　门框的位置可以在墙的中间，与墙的一边平齐，且一般多与开启方向一侧平齐，以尽可能使门扇开启时贴近墙面。门框位置、门贴脸板与筒子板类型有外平、立中、内平、内外平等。

11.3.4 木门的安装工序

扫码看视频

木门的主要安装工序如图 11-17 所示。

① 现场质检 ← 木门运到施工现场，对木门进行检验，确认无误后方可进行安装

② 组装门套 ← 根据门扇、洞口尺寸在铺有保护垫或平整清洁的地面对门套进行组装

③ 配件定位 ← 根据常规或有关要求确定合页、门锁的位置。每扇门的合页为2~3个，门锁中心距地面距离一般为900~1000mm

④ 复核洞口 ← 检查洞口尺寸是否改动或洞口偏差是否影响安装

⑤ 临时固定门套 ← 将门套放入洞口，再用木楔进行临时固定。临时固定点位于门套左上角、右上角位置

⑥ 安装门扇 ← 将门扇用合页固定在门套上

⑦ 调整 ← 运用专用工具在门套内侧进行横向、竖向支撑，对门扇边缝等细小部位进行调整；运用垂线等工具进行垂直度调整

⑧ 胶结固定 ← 使用发泡胶结材料对已调整好的成套门进行最后固定。将发泡胶注入门套与墙体间的结构间隙内，填充密实度需要达到90%以上。4h内不得有外力影响，以免填充效果发生改变

⑨ 安装锁具、安装门脸线 ← 在发泡胶结材料注入4h后，可以对门脸线进行安装

图 11-17 木门的主要安装工序

11.3.5 木门窗安装的留缝

木门窗安装的留缝限值、允许偏差如表 11-4 所示。

表 11-4 木门窗安装的留缝限值、允许偏差　　　　　单位：mm

项　目	留缝限值		允许偏差		检验方法
	普通	高级	普通	高级	
门窗槽口对角线长度差	—	—	3	2	用钢尺检查
门窗框的正、侧面垂直度	—	—	2	1	用 1m 垂直检测尺检查
框与扇、扇与扇接缝高低差	—	—	2	1	用钢直尺和塞尺检查
门窗扇对口缝	1～2.5	1.5～2	—	—	用塞尺检查
工业厂房双扇大门对口缝	2～5	—	—	—	
门窗扇与上框间留缝	1～2	1～1.5	—	—	
门窗扇与侧框间留缝	1～2.5	1～1.5	—	—	

续表

项 目		留缝限值		允许偏差		检验方法
		普通	高级	普通	高级	
窗扇与下框间留缝		2～3	2～2.5	—	—	用塞尺检查
门扇与下框间留缝		3～5	3～4	—	—	
双层门窗内外框间距		—	—	4	3	用钢尺检查
无下框时门扇与地面间留缝	外门	4～7	5～6	—	—	用塞尺检查
	内门	5～8	6～7	—	—	
	卫生间门	8～12	8～10	—	—	
	厂房大门	10～20	—	—	—	

11.3.6 木质门留缝初始值微调

木质门留缝初始值微调示意如图 11-18 所示。

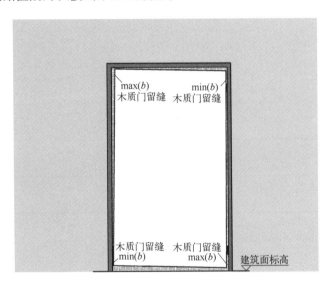

图 11-18 木质门留缝初始值微调示意

b—留缝宽度；$\max(b)$—缝隙最大值；$\min(b)$—缝隙最小值

11.3.7 木门窗的修补

木材缺陷处的修补（挖补）必须做到接缝严密，胶接牢固。Ⅰ（高）级产品补块的树种、纹理、颜色应与木材近似。Ⅱ（中）级、Ⅲ（普）级产品树种、颜色应与木材近似。各类缺陷的修补范围及要求应符合如下规定。

（1）死节与虫眼：直径在 8mm 以下，长度在 35mm 以内的可不修补；直径在 8mm 以上，或直径为 5～8mm 但长度超过 35mm 的，须用木材修补。

（2）裂纹、崩槎：宽度不超过 2mm 的不贯通裂纹可不修补；宽度不超过 3mm、长度不超过 8mm 的崩槎须用腻子填平，超过的须用木材修补。

（3）Ⅰ（高）级产品裂纹宽度在 0.5mm 以上，Ⅱ（中）级、Ⅲ（普）级产品裂纹宽度在 1mm 以上，须用木条粘胶修补。

（4）树脂囊宽度在 3mm 以上的须用木条挖补。

轻松通

各种缺陷用木材挖补后的胶缝，宽度不超过 0.3mm，长度不超过周长 1/3 的不计。但是因修补扩大了缺陷尺寸，达到计算标准时，应列入计算缺陷内一并计算。

11.3.8　木门窗成品的尺寸允许偏差

木门窗成品的尺寸允许偏差如表 11-5 所示。

表 11-5　木门窗成品的尺寸允许偏差　　　　　　　　单位：mm

成品名称	Ⅰ（高）级			Ⅱ（中）级、Ⅲ（普）级			备注
	高	宽	厚	高	宽	厚	
木门扇、亮窗扇	+2 -1	+2 -1	±1	±2	+2 -1	±1	以外口尺寸计算
用于人造板门的木门框及人造板门框	+2 0	+1 0	±1	+2 0	+1 0	±1	以里口尺寸计算
人造板门扇	0 -1	0 -1	0 -1	0 -1	0 -1	0 -1	以外口尺寸计算
木门窗框	±2	+2 -1	±1	±2	±2	±1	以里口尺寸计算
木门扇（含装木围条的夹板门扇）	+2 -1	+2 -1	±1	±2	+2 -1	±1	以外口尺寸计算

注：表中的人造板门仅指用薄木、浸渍纸、薄膜等装饰材料封边的夹板门及模压门。高度超过 2500mm 的厂房木门扇，高度和宽度允许偏差可放宽到 ±5mm。

11.3.9　木门窗成品的形位公差

木门窗成品的形位公差如表 11-6 所示。

表 11-6　木门窗成品的形位公差

项目	门窗框		门扇		窗扇		落叶松门窗框	落叶松门窗扇
	Ⅰ（高）级	Ⅱ（中）级 Ⅲ（普）级	Ⅰ（高）级	Ⅱ（中）级 Ⅲ（普）级	Ⅰ（高）级	Ⅱ（中）级 Ⅲ（普）级	Ⅱ（中）级 Ⅲ（普）级	Ⅱ（中）级 Ⅲ（普）级
对角线差 /mm	≤2.0	≤2.0	≤1.5	≤2.0	≤1.5	≤2.0	≤2.5	≤2.0
顺弯 /‰	≤1.0	≤1.5	≤1.5	≤2.0	≤1.5	≤1.5	≤2.0	≤3.0
扭曲（皮楞）/mm	≤2.0	≤3.0	≤2.5	≤2.5	≤2.0	≤2.0	≤5.0	≤3.0

注：门框与窗框连接在一起的应分别计算形位公差。

11.3.10 木门窗表面粗糙度

木门窗表面粗糙度的要求如下。

（1）木门窗成品和零部件的表面经砂光或净光后，不得有波纹、哨头或由于砂光造成的局部变色。木窗如图11-19所示。

图11-19 木窗

（2）木材零件表面毛刺、沟痕、刨痕的允许范围如图11-20所示。

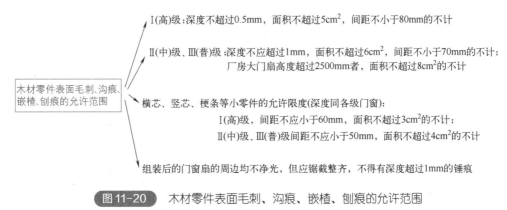

木材零件表面毛刺、沟痕、嵌楂、刨痕的允许范围

Ⅰ(高)级：深度不超过0.5mm，面积不超过5cm²，间距不小于80mm的不计

Ⅱ(中)级、Ⅲ(普)级：深度不应超过1mm，面积不超过6cm²，间距不小于70mm的不计；厂房大门扇高度超过2500mm者，面积不超过8cm²的不计

横芯、竖芯、梗条等小零件的允许限度(深度同各级门窗)：
Ⅰ(高)级，间距不应小于60mm，面积不超过3cm²的不计；
Ⅱ(中)级、Ⅲ(普)级间距不应小于50mm，面积不超过4cm²的不计

组装后的门窗扇的周边均不净光，但应锯截整齐，不得有深度超过1mm的锤痕

图11-20 木材零件表面毛刺、沟痕、嵌楂、刨痕的允许范围

11.4 木门窗相关数据速查

11.4.1 木门门框断面形式

门框的断面形式与门的类型、层数有关，同时应利于门的安装，以及需要具有一定的密闭性，如图11-21所示。

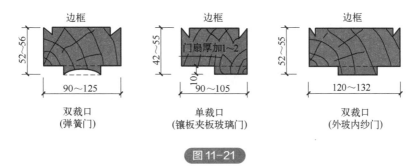

图11-21

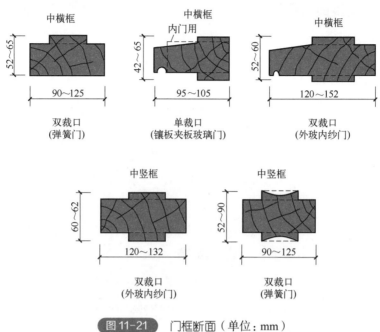

图 11-21　门框断面（单位：mm）

11.4.2　木门门扇的种类

常用的木门门扇有镶板门、夹板门、拼板门、玻璃门、纱门、百叶门等。木门门扇的种类如图 11-22 所示。

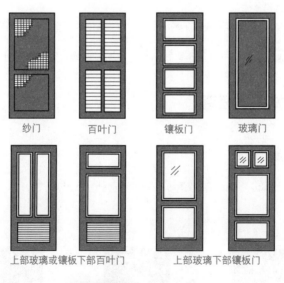

图 11-22　木门门扇的种类

11.4.3　平开门五金应用

平开门五金应用如表 11-7 所示。

表 11-7　平开门五金应用

五金名称	规格/mm	夹板门 单扇	夹板门 双扇	镶玻门 单扇	镶玻门 双扇	装饰门 单扇	装饰门 双扇	弹簧门 单扇	弹簧门 双扇	拼板门 单扇	拼板门 双扇	亮子
插销	100											1
	150		2									
	250										2	
暗插销	200				2		2		2			
拉手	150	2	4			2	4	2	4	2	4	
底板拉手	200			2	4							
执手插销		1	1	1	1	1	1					
弹子门锁										1	1	
弹子插销					1			1	1			
风钩	200											2
地弹簧								1	2			
普通铰链	75											2
	100	3	6			3	6					
	125			3	6							
	150									3	6	
单面弹簧铰链	150	2	4	2	4	2	4			2	4	

注：1. 夹板门、镶玻门、装饰门、拼板门如采用单面弹簧铰链，应减去普通铰链的数量，反之采用普通铰链者，应减去单面弹簧铰链的数量。

2. 镶玻门如采用执手插销者应减去底板拉手和弹子插销的数量，反之采用底板拉手和弹子插销者，应减去执手插销的数量。

11.4.4　木门门型

木门门型如图 11-23 所示。

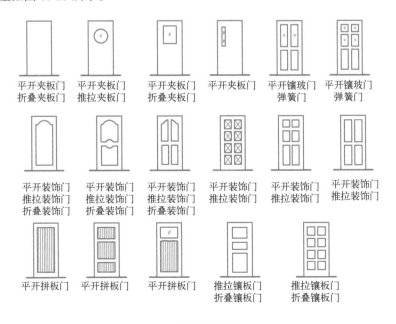

平开夹板门 折叠夹板门	平开夹板门 推拉夹板门	平开夹板门 折叠夹板门	平开夹板门	平开镶玻门 弹簧门	平开镶玻门 弹簧门
平开装饰门 推拉装饰门 折叠装饰门	平开装饰门 推拉装饰门 折叠装饰门	平开装饰门 推拉装饰门 折叠装饰门	平开装饰门 推拉装饰门	平开装饰门 推拉装饰门	平开装饰门 推拉装饰门
平开拼板门	平开拼板门	平开拼板门	推拉镶板门 折叠镶板门	推拉镶板门 折叠镶板门	

图 11-23

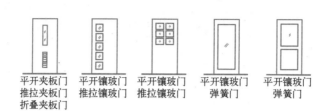

图 11-23　木门门型

11.4.5　木框门套木压条

木框门套木压条如图 11-24 所示。

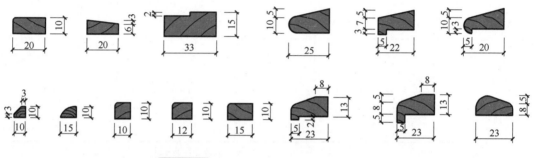

图 11-24　木框门套木压条（单位：mm）

11.4.6　木框门套木贴脸

木框门套木贴脸如图 11-25 所示。

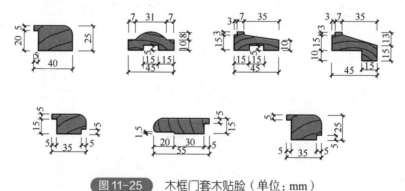

图 11-25　木框门套木贴脸（单位：mm）

11.4.7　板框木门门套部件

板框木门门套部件如图 11-26 所示。

11.4.8　蜂窝板门骨架类型

蜂窝板门骨架类型如图 11-27 所示。

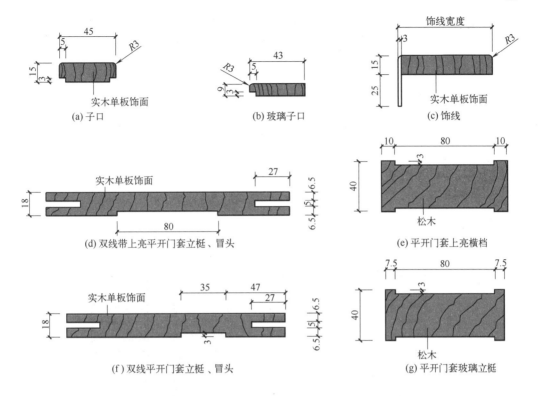

图 11-26　板框木门门套部件（单位：mm）

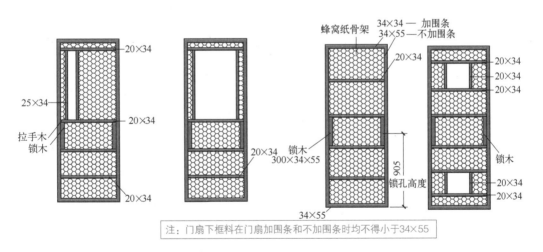

注：门扇下框料在门扇加围条和不加围条时均不得小于34×55

图 11-27　蜂窝板门骨架类型（单位：mm）

蜂窝板门全板选型与尺寸读者可扫码查看。

赠送文档7

11.4.9　模压门骨架类型

模压门骨架类型如图 11-28 所示。

模压门带玻璃选型与尺寸读者可扫码查看。

赠送文档 8

11.4.10　植物芯板门骨架类型

植物芯板门骨架类型如图 11-29 所示。

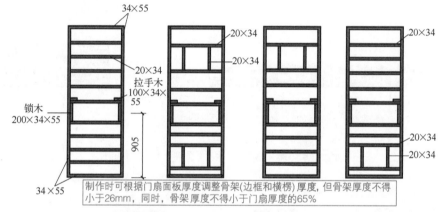

制作时可根据门扇面板厚度调整骨架(边框和横楞)厚度，但骨架厚度不得小于26mm，同时，骨架厚度不得小于门扇厚度的65%

图 11-28　模压门骨架类型（单位：mm）

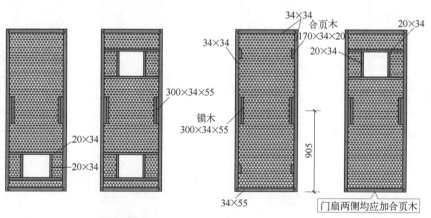

图 11-29　植物芯板门骨架类型（单位：mm）

植物芯板门带百叶选型与尺寸读者可扫码查看。

赠送文档 9

11.4.11 木门允许偏差与检验方法

木门允许偏差与检验方法如表 11-8 所示。

表 11-8 木门允许偏差与检验方法

项 目	允许偏差 /mm	检验方法
框、扇厚度	+1.0，-1.0	用千分尺检查
框高度与宽度	+3.0，+1.5	用钢尺检查
扇高度与宽度	-1.5，-3.0	用钢尺检查
框、扇对角线长度差	3.0	用钢尺检查，框量里角，扇量外角
框、扇截口与线条结合处高低差	2.0	用钢直尺和塞尺检查
扇表面平整度	2.0	用1m靠尺和塞尺检查
扇翘曲度	3.0	在检查平台上用塞尺检查
框正、侧面安装垂直度	1.0	用1m垂直检测尺检查
框与扇、扇与扇接缝高低差	1.0	用钢直尺和塞尺检查

11.4.12 木门安装洞口的要求

木门安装洞口的要求如表 11-9 所示。

表 11-9 木门安装洞口的要求

检测项目	允许偏差 /mm	检测项目	允许偏差 /mm
洞口墙体平面垂直度	≤ 2	洞口墙体水平度	≤ 5
洞口墙体侧面垂直度	≤ 10	洞口地面水平度	≤ 2

11.4.13 木门洞口与门边框间隙

木门洞口与门边框间隙如表 11-10 所示。

表 11-10 木门洞口与门边框间隙

墙体饰面层材料	间隙 /mm	墙体饰面层材料	间隙 /mm
清水墙	10	墙体外饰面贴釉面瓷砖	20 ～ 25
墙体外饰面抹水泥砂浆	15 ～ 20	墙体外饰面贴大理石或花岗岩板	40 ～ 50
墙体外饰面贴马赛克	10 ～ 20	—	—

11.4.14 不同地面做法木门门扇高度

不同地面做法木门门扇高度如表 11-11 所示。

表 11-11 不同地面做法木门门扇高度

楼地面材料	门扇高 /mm	楼地面材料	门扇高 /mm
水泥砂浆（无垫层）	门框口高 -5	铺地砖（无垫层）	门框口高 -15 ～ 20
现浇水磨石	门框口高 -15	单层实铺木地板（无垫层）	门框口高 -25 ～ 30

注：本表均以门扇与地面间隙 5mm 为例。

11.4.15 木门留缝限值与检验方法

木门留缝限值与检验方法如表 11-12 所示。

表 11-12 木门留缝限值与检查方法

项 目		留缝限值 /mm	检验方法
门扇与上框间留缝		1.5 ～ 4.0	
门扇与侧框间留缝		1.5 ～ 4.0	
门扇与地面间留缝	外门	4.0 ～ 6.0	用塞尺检查
	内门	6.0 ～ 8.0	
	卫生间	8.0 ～ 10.0	

11.4.16 木门窗用木材的材质要求

木门窗用木材的材质要求如表 11-13 所示。

表11-13　木门窗用材的材质要求

缺陷名称	允许限度	窗扇（纱窗扇）亮扇（上梃、中梃、下梃、边梃）I（高）级	II（中）级	III（普）级	夹板门及模压门内部零件 I（高）级	II（中）级	III（普）级	横芯、竖芯、斜撑等小零件 I（高）级	II（中）级	III（普）级	门窗框（上框、边框、立边及玫）I（高）级	II（中）级	III（普）级	木板门扇（纱门扇）（上梃、中梃、下梃（立边、冒头））I（高）级	II（中）级	III（普）级	门芯板 I（高）级	II（中）级	III（普）级
节子　活节　不计算的节子尺寸不超过材宽的		1/4	1/4	1/3	—	—	不限	1/4	1/4	1/3	1/4	1/3	2/5	1/5	1/4	1/3	10mm	15mm	30mm
计算的节子尺寸不超过材宽的		1/3	1/3	1/2	1/2	1/2	不限	1/3	1/3	2/5	2/5	1/2	1/2	1/3	1/3	1/2	—	—	—
计算的节子的最大直径不超过/mm		不许有			不许有			不许有			40	—	—	35	—	—	25	30	45
小面表面贯通的条状节子在大面的直径不超过		1/5	1/4	1/4	1/4	1/3	1/3	1/5	1/4	1/4	1/4	1/3	2/5	1/5	1/5	1/4	不许有		
节子　死节　不计算的节子尺寸不超过材宽的		1/4（1/4）	1/3（2/5）	2/5（1/2）	不许有			不许有			1/3（2/5）	2/5（2/5）	2/5（1/2）	1/4（1/4）	1/3（2/5）	2/5（1/2）	5mm	15mm	30mm
计算的节子尺寸不超过材宽的		1/4（1/4）	1/3（2/5）	2/5（1/2）	不许有			不许有			1/4（1/4）	2/5（2/5）	2/5（1/2）	1/4（1/4）	1/3（2/5）	2/5（1/2）	—	—	—
计算的节子的最大直径不超过/mm		不许有			不许有			不许有			30（35）	—	—	30（35）	—	—	20（25）	25（30）	40（45）
小面表面贯通的条状节子在大面的直径不超过		1/5	1/5	1/5	不许有			不许有			1/5	1/4	1/3	1/5	1/5	1/4	不许有		
允许个数　每米个数（门芯板为每平方米个数）		4	6	7	不影响强度者不限			4	5	6	6	7	8	4	6	7	5	6	7

续表

缺陷名称	允许限度	窗扇（纱窗扇）亮窗扇 上梃、中梃、下梃、边梃			夹板门及模压门内部零件			横芯、竖芯、斜撑等小零件			门窗框 上框、边框（立边及坎）			木板门扇（纱门扇）上梃、中梃、下梃（立梃、冒头）			门芯板		
		I（高）级	II（中）级	III（普）级	I（高）级	II（中）级	III（普）级	I（高）级	II（中）级	III（普）级	I（高）级	II（中）级	III（普）级	I（高）级	II（中）级	III（普）级	I（高）级	II（中）级	III（普）级
裂纹 贯通裂纹长度不超过/mm		不许有			不许有			不许有			60	80	100	不许有			不许有		
裂纹 未贯通的长度不超过材长的		1/7	1/5	1/5	1/3	1/3	1/2	1/8	1/6	1/4	1/5	1/3	1/2	1/6	1/5	1/4	不许有		
裂纹 未贯通的深度不超过材厚的		1/4	1/3	2/5	1/2	1/2	不限	1/4	1/3	1/3	1/4	1/3	1/2	1/4	1/3	2/5	不许有		
斜纹 不超过/%		15	15	20	20	20	20	10	15	15	20	25	25	15	20	20	20	25	25
变色 不超过材面的/%		25	不限	不限	不限	不限	不限	25	不限	不限	25	不限	不限	25	不限	不限	20	不限	不限
夹皮 长度不超过/mm		30	不限	不限	不限			同死节			50	不限		50	不限		同死节		
夹皮 每米条数不超过		1									1			1					
腐朽 正面不许有，背面允许有，但面积不大于20%，其深度不得超过材厚的		不许有			不许有			不许有			1/10	1/5	1/4	不许有			不许有		
树脂囊（油眼）—		同死节			胶接面不许有，其余不限			同死节			同死节			同死节			同死节		
髓心 —		不露出表面的允许			允许			不许有			不露出表面的允许			不露出表面的允许			不露出表面的允许		
虫眼 —		不露出表面的允许			直径3mm以下的其深度补超过5mm者不计；直径3.1～8mm的（包括长度在35mm以下者）同死节			不露出表面的允许			不露出表面的允许			不露出表面的允许数：I级3个，II级4个，III级5个；直径8.1mm以上的（包括长度在35mm以上者）同死节			不露出表面的允许		

注：
1. 表内括号中数字为修补后补块尺寸的允许值。
2. 门窗框的上框及边框，如不裁灰口，其小面允许有不超过10mm的钝棱。
3. 在开榫、打眼和装五金件部位计算的节子与虫眼不许有。
4. 表内列入的全部允许缺陷均按外露面计算，未列入的缺陷不限。
5. 计算的节子间距不得小于50mm。

11.4.17 木门窗用材的含水率

木门窗用材的含水率如表 11-14 所示。

表 11-14 木门窗用材的含水率

零部件名称		I（高）级	II（中）级	III（普）级
门窗框	针叶材	≤ 14%	≤ 14%	≤ 14%
	阔叶材	≤ 12%	≤ 14%	≤ 14%
拼接零件		≤ 10%	≤ 10%	≤ 10%
门扇及其余零部件		≤ 10%	≤ 12%	≤ 12%

注：南方高湿地区含水率的允许值可比表内规定加大 1%。

11.4.18 木门窗用人造板的等级

木门窗用人造板的等级如表 11-15 所示。

表 11-15 木门窗用人造板的等级

名称	I（高）级	II（中）级	III（普）级
胶合板	特、1	2、3	3
硬质纤维板	特、1	1、2	3
中密度纤维板	优、1	1、合格	合格
刨花板	A 类优、1	A 类 1、2	A 类 2 及 B 类

第12章

其他门窗

扫码看视频

防盗安全门

12.1 防盗安全门

12.1.1 防盗安全门基础知识

防盗安全门，简称防盗门，是指在一定时间内可以抵抗一定条件下非正常开启，具有一定的安全防护性能并符合相应防盗安全级别的门，如图 12-1 所示。

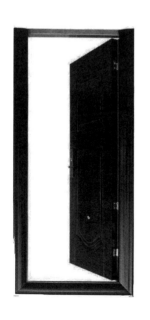

铰链　　　侧锁

防盗猫眼

拉手　　　主锁

木纹漆面

侧锁

门槛

图 12-1

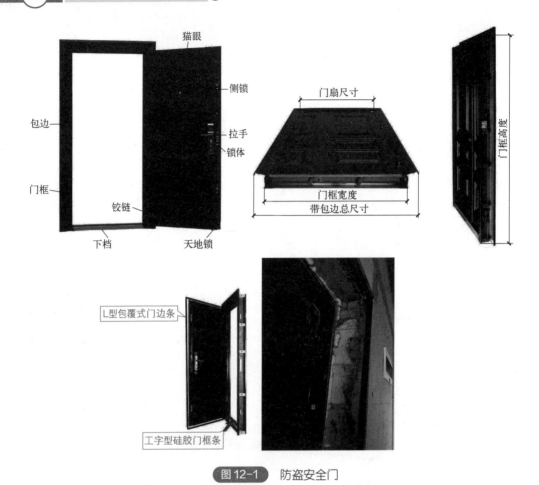

图 12-1 防盗安全门

防盗安全级别及相关术语解说如图 12-2 所示。

防盗安全级别	1	2	3	4	5
净工作时间/min	≥6	≥10	≥15	≥20	≥30
破坏工具	普通手工工具			普通手工工具、便携式电动工具	普通手工工具、便携式电动工具、专用便携式电动工具
防盗锁具要求	符合《机械防盗锁》(GA/T 73—2015)中A级及以上或《电子防盗锁》(GA 374—2019)中A级及以上		符合《机械防盗锁》(GA/T 73—2015)中B级及以上或《电子防盗锁》(GA 374—2019)中B级及以上		符合《防盗保险柜(箱)》(GB 10409—2019)中防盗保险柜锁
注：防盗安全级别由低向高顺序排列，即1级最低，5级最高。					

防盗安全门按照可抵抗的破坏工具以及破坏所需的净工作时间，分为5个防盗安全级别

(a) 防盗安全级别

防盗安全级别 — 在规定的破坏工具作用下，按防盗门最薄弱环节能够抵抗非正常开启的时间长短划分的等级

专用便携式电动工具 — 便携式切割机、便携式砂轮机、电锯的总称

便携式电动工具 — 钻头直径小于或等于12.7mm、功率小于或等于1800W的便携式手持电钻；冲头直径小于或等于25.4mm、功率小于或等于2400W的便携式电动冲击锤及加压装置

简易手工工具 — 包括各种式样的长度小于或等于150mm、直径小于或等于25mm的五金工具

普通手工工具 — 包括凿子、冲头、楔子、螺丝刀、钢锯、扳手、钳子、质量小于或等于3.6kg的铁锤以及长度小于或等于1.5m、直径小于或等于25mm(或者相等截面积)的撬扒工具

(b) 术语解说

图 12-2 防盗安全级别及相关术语解说

轻松通

　　民用建筑户门需要采用防盗安全门，防盗安全级别要符合设计等有关要求。单元门、住宅底层车库内通往各单元入口位置，宜采用带有电控锁的防盗门，并且应采取相应保温措施。

12.1.2　防盗安全门分类代号和标记

　　防盗安全门可以分为不锈钢防盗门、铁质防盗门、铝合金防盗门、钢木结构防盗门、铜质防盗门等。不锈钢防盗门是用不锈钢材料制作的进户门。不锈钢防盗门往往是机密仓库的首选。

　　防盗安全门的代号为 FAM。防盗安全门标记由防盗安全门代号、防盗安全级别、门扇构造代号、门扇材质代号、企业自定义特征等部分组成，如图 12-3 所示。

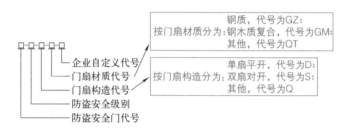

图 12-3 防盗安全门分类代号和标记

各类防盗安全门代号如下：

FAM-G——钢质防盗门；

FAM-K——复合式防盗门（一框二门）；

FAM-M——钢木防盗门；

FAM-Z——复合式防盗门（子母式）；

FAM-S——栅栏式防盗门；

FAM-F——钢质防火防盗门。

12.1.3　防盗安全门门框、门扇钢板厚度要求、允许偏差

　　防盗安全门选用其他材质的板材时，其板材厚度、允许偏差需要符合国家或行业相关标准规定。防盗安全门板材材质，可选用钢、不锈钢、钢/木、铜、其他复合材料。

　　防盗安全门门框、门扇钢板厚度要求、允许偏差，如图 12-4 所示。

防盗安全级别	1级	2级	3级	4级	5级
门扇防护面板、非防护面板	≥0.8	防护面板≥1.0 非防护面板≥0.8	≥1.0	≥1.0	≥3.0
门框	≥1.5	≥1.8	≥2.0	≥2.0	≥3.0
下框（不锈钢材质）	≥0.8	≥1.0	≥1.2	≥1.2	≥2.0

（钢板标称厚度）

标称厚度	3.00	2.00	1.80	1.50	1.20	1.00	0.80
允许负偏差	−0.22	−0.12	−0.12	−0.09	−0.07	−0.06	−0.05

（钢板厚度允许负偏差）

图 12-4 防盗安全门门框、门扇钢板厚度要求、允许偏差（单位：mm）

轻松通

户门、单元门材料要求：钢质门框材料厚度不应小于1.5mm，钢质门扇面板材料厚度不应小于0.6mm。

12.1.4 防盗安全门尺寸公差、搭接宽度与配合间隙

防盗安全门尺寸公差、搭接宽度与配合间隙如图12-5所示。

门框、门扇对角线尺寸公差及门框槽口、门扇的高度与宽度公差

尺寸公差

尺寸/mm	<1000	1000～<2000	2000～3500	>3500
公差/mm	≤2.0	≤3.0	≤4.0	≤5.0

搭接宽度 —— 门扇与门框在开启侧的搭接宽度应大于或等于15mm
门扇与门框在铰链侧的搭接宽度应大于或等于12mm

配合间隙 —— 主锁舌与锁孔的前后间隙之和应小于或等于6.0mm

图12-5 防盗安全门尺寸公差、搭接宽度与配合间隙

12.1.5 防盗安全门电气安全要求

防盗安全门电气安全要求如图12-6所示。

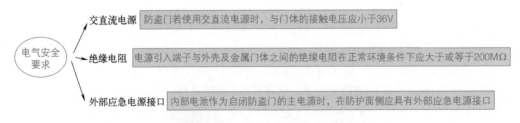

交直流电源 —— 防盗门若使用交直流电源时，与门体的接触电压应小于36V

电气安全要求 —— 绝缘电阻 —— 电源引入端子与外壳及金属门体之间的绝缘电阻在正常环境条件下应大于或等于200MΩ

外部应急电源接口 —— 内部电池作为启闭防盗门的主电源时，在防护面侧应具有外部应急电源接口

图12-6 防盗安全门电气安全要求

12.1.6 防盗安全门通用锁具锁体、锁芯外形尺寸

防盗安全门通用锁具锁体外形尺寸如图12-7所示。
防盗安全门通用锁具锁芯外形尺寸如图12-8所示。

锁体规格型号和外形尺寸 单位:mm

型号	A型		B型			
规格	A6024	A6030	B6035	B7035	B6040	B7040
a	60	60	60	70	60	70
b	24	30	35		40	
c	240		388			
b′	14		22			
c′	225		373			
d	φ5.5					
e	68					
f	53					
g	41					
h	14					
i	30					
j	210		355			
k	16					
l	—		78			
m	—		234			

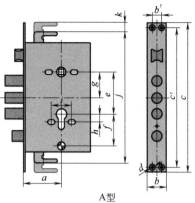

A型

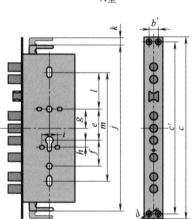

B型

符号说明:

a —锁边距(门边距);

b —锁舌面板的宽度;

c —锁舌面板的高度;

b′—锁舌面板沉孔左右间距;

c′—锁舌面板沉孔上下间距;

d —锁舌面板沉孔直径;

e —锁芯孔大圆到执手孔的中心距;

f —锁芯孔大圆到保险孔的中心距;

g —执手孔到锁体中心的距离;

h —锁芯孔两边固定孔到锁芯孔大圆的中心距;

i —锁芯孔两边固定孔中心距;

j —天地钩缩回状态总长;

k —天地钩行程;

l —执手上安装过孔到执手孔的中心距;

m —执手上、下安装过孔的中心距

通用型锁具	按照外观分为A、B两种类型, 按照锁边距(门边距)和锁舌面板宽度尺寸的不同划分为A6024、A6030、B6035、B6040、B7035、B7040等规格

图12-7 防盗安全门通用锁具锁体外形尺寸

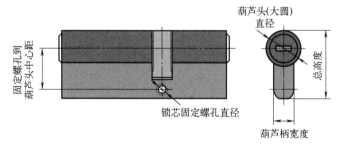

标引序号	尺寸要求/mm
葫芦头(大圆)直径	17
葫芦柄宽度	10
锁芯固定螺孔直径	5
总高度	32.5
固定螺孔到葫芦头中心距	19.5

锁芯外形尺寸

图12-8 防盗安全门通用锁具锁芯外形尺寸

轻松通

　　根据《防盗安全门通用技术条件》(GB 17565—2007)规定，合格的防盗安全门在15min 内利用凿子、螺丝刀、撬棍等普通手工具或手电钻等便携式电动工具无法撬开，或无法在门扇上打开一个大于 615cm² 的开口，或无法在距锁定点 150mm 的半圆内打开一个 38mm² 的开口，并且防盗门上使用的锁具必须是经过公安部检测中心检测合格的带有防钻功能的防盗门专用锁。

12.1.7　防盗安全门的安装要点

　　防盗安全门的安装要点如下。

　　(1)安装前，检查洞口尺寸、门框尺寸、门窗的开启方向、埋件位置是否符合设计等有关要求。

　　(2)门框用 M12 钢膨胀螺栓固定，间距不大于 800mm，每长边不少于 3 个锚固点。安装时，应吊线找正，保证框内上下同宽。门框就位后，用 1∶2.5 水泥砂浆将墙体与门框间的空隙填实。灌浆后，进行复检，等砂浆达到强度后，方可装配门扇。

　　(3)门扇安装完毕后，应关闭严密、开启灵活，无阻滞、回弹等现象。

　　(4)安装达到要求后，进行墙面抹光、门框面漆修补。墙面抹光不能有明显凹凸不平现象。

　　(5)施工安装应注意门洞口的墙体、安装节点与门体三者抗破坏强度的协调一致，以确保整体的防范能力。

轻松通

　　混凝土小型空心砌块墙体防盗安全门的固定方式有两种。
　　(1)预装预埋式，在砌筑前，先在砌块中灌注混凝土，并且同时埋入金属连接件。
　　(2)预装后埋式，当门洞口须设混凝土芯柱时，先灌注芯柱。安装门框前，再钻孔埋设金属连接件。

12.1.8　钢质防盗门的安装

　　钢质防盗门的安装如图 12-9 所示。

12.1.9　复合防盗门的安装

　　复合防盗门的安装如图 12-10 所示。

12.1.10　栅栏防盗门的安装

　　栅栏防盗门的安装如图 12-11 所示。

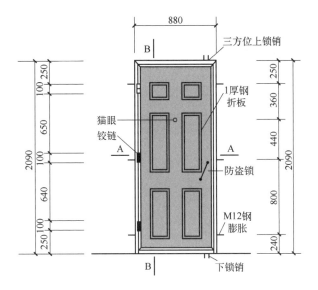

(a) 钢质防盗门立面

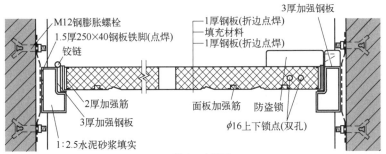

(b) A—A剖面

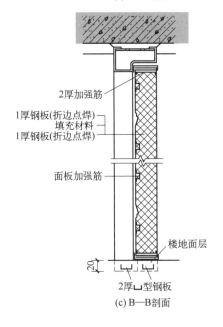

(c) B—B剖面

图12-9　钢质防盗门的安装（单位：mm）

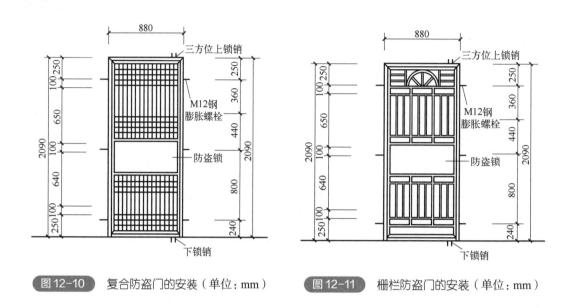

图 12-10　复合防盗门的安装（单位：mm）　　图 12-11　栅栏防盗门的安装（单位：mm）

12.1.11　钢质防火防盗门立面花饰选型与简图

钢质防火防盗门立面花饰选型与简图如图 12-12 所示。

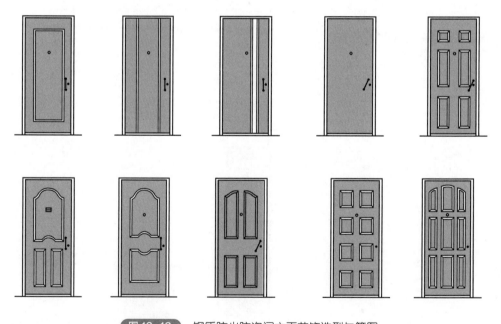

图 12-12　钢质防火防盗门立面花饰选型与简图

12.1.12　栅栏防盗门立面花饰选型与简图

栅栏防盗门立面花饰选型与简图如图 12-13 所示。

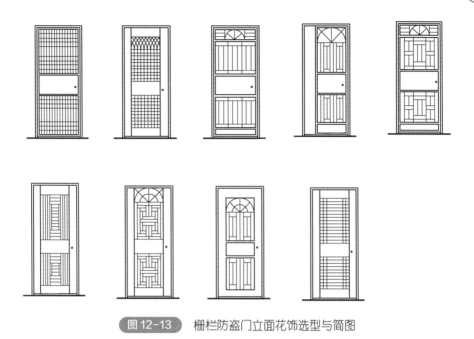

图 12-13 栅栏防盗门立面花饰选型与简图

12.1.13 复合防盗门立面花饰选型与简图

复合防盗门立面花饰选型与简图如图 12-14 所示。

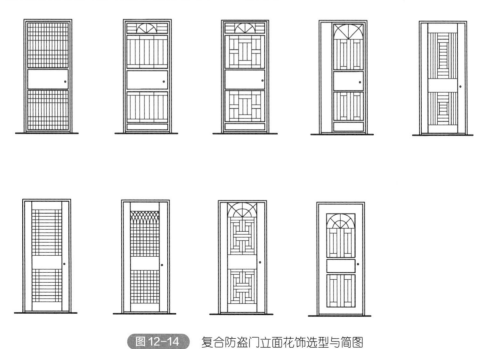

图 12-14 复合防盗门立面花饰选型与简图

12.1.14 钢木防盗门立面花饰选型与简图

钢木防盗门立面花饰选型与简图如图 12-15 所示。

图 12-15 钢木防盗门立面花饰选型与简图

12.1.15 钢质防盗门立面选型与尺寸

钢质防盗门立面选型与尺寸如图 12-16 所示。

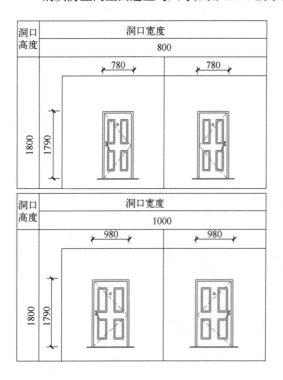

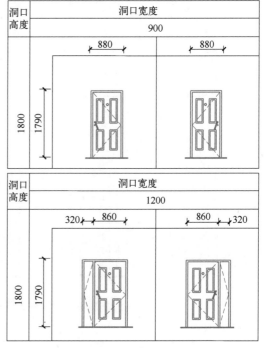

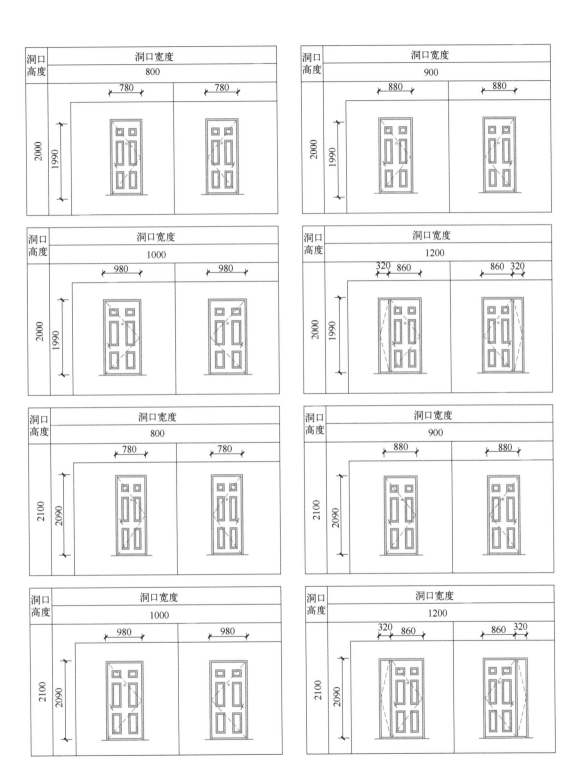

图 12-16 钢质防盗门立面选型与尺寸（单位：mm）

12.2 钢门窗

12.2.1 钢门窗基础知识

钢门窗是指用型钢或薄壁空腹型钢在工厂制作而成的一种门窗。钢门窗符合工业化、定型化、标准化等要求。

钢门窗在刚度、强度、防火、密闭等性能方面优于木门窗。但是，钢门窗在潮湿环境下易锈蚀，耐久性差。

钢门窗材料有实腹式、空腹式等种类。实腹式钢门窗材料是最常用的一种，有各种断面形状、规格。空腹式钢门窗与实腹式相比，具有更大的刚度，自重轻，可节约大约40%的钢材。

为了使用、运输方便，常将钢门窗在工厂制作成标准化的门窗单元，也就是组成一樘门或窗的最小基本单元。可以根据需要，直接选用基本钢门窗，或者用这些基本钢门窗组合出所需大小、形式的门窗。

钢门窗的高度、宽度超过基本钢门窗尺寸时，就要用拼料将门窗进行组合。拼料主要起横梁与立柱的作用，承受门窗的水平荷载。拼料与基本门窗间一般用螺栓或焊接相连。钢门窗很大时，为避免大的伸缩变形引起门窗损坏，则需要预留伸缩缝。

> **轻松通**
>
> 钢门窗框的安装常采用塞框法。门窗框与洞口四周的连接的方法：①砖墙洞口两侧预留孔洞，再将钢门窗的燕尾形铁脚埋入洞中，再用砂浆窝牢；②钢筋混凝土过梁或混凝土墙体内先预埋铁件，再将钢窗的Z形铁脚焊在预埋钢板上。

12.2.2 空腹式钢质门扇底部构造优化

空腹式钢质门扇底部构造优化如图12-17所示。

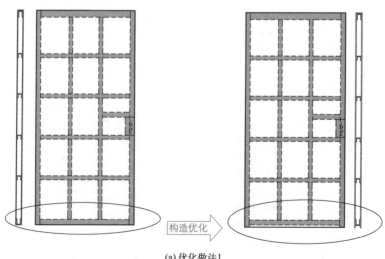

(a) 优化做法1

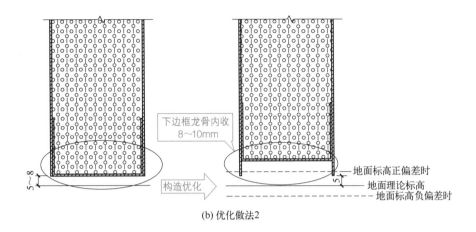

图 12-17　空腹式钢质门扇底部构造优化（单位：mm）

12.3　彩钢门窗

12.3.1　彩钢门窗基础知识

彩钢门窗有彩板门窗、铝饰钢框彩钢复合门等种类。彩板门窗是以彩色镀锌钢板经机械加工而成的门窗。彩板门窗具有自重轻、硬度高、耐腐蚀等特点。

铝饰钢框彩钢复合门的特点如图 12-18 所示。

图 12-18　铝饰钢框彩钢复合门的特点

12.3.2　铝饰钢框彩钢复合门窗参考配置

铝饰钢框彩钢复合门窗参考配置如表 12-1 所示。

表12-1　铝饰钢框彩钢复合门窗参考配置

名称	通用配置	可选配置
门框填充	聚氨酯发泡剂	细石混凝土
盖缝条	无盖缝条	毛条、橡胶条
门锁	单配锁	通配锁
	单头锁	双头锁
	横插销（挂锁）	智能电磁门禁系统
面板材质	0.6mm 厚彩钢板	0.5～0.8mm 厚彩钢板、不锈钢板
百叶	铝合金百叶	0.6～1.0mm 厚不锈钢百叶
门扇填充	XPS 挤塑板	岩棉板

12.3.3　铝饰钢框彩钢复合门窗的允许尺寸偏差与缝隙要求

铝饰钢框彩钢复合门窗的允许尺寸偏差与缝隙要求如表 12-2、表 12-3 所示。

表12-2　铝饰钢框彩钢复合门窗的允许尺寸偏差　　单位：mm

项　目	尺寸范围	允许偏差
门（窗）框、扇的高度及宽度	≤ 2500	± 3.0
	＞ 2500	± 5.0
门（窗）框、扇对边尺寸误差	≤ 2500	≤ 3.0
	＞ 2500	≤ 5.0
门（窗）框、扇对角线尺寸误差	≤ 2500	≤ 3.5
	＞ 2500	≤ 5.5
门（窗）框与门（窗）扇搭接宽度	＞ 8.0	
门（窗）框及门（窗）扇同一平面扭翘高低差	＜ ± 3.5	

表12-3　铝饰钢框彩钢复合门窗洞口与门（窗）框缝隙要求

墙面材料	金属贴面材料	清水墙	贴面砖	干挂石
缝隙 /mm	≤ 5	≤ 15	≤ 25	≤ 50

注：对各种不同厚度的墙面材料，应调整好留缝间隙尺寸；在地坪上需铺设地砖等材料，铺设层厚度及对门的要求应在设计中说明。

铝饰钢框彩钢复合门窗的选型与尺寸读者可扫码查看。

赠送文档10

12.4 卷帘门窗

12.4.1 卷帘门窗基础知识

卷帘门窗，是由导轨、卷轴、帘体、驱动装置组成，采用卷曲方式启闭的门与窗。卷帘门代号为 JM，卷帘窗代号为 JC。卷帘门窗根据帘片中间层有无填充物分类，有填充物代号为 T，无填充物代号为 W。

卷帘门窗规格可以用设计给定的洞口尺寸来表示。以 10mm 为单位，用宽度乘以高度标注卷帘门窗规格。例如宽度 1500mm、高度 1800mm 的洞口使用的卷帘门窗，其规格标注为 150×180。

卷帘门窗根据帘片材质、驱动方式分类及代号如图 12-19 所示。

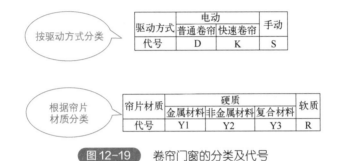

驱动方式	电动		手动
	普通卷帘	快速卷帘	
代号	D	K	S

帘片材质	硬质			软质
	金属材料	非金属材料	复合材料	
代号	Y1	Y2	Y3	R

图 12-19 卷帘门窗的分类及代号

防火卷帘按启闭形式可分为垂直卷帘、侧向卷帘、水平卷帘等种类。防火卷帘一般由箱体、导轨、卷帘板等组成，箱体包含卷轴、传动装置、电动机、消防联动装置、箱罩等。防火卷帘的参数如下：

（1）防火卷帘的耐火时间为 1.5h、2.0h、2.5h、3.0h；

（2）防火卷帘的允许漏烟量 $\leqslant 0.2m^3/(m^2 \cdot min)$；

（3）防火卷帘的启闭速度为 2000～9000mm/min。

防火卷帘的类型如下：

（1）侧向钢防火卷帘；

（2）带平开小门钢防火卷帘；

（3）钢防火卷帘；

（4）双轨无机布基特级防火卷帘；

（5）水雾式钢特级防火卷帘；

（6）水雾式无机布基特级防火卷帘。

防火卷帘导轨及帘板嵌入深度的要求如表 12-4 所示。

表 12-4 防火卷帘导轨及帘板嵌入深度的要求 单位：mm

洞口宽度 W	导轨深度	帘板嵌入导轨深度
$W \leqslant 3000$	75	45
$3000 < W \leqslant 5000$	80	50
$5000 < W \leqslant 9000$	90	60
$9000 < W \leqslant 12000$	120	80
$12000 < W \leqslant 18000$	150	100

轻松通

　　不锈钢卷闸门，可以分为不锈钢管卷闸门、不锈钢片卷闸门、不锈钢棋格卷闸门、不锈钢封闭式卷闸门等。不锈钢卷闸门采用304#、201#不锈钢为主，分别把不锈钢做成不锈钢管、不锈钢片等不同的型材，然后根据不同的需要加工成不同的卷闸门。不锈钢管卷闸门主要选用不锈钢管、不锈钢吊片、导轨等组装而成。不锈钢片卷闸门，也叫做不锈钢通花门，其主要是采用304#不锈钢片、不锈钢管、导轨与不锈钢吊片组装而成。

12.4.2　卷帘门窗结构形式

　　卷帘门窗按结构形式的不同可分为弹簧驱动卷帘门窗、管状电机驱动卷帘门窗、外置电机驱动卷帘门、曲柄摇杆卷帘窗、手拉/手摇皮带卷帘窗、快速卷帘门等，如图12-20所示。

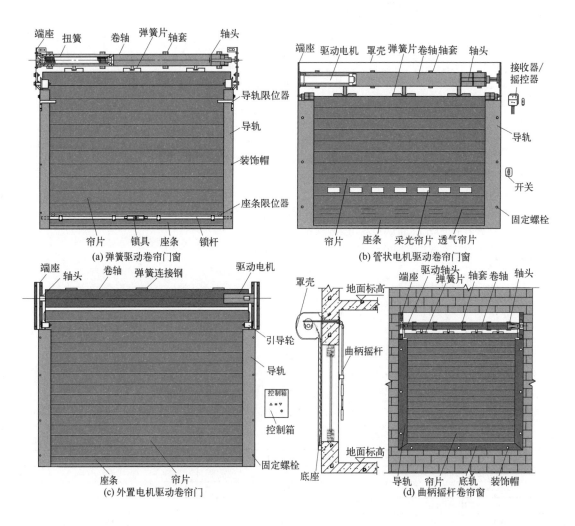

(a) 弹簧驱动卷帘门窗

(b) 管状电机驱动卷帘门窗

(c) 外置电机驱动卷帘门

(d) 曲柄摇杆卷帘窗

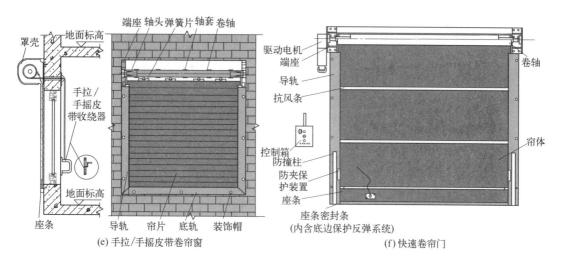

(e) 手拉/手摇皮带卷帘窗 (f) 快速卷帘门

图12-20 卷帘门窗结构形式

卷帘门主要由帘板、导轨、传动装置等组成。工业建筑中的帘板常用叶板式。叶板可用镀锌钢板或合金铝板轧制而成，叶板间用铆钉连接。叶板的上部与卷筒连接，开启时，叶板沿着门洞两侧的导轨上升，卷在卷筒上。叶板的下部，可以采用钢板、角钢，以增强卷帘门的刚度，以及便于安设门钮。门洞的上部安设传动装置，传动装置可以为手动、电动等种类。快速卷帘门窗，是指帘体运行速度大于 0.6m/s 的电动卷帘门窗。

卷帘门结构如图 12-21 所示。钢防火卷帘门结构如图 12-22 所示。

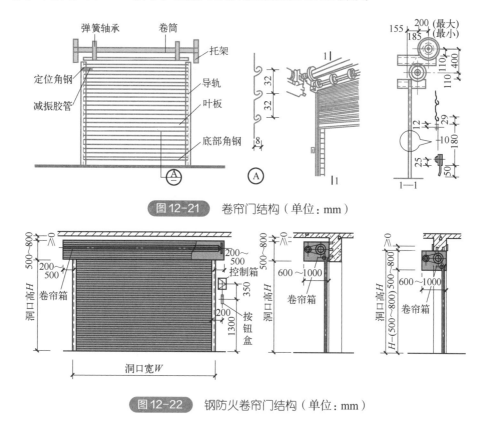

图12-21 卷帘门结构（单位：mm）

图12-22 钢防火卷帘门结构（单位：mm）

卷帘门结构件的特点如下。

（1）侧扣——安装在帘片两端、防止上下相邻帘片相对侧移的零配件。

（2）导轨——位于卷帘门窗两侧，在帘体启闭时引导帘体运动的构件。

（3）端座——位于卷轴两端，支承卷轴、帘体、传动机构的构件。

（4）帘体——由帘片或帘面等构成的门窗组件。

（5）座条——安装在帘体末端的辅助构件。

12.4.3　卷帘门窗参数示意

卷帘门窗参数示意如图 12-23 所示。

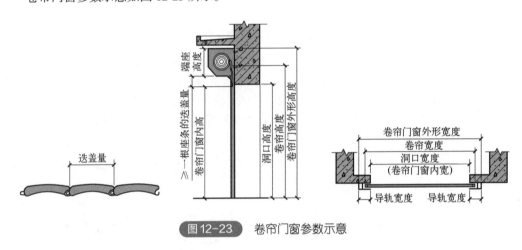

图 12-23　卷帘门窗参数示意

卷帘门电源引线最小和最大横截面积需要符合的规定如表 12-5 所示。

表 12-5　卷帘门电源引线横截面积

设备的额定消耗电流 /A	标称横截面积 /mm²	设备的额定消耗电流 /A	标称横截面积 /mm²
≤ 3	0.5 ～ 0.75	≤ 10	1 ～ 1.5
≤ 6	0.75 ～ 1	≤ 16	1.5 ～ 2.5

注：额定消耗电流包括能对其他设备提供电源的输出插座所输出的电流。

12.4.4　卷帘门帘板类型与帘片连接形式

卷帘门帘板类型如图 12-24 所示。卷帘门帘片的连接形式如图 12-25 所示。彩色涂层钢带帘片基材厚度不应小于 0.35mm；铝合金辊压成型帘片基材厚度不应小于 0.27mm；铝合金挤压成型帘片基材厚度不应小于 0.6mm；镀锌钢带帘片基材厚度不应小于 0.4mm。

帘板类型		板厚
单片帘板	80 ⌐20	1.0 1.2 1.5
单片帘板	90 ⌐22	1.2 1.5
单片帘板	68 ⌐20	0.8 1.0 1.2

帘板类型		板厚
复合夹芯帘板	85 ⌐20	1.0 1.2
复合夹芯帘板	85 ⌐20	1.0 1.2

图 12-24 帘板类型（单位：mm)

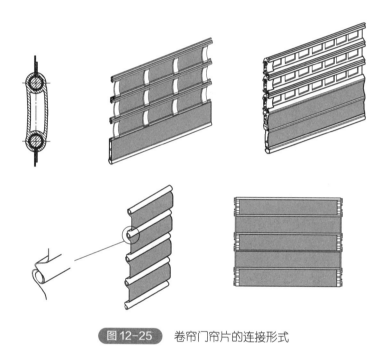

图 12-25 卷帘门帘片的连接形式

轻松通

帘片嵌入导轨中的深度需要符合的要求如表12-6所示。

表 12-6 帘片嵌入导轨中的深度　　　　单位：mm

卷帘门窗内宽 B	$B \leq 1800$	$1800 < B \leq 3300$	$3300 < B \leq 4200$	$B > 4200$
每端嵌入深度	≥ 22	≥ 30	≥ 35	≥ 45

12.4.5　卷帘门窗安装方式

卷帘门窗安装方式分为外装（W）、内装（N）、暗装（A）、中装（Z），如图12-26所示。

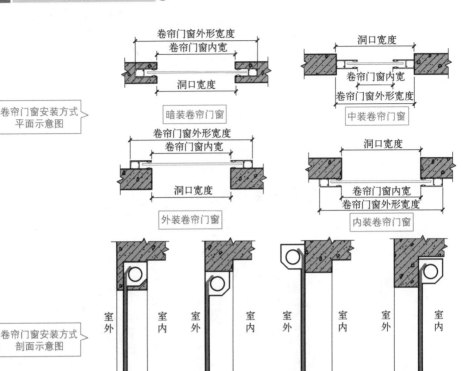

图 12-26 卷帘门窗安装方式

轻松通

　　I类卷帘门控制和驱动设备的电源线，需要使用三芯电源线，其中地线要与设备的保护接地端牢固连接。对电源线不可拆卸的设备，要采用可靠的电气、机械连接，保证引线固定点不松动，而且供电导线、保护接地线不得直接焊接在印制板的导体上，需要采用钎焊、压接或类似的方法。

12.4.6　卷帘门窗组装的极限偏差

　　卷帘门窗组装的极限偏差如表12-7所示。手动式卷帘门窗的启闭运行应平稳、顺畅，手动启闭操作力一般不应大于118N。普通电动式卷帘门窗的关闭运行速度一般不应大于0.35m/s。快速电动式卷帘门的关闭运行速度一般不宜大于0.8m/s，开启运行速度一般不宜大于1.5m/s。

表 12-7　卷帘门窗组装的极限偏差

项　　目		指标 /mm
卷帘门窗内宽极限偏差	窗	±3
	门	±5

续表

项　目		指标 /mm
卷帘门窗内高极限偏差	窗	±5
	门	±8
导轨与水平面的垂直度		≤5
卷轴与水平面的平行度		≤3
座条与水平面的平行度		≤5

轻松通

　　窗用导轨截面主要受力部位基材最小壁厚：铝合金材质一般不应小于1.6mm，钢材质一般不应小于1.2mm。门用导轨截面主要受力部位基材最小壁厚：铝合金材质一般不应小于2.0mm，钢质一般不应小于1.5mm。导轨安装孔间距一般不应大于600mm。

12.4.7　卷帘门洞口规格与卷机功率选择

　　卷帘门洞口规格与卷机功率参考选择如图12-27所示。

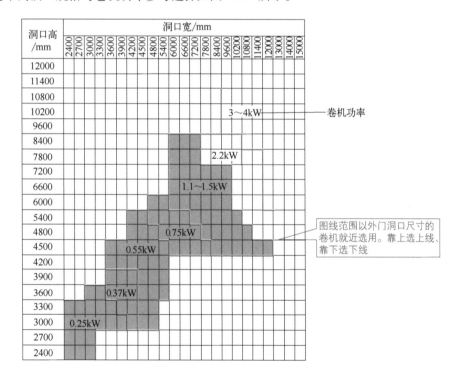

图12-27 卷帘门洞口规格与卷机功率参考选择

12.4.8　不锈钢卷帘门的选型与尺寸

　　不锈钢卷帘门的选型与尺寸如表12-8、表12-9所示。

表 12-8　不锈钢卷帘门的选型与尺寸 1

洞口高/mm	洞口宽/mm											
	2100	2400	2700	3000	3300	3600	3900	4200	4500	4800	5100	5400
2400	JM1-2124	JM1-2424	JM1-2724	JM1-3024	JM1-3324	JM1-3624	JM1-3924	JM1-4224	JM1-4524	JM1-4824	JM1-5124	JM1-5424
	JM2-2124	JM2-2424	JM2-2724	JM2-3024	JM2-3324	JM2-3624	JM2-3924	JM2-4224	JM2-4524	JM2-4824	JM2-5124	JM2-5424
2700	JM1-2127	JM1-2427	JM1-2727	JM1-3027	JM1-3327	JM1-3627	JM1-3927	JM1-4227	JM1-4527	JM1-4827	JM1-5127	JM1-5427
	JM2-2127	JM2-2427	JM2-2727	JM2-3027	JM2-3327	JM2-3627	JM2-3927	JM2-4227	JM2-4527	JM2-4827	JM2-5127	JM2-5427
3000	JM1-2130	JM1-2430	JM1-2730	JM1-3030	JM1-3330	JM1-3630	JM1-3930	JM1-4230	JM1-4530	JM1-4830	JM1-5130	JM1-5430
	JM2-2130	JM2-2430	JM2-2730	JM2-3030	JM2-3330	JM2-3630	JM2-3930	JM2-4230	JM2-4530	JM2-4830	JM2-5130	JM2-5430
3300	JM1-2133	JM1-2433	JM1-2733	JM1-3033	JM1-3333	JM1-3633	JM1-3933	JM1-4233	JM1-4533	JM1-4833	JM1-5133	JM1-5433
	JM2-2133	JM2-2433	JM2-2733	JM2-3033	JM2-3333	JM2-3633	JM2-3933	JM2-4233	JM2-4533	JM2-4833	JM2-5133	JM2-5433
3600						JM1-3636	JM1-3936	JM1-4236	JM1-4536	JM1-4836	JM1-5136	JM1-5436
						JM2-3636	JM2-3936	JM2-4236	JM2-4536	JM2-4836	JM2-5136	JM2-5436
3900									JM1-4539	JM1-4839	JM1-5139	JM1-5439
									JM2-4539	JM2-4839	JM2-5139	JM2-5439
4200											JM1-5142	JM1-5442
											JM2-5142	JM2-5442

注：JM1 为墙侧装，JM2 为墙中装。

表 12-9　不锈钢卷帘门的选型与尺寸 2

洞口高/mm	洞口宽/mm											
	5700	6000	6300	6600	6900	7200	7500	7800	8100	8400	8700	9000
2400	JM1-5724	JM1-6024	JM1-6324	JM1-6624	JM1-6924	JM1-7224	JM1-7524	JM1-7824	JM1-8124	JM1-8424	JM1-8724	JM1-9024
	JM2-5724	JM2-6024	JM2-6324	JM2-6624	JM2-6924	JM2-7224	JM2-7524	JM2-7824	JM2-8124	JM2-8424	JM2-8724	JM2-9024
2700	JM1-5727	JM1-6027	JM1-6327	JM1-6627	JM1-6927	JM1-7227	JM1-7527	JM1-7827	JM1-8127	JM1-8427	JM1-8727	JM1-9027
	JM2-5727	JM2-6027	JM2-6327	JM2-6627	JM2-6927	JM2-7227	JM2-7527	JM2-7827	JM2-8127	JM2-8427	JM2-8727	JM2-9027

续表

洞口高/mm	洞口宽/mm											
	5700	6000	6300	6600	6900	7200	7500	7800	8100	8400	8700	9000
3000	JM1-5730	JM1-6030	JM1-6330	JM1-6630	JM1-6930	JM1-7230	JM1-7530	JM1-7830	JM1-8130	JM1-8430	JM1-8730	JM1-9030
	JM2-5730	JM2-6030	JM2-6330	JM2-6630	JM2-6930	JM2-7230	JM2-7530	JM2-7830	JM2-8130	JM2-8430	JM2-8730	JM2-9030
3300	JM1-5733	JM1-6033	JM1-6333	JM1-6633	JM1-6933	JM1-7233	JM1-7533	JM1-7833	JM1-8133	JM1-8433	JM1-8733	JM1-9033
	JM2-5733	JM2-6033	JM2-6333	JM2-6633	JM2-6933	JM2-7233	JM2-7533	JM2-7833	JM2-8133	JM2-8433	JM2-8733	JM2-9033
3600	JM1-5736	JM1-6036	JM1-6336	JM1-6636	JM1-6936	JM1-7236	JM1-7536	JM1-7836	JM1-8136	JM1-8436	JM1-8736	JM1-9036
	JM2-5736	JM2-6036	JM2-6336	JM2-6636	JM2-6936	JM2-7236	JM2-7536	JM2-7836	JM2-8136	JM2-8436	JM2-8736	JM2-9036
3900	JM1-5739	JM1-6039	JM1-6339	JM1-6639	JM1-6939	JM1-7239	JM1-7539	JM1-7839	JM1-8139	JM1-8439	JM1-8739	JM1-9039
	JM2-5739	JM2-6039	JM2-6339	JM2-6639	JM2-6939	JM2-7239	JM2-7539	JM2-7839	JM2-8139	JM2-8439	JM2-8739	JM2-9039
4200	JM1-5742	JM1-6042	JM1-6342	JM1-6642	JM1-6942	JM1-7242	JM1-7542	JM1-7842	JM1-8142	JM1-8442	JM1-8742	JM1-9042
	JM2-5742	JM2-6042	JM2-6342	JM2-6642	JM2-6942	JM2-7242	JM2-7542	JM2-7842	JM2-8142	JM2-8842	JM2-8742	JM2-9042
4500	JM1-5745	JM1-6045	JM1-6345	JM1-6645	JM1-6945	JM1-7245	JM1-7545	JM1-7845	JM1-8145	JM1-8445	JM1-8745	JM1-9045
	JM2-5745	JM2-6045	JM2-6345	JM2-6645	JM2-6945	JM2-7245	JM2-7545	JM2-7845	JM2-8145	JM2-8445	JM2-8745	JM2-9045
4800	JM1-5748	JM1-6048	JM1-6348	JM1-6648	JM1-6948	JM1-7248	JM1-7548	JM1-7848	JM1-8148	JM1-8448	JM1-8748	JM1-9048
	JM2-5748	JM2-6048	JM2-6348	JM2-6648	JM2-6948	JM2-7248	JM2-7548	JM2-7848	JM2-8148	JM2-8448	JM2-8748	JM2-9048
5100		JM1-6051	JM1-6351	JM1-6651	JM1-6951	JM1-7251	JM1-7551	JM1-7851	JM1-8151	JM1-8451	JM1-8751	JM1-9051
		JM2-6051	JM2-6351	JM2-6651	JM2-6951	JM2-7251	JM2-7551	JM2-7851	JM2-8151	JM2-8451	JM2-8751	JM2-9051

注: 1. 此表为常用洞口尺寸, 如有超出此表范围以外的规格, 可定制。
 2. JM1 为墙侧装, JM2 为墙中装。

扫码看视频

卷帘门、防火门

12.5 防火门

12.5.1 防火门基础知识

防火门需要使用防火铰链、防火锁等配件。除了常闭的管道井、设备机房应用的防火门外, 其余场所应用的防火门需要安装闭门器。双扇防火门还应安装顺位器。

防火门的结构如图 12-28 所示。

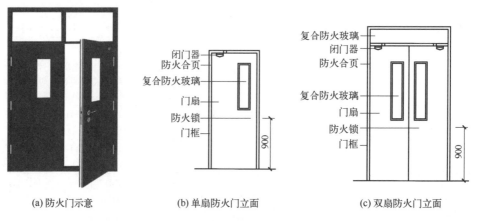

(a) 防火门示意　　　　(b) 单扇防火门立面　　　　(c) 双扇防火门立面

图 12-28 防火门的结构（单位：mm）

12.5.2 防火门的类型

防火门的类型如图 12-29 所示。

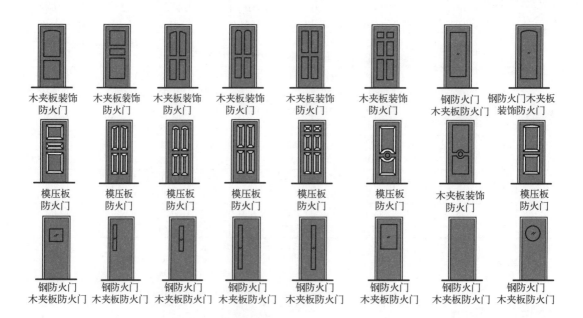

图 12-29 防火门的类型

12.5.3 防火门闭门器的分类与规格

防火门闭门器的分类与规格如图 12-30 所示。

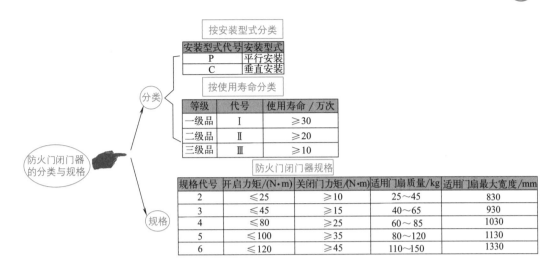

图12-30 防火门闭门器的分类与规格

12.5.4 防火门闭门器、防火锁的安装

防火门闭门器、防火锁的安装如图 12-31 所示。

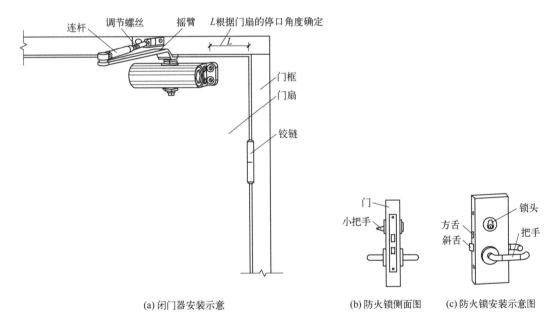

(a) 闭门器安装示意   (b) 防火锁侧面图   (c) 防火锁安装示意图

图12-31 防火门闭门器、防火锁的安装

L—底座与门边的距离

12.5.5 木夹板防火门选型与尺寸

木夹板防火门选型与尺寸如图 12-32 所示。

洞口尺寸		800	900	1000	1200	1500	1800	2100
	框口尺寸	780	880	980	1180	1480	1780	2080
		45 690 45	45 790 45	45 890 45	45 1090 45	45 1390 45	45 1690 45	45 1990 45
2000	1990	120 150	120 150	120 150	300 150 120	120 150	120 150	120 150
2100	2090							
2400	2390							
2700	2690							

洞口尺寸		800	900	1000	1200	1500	1800	2100
	框口尺寸	780	880	980	1180	1480	1780	2080
		45 690 45	45 790 45	45 890 45	45 1090 45	45 1390 45	45 1690 45	45 1990 45
2000	1990	120 450 120	120 550 120	170 550 170	300 550 120 120	120 455 120	140 565 140	200 595 200
2100	2090							
2400	2390							
2700	2690							

图 12-32 木夹板防火门选型与尺寸（单位：mm）

钢防火门、钢防火窗的选型与尺寸读者可扫码查看。

赠送文档11

12.6　伸缩门

12.6.1　伸缩门基础知识

伸缩门主要用于生活小区、企业事业单位等。伸缩门主要由门体、驱动器、控制系统等构成，如图 12-33 所示。

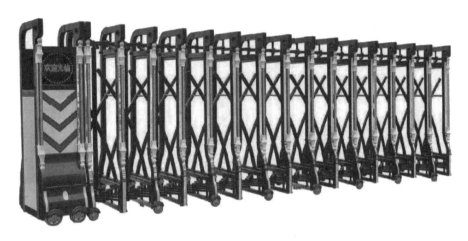

图 12-33　伸缩门

门体可以采用不锈钢及铝合金专用型材等制作，采用平行四边形原理铰接，伸缩灵活，行程大。

伸缩门可以采用特种电机驱动，蜗杆蜗轮减速，以及设有手动离合器，停电时可手动启闭。

伸缩门另外还可以具备控制板、按钮开关、无线遥控装置、显示屏、智能红外线双探头防碰撞装置等。

12.6.2　不锈钢伸缩门形式与尺寸选用

不锈钢伸缩门形式与尺寸选用如图 12-34 所示。

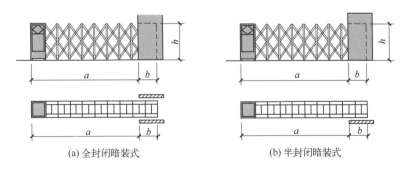

(a) 全封闭暗装式　　　　　　　　(b) 半封闭暗装式

图 12-34

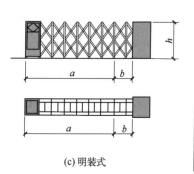

(c) 明装式

a⟍h	1200	1500	1800	2100	2400	b
3600	SM-3612	SM-3615	SM-3618	SM-3621	SM-3624	1050
4200	SM-4212	SM-4215	SM-4218	SM-4221	SM-4224	1110
4800	SM-4812	SM-4815	SM-4818	SM-4821	SM-4824	1230
5400	SM-5412	SM-5415	SM-5418	SM-5421	SM-5424	1350
6000	SM-6012	SM-6015	SM-6018	SM-6021	SM-6024	1470
7500	SM-7512	SM-7515	SM-7518	SM-7521	SM-7524	1710
9000	SM-9012	SM-9015	SM-9018	SM-9021	SM-9024	1950
10500	SM-10512	SM-10515	SM-10518	SM-10521	SM-10524	2190
12000	SM-12012	SM-12015	SM-12018	SM-12021	SM-12024	2490
15000	SM-15012	SM-15015	SM-15018	SM-15021	SM-15024	2970

(d) 伸缩门尺寸选用

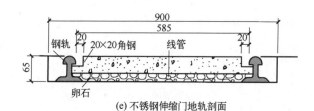

(e) 不锈钢伸缩门地轨剖面

图 12-34 不锈钢伸缩门形式与尺寸选用（单位：mm）

a—门洞有效宽度；b—门体缩合后长度；h—门体高度

12.7 玻纤增强聚氨酯节能门窗

12.7.1 玻纤增强聚氨酯拉挤型材基础知识

玻纤增强聚氨酯拉挤型材，是指以玻璃纤维为增强材料，聚氨酯树脂为基体树脂，通过拉挤成型工艺制备的型材。

玻纤增强聚氨酯节能门窗，是指以玻纤增强聚氨酯拉挤型材作为门窗框扇，作为主要受力杆件，以喷涂、覆膜或其他装饰材料为外装饰面的一种门窗。

玻纤增强聚氨酯节能门窗可根据使用功能分类：常规型，代号为 CG；耐火型，代号为 NH。

玻纤增强聚氨酯节能门窗是以门、窗的宽度构造尺寸和高度构造尺寸千、百位数字，前后顺序排列的四位数字来表示的。例如，门窗的宽度、高度分别为 1200mm、1500mm 时，则其尺寸规格型号为 1215。

门、窗框厚度基本尺寸根据窗框型材无拼接组合时的最大厚度公称尺寸来确定。

12.7.2 玻纤增强聚氨酯拉挤型材外观质量要求

玻纤增强聚氨酯拉挤型材外观质量要求如表 12-10 所示。

12.7.3 玻纤增强聚氨酯拉挤型材尺寸要求

玻纤增强聚氨酯拉挤型材截面尺寸示意如图 12-35 所示，相关尺寸要求如表 12-11 所示。

表 12-10 玻纤增强聚氨酯拉挤型材外观质量要求

类别	外观质量要求
型材裸材	型材表面要平整,无裂纹、无纤维外露、无明显气泡、无明显扭曲等
覆膜型材	装饰面要平整,无明显凹凸、无气泡、边缘不起翘等
涂装型材	装饰面要无杂质、无皱纹、无气泡、无流挂、无露底等

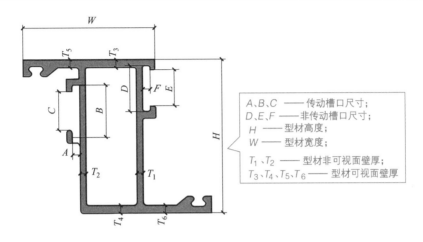

A、B、C —— 传动槽口尺寸;
D、E、F —— 非传动槽口尺寸;
H —— 型材高度;
W —— 型材宽度;
T_1、T_2 —— 型材非可视面壁厚;
T_3、T_4、T_5、T_6 —— 型材可视面壁厚

图 12-35 玻纤增强聚氨酯拉挤型材截面尺寸示意

表 12-11 玻纤增强聚氨酯拉挤型材尺寸要求

项目		高精级	普精级
型材非可视面最小壁厚(T_1、T_2)/mm		2.2	2.0
型材可视面最小壁厚(T_3、T_4、T_5、T_6)/mm		2.5	2.3
型材悬端壁厚偏差范围(T_5、T_6)/mm		$-0.10 \sim 0.10$	$-0.20 \sim 0.20$
传动槽口尺寸偏差范围(A、B、C)/mm		$-0.15 \sim 0.35$	$-0.15 \sim 0.35$
非传动槽口尺寸偏差范围(D、E、F)/mm		$-0.30 \sim 0.30$	$-0.30 \sim 0.30$
型材高度偏差范围(H)/mm		$-0.20 \sim 0.20$	$-0.30 \sim 0.30$
型材宽度偏差范围(W)/mm		$-0.20 \sim 0.20$	$-0.30 \sim 0.30$
扭拧度/(mm/m)		$\leqslant 1.0$	$\leqslant 2.0$
1m 型材直线偏差值/mm	窗料	$\leqslant 0.7$	$\leqslant 1.0$
	门料	$\leqslant 0.4$	$\leqslant 0.7$

12.7.4 玻纤增强聚氨酯节能门窗要求

玻纤增强聚氨酯节能门窗要求如下。

（1）镶嵌密封胶缝需要连续、平滑，不得有气泡等缺陷。封堵密封胶缝要密实、平滑。密封胶缝处的型材装饰面与玻璃表面不得有外溢胶黏剂。

（2）门窗框、门窗扇相邻构件装配间隙不得大于 0.4mm，相邻构件连接处的同一平面度不得大于 0.3mm。

（3）平开类门窗关闭时，门窗框、门窗扇四周的配合间隙需要满足设计要求，允许偏差为 ±1.0mm。

（4）平开类门窗框与扇搭接量需要满足设计要求，其允许偏差为 ±1.0mm。

（5）平开窗、平开下悬窗装配时，需要有防下垂措施。

（6）五金配件配置需要齐全，安装位置要正确。承受往复运动的配件在结构上要便于更换。

（7）五金配件承载能力与窗扇重量、抗风压要求相匹配。平开窗窗扇高度大于 900mm 时，窗扇锁闭点不得少于 2 个。

（8）五金配件与型材连接需要满足备衬板或防侧移、旋转等物理力学性能要求。

（9）外门窗框、外门窗扇需要有排水通道。

（10）门窗框、门窗扇的四角连接位置，中梃 T 字连接、十字连接位置，需要采用专用连接件。

（11）门窗框与门窗扇的端面连接位置，需要采用专用端面密封胶。角部宜采用双组分组角胶。

（12）密封胶条、毛条等装配后，需要牢固均匀、接口严密，无脱槽、收缩、虚压等现象。

（13）压条装配后应牢固。

（14）压条角部对接处的间隙不得大于 0.5mm，不应在一边使用两根以上（含两根）压条。

轻松通

左右推拉窗、上下推拉窗锁闭后的窗框与窗扇搭接量允许偏差为 ±2mm。窗扇与窗框搭接量不得小于6mm。玻璃的装配需要符合有关规定。当中空玻璃厚度尺寸超过24mm时，则相应的玻璃嵌入深度不得小于12mm，前部与后部余隙不得小于 5mm。

12.8 防护门窗与遮阳

12.8.1 防护门窗

目前，最常见的防护门窗，就是不锈钢防盗网。民用建筑不锈钢防盗网每根钢管的中心距一般为 110～120mm，净空距一般为 90～100mm。横向方管间距一般为 300～400mm。型号规格不同，尺寸也不一样。不锈钢防盗网如图 12-36 所示。

(a) 实物图　　　　　　　(b) 示意图

图 12-36 不锈钢防盗网

轻松通

　　常见的不锈钢防盗网管材选配：① 202 不锈钢 25mm 方管套 19mm 圆管，圆管间距大约 9cm，方管厚度 0.8mm；② 304 不锈钢 22mm 方管套 18mm 圆管，圆管间距大约 9cm。

12.8.2 遮阳的类型

　　内置遮阳一体化窗，是指采用内置遮阳中空玻璃作为活动遮阳部件的一体化遮阳窗。

　　外遮阳一体化窗，是指采用硬卷帘、软卷帘、金属百叶帘等作为活动遮阳部件与外窗的外框一体化设计、配套制造、安装，具有遮阳功能的一种外窗。

　　遮阳的类型如图 12-37 所示。

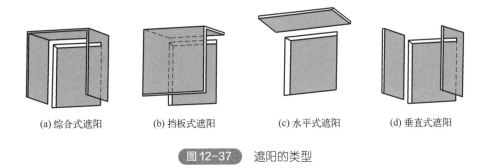

(a) 综合式遮阳　　(b) 挡板式遮阳　　(c) 水平式遮阳　　(d) 垂直式遮阳

图 12-37 遮阳的类型

Part ③

实用技能技术超简单

第13章

门窗设计安装一般性要求

13.1 门窗设计一般性要求

13.1.1 建筑门窗设计要求

建筑门窗洞口设计时，应贯彻模数协调原则，优先选用标准门窗洞口尺寸系列的基本规格，其次考虑选用辅助规格。同一地区、同一建筑物内门窗洞口，尽量减少规格数量。

居住建筑标准层设计时，门、窗洞口尺寸需要分别选用民用建筑门窗洞口优先尺寸系列。

公共建筑标准层设计时，门、窗洞口尺寸宜分别选用民用建筑门窗洞口优先尺寸系列。

工业建筑设计和民用建筑非标准层设计时，如果标准的规格不能满足需要，则可以根据标准门窗洞口标志宽度及高度基本参数、辅助参数的洞口尺寸系列规格数列规律来确定。

建筑门窗洞口设计时，需要根据实际情况采用有关门窗产品时，应核实确认其中某一安装形式、安装方法、安装构造缝隙尺寸，以及做出必要的补充要求。

建筑设计需采用组合门窗时，宜优先选用基本门窗组合的条形窗、带形窗、连窗门等。

门窗设计需要满足的要求：采光要求、通风要求、适应建筑工业化生产的要求、防风雨要求、保温隔热要求、使用要求、建筑视觉效果要求、灵活要求、坚固耐久要求、便于清洗维修要求等。

门窗设计需要考虑美观性、安全性、实用性，以及需要满足一些规范、标准的要求。门窗实物如图13-1所示。

门窗设计的一些具体要求如下。

（1）外门、外窗的设计应根据住宅建筑所在地区的气候、周围环境、住宅建筑的高度、住宅建筑体形系数等因素来确定。

（2）外门、外窗节能设计中的气候分区，可以查阅相关标准规定来执行。

（3）建筑门窗选用材料，应符合相关标准规定，以及具有出厂合格证、性能检测报告、质量保证书。

（4）门窗材料，应选用耐气候性材料。金属材料除不锈钢外应进行镀锌处理或其他有效的防腐蚀处理。

图 13-1　门窗

（5）外门、外窗的立面形式、构造节点、材料，应按住宅建筑中卧室、起居室、厨房、卫生间等不同使用功能进行设计，以满足安全、节能、采光、通风、美观、经济、实用、易于清洁、易于维护等要求。

（6）外门、外窗的保温与隔热性能，应符合居住建筑节能设计标准。不得使用非隔热金属型材制作的普通单层玻璃窗。

（7）快速路、主干路、次干路、支路道路红线两侧50m范围内，临街一侧应采用隔声性能好的外窗。

（8）向走廊开启的外窗不得妨碍通行。

（9）外窗可开启部位应设置纱窗，纱窗的安装方式、结构，应易于拆装、易于清洗、易于更换。

（10）建筑外窗的立面分格，应根据其所在地区的气候、周围环境、建筑的高度等因素与建筑物的功能要求合理确定，并且应明确窗的各项性能指标，如图13-2所示。

（11）外窗不宜设计成圆弧形，道路两侧如设置圆弧形窗户，应避免反射光对驾驶人员视场的干扰。

（12）建筑外窗宜优先采用系统窗。

（13）居住建筑外窗洞口尺寸，应采用标准化设计。因立面需要而设计的折线形、弧形、多边形等异形外窗，可采用非标准化洞口。

（14）建筑高度大于27m的住宅建筑、建筑高度大于24m的非单层公共建筑外窗，宜采用内开启形式。当采用外开窗或推拉窗时，必须有防止窗扇向室外脱落的装置或措施。

（15）居住建筑除厨房、卫生间等辅助用房外，建筑外窗不宜设计成推拉窗。

（16）7层以上的建筑外窗采用活动外遮阳设计时，宜采用外遮阳一体化外窗系统。

（17）寒冷地区外门、外窗用玻璃，应采用中空玻璃，其间隔层厚度不宜小于9mm。严禁使用非中空玻璃的双玻门窗。

（18）中高层住宅建筑外窗，不宜采用外平开窗。

（19）高层住宅建筑不得采用外平开窗，超过100m高度的住宅建筑严禁采用外平开窗。采用推拉窗时，窗扇必须有防脱落措施。

（20）建筑设计中对门窗的设计，除了应确定外门、外窗的规格、分格、开启方式、性能、型材、玻璃规格外，还需要进行结构计算、热工计算等设计验证。加工企业需要对门窗设计的图样、技术要求，在测量实际预留洞口尺寸、安装位置、安装方式的前提下进行设计校核，并且应对构造进行深化设计。

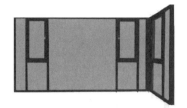

图 13-2 建筑外窗的立面分格

（21）窗台高度要求：一般住宅建筑中，要求窗台高度不小于0.9m，窗台高度低于0.8m时，需要采取防护措施；公共建筑中，窗台高度为 1.0 ～ 1.8m 不等，开向公共走道的窗扇，其底面高度不应低于2.0m。

（22）窗户高度要求：一般住宅建筑中，窗的高度为1.5m，加上窗台高0.9m，则窗顶距地板面2.4m。

（23）窗户宽度要求：窗宽一般由 0.6m 开始，根据建筑标准洞口规范中的规定，一般建筑洞口的宽度模数为300mm，也就是一般宽度为600mm、900mm、1200mm、1500mm 等类推。窗洞过宽时，需要加设竖向龙骨或拼樘。

（24）门窗加工的图样、技术要求，需要经建筑设计单位等相关方确认。

（25）门窗铝合金型材应进行表面处理。

（26）外窗上可根据需要设置换气装置。

（27）内平开外窗的窗扇下部、外平开外窗的窗框上部，宜设置披水板。

（28）装配式组角的外窗，构件连接处应采取防水密封措施。

（29）门的高度要求：供人通行的门，高度一般不低于2m。

（30）门的宽度要求：一般住宅分户门 0.9 ～ 1m，分室门 0.8 ～ 0.9m，厨房门大约 0.8m，卫生间门 0.7 ～ 0.8m。为便于现代家具的搬入，则多取上限尺寸。对于公共建筑的门宽，一般单扇门1m，双扇门1.2 ～ 1.8m，再宽则考虑门扇的制作，双扇门或多扇门的门扇宽取 0.6 ～ 1.0m 为宜。

（31）户门为外开形式时，不得影响公共通道行人通行。

（32）建筑底层外窗，封闭阳台的外窗，不封闭阳台从室内通向阳台的门窗，下沿低于2m且紧邻走廊或公用上人屋面上的窗、门等部位，应采取入侵防范措施。建筑底层或走廊下沿低于2m的外窗，不宜设置外开窗。

（33）门窗洞可以设计企口，如图13-3所示。

（34）门窗需要考虑防水、防护设计，如图13-4所示。

窗户企口

窗口需要做防水，以免渗水

图13-3 门窗洞企口

窗口需要做防水，以免渗水

飘窗窗台应做防护栏

图13-4 门窗防水、防护设计

轻松通

住宅建筑是指供家庭居住使用的建筑。外门是指分隔建筑物室内、外空间的门（包含不封闭阳台的门）。外窗是指分隔建筑物室内、外空间的窗（包含封闭阳台的窗）。住宅建筑门窗包含住宅建筑中的外门、外窗、户门、首层出入口单元门，不包含住宅建筑中的防火门窗、居室内分隔不同用途空间的装饰装修门窗。

13.1.2 住宅建筑的窗墙面积比要求

住宅建筑的窗墙面积比需要符合的规定如表13-1所示。其中，每套住宅应允许一个房间在一个朝向上的窗墙面积比不大于0.6。

窗墙面积比大的组合窗或条窗，不应对周边环境产生光反射污染。

表 13-1　住宅建筑窗墙面积比限值

朝向	窗墙面积比				
	严寒地区	寒冷地区	夏热冬冷地区	夏热冬暖地区	温和地区
北	≤ 0.25	≤ 0.3	≤ 0.4	≤ 0.4	≤ 0.4
东、西	≤ 0.3	≤ 0.35	≤ 0.35	≤ 0.3	≤ 0.35
南	≤ 0.45	≤ 0.5	≤ 0.45	≤ 0.40	≤ 0.5

轻松通

设置供暖、空调系统的工业建筑总窗墙面积比不应大于 0.5，并且屋顶透光部分面积不应大于屋顶总面积的 15%。

13.1.3　标准窗洞口尺寸

建筑工程设计窗洞口尺寸，应优先选用规定的标准洞口尺寸，并且减少规格数量，使其相对集中。外窗标准洞口尺寸系列如表 13-2 所示。

表 13-2　外窗标准洞口尺寸系列　　　　　　　单位：mm

宽	高						
	600	900	1200	1500	1800	2100	2400
1200	√	√	√	√	√	√	√
1500	√	√	√	√	√	√	√
1800	√	√	√	√	√	√	√
2100	—	√	√	√	√	√	√
2400	—	√	√	√	√	√	√

注：√表示选用的标准洞口。

13.1.4　防夹手措施设计

平开门、折叠门应对可能引起手指夹伤的铰链位置进行防护。平开门活动扇与门框之间危险点的间隙应采用的构造措施或防护措施如图 13-5 所示。

折叠门活动扇与门框、活动扇与活动扇间的危险点，应采用构造措施或防护措施，折叠门的夹持危险点如图 13-6 所示。

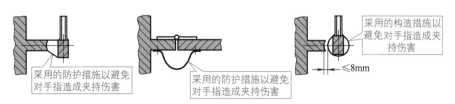

图 13-5　平开门危险点构造措施或防护措施

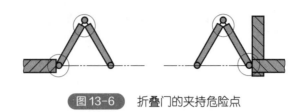

图 13-6 折叠门的夹持危险点

轻松通

采用改变型材样式、加装额外保护装置等措施实现防夹手。

13.1.5 铝合金外窗防雷性能设计

铝合金建筑外窗、金属外遮阳的防雷设计，需要符合现行《建筑物防雷设计规范》（GB 50057—2010）等规定。一类防雷建筑物其建筑高度在 30m 及以上的外窗，二类防雷建筑物其建筑高度在 45m 及以上的外窗，三类防雷建筑物其建筑高度在 60m 及以上的外窗，应采取防侧击雷措施，并且需要与建筑物防雷系统可靠连接。

防雷构造需要符合的规定如下。

（1）采用非金属附框时，窗框应与主体结构的防雷引下线进行可靠连接，并且在需设防范围内，每个窗洞口不少于 1 个连接点。

（2）采用金属附框时，附框应与主体结构的防雷引下线进行可靠连接，并且在需设防范围内，每个窗洞口不少于 1 个连接点。

（3）窗框与防雷连接件连接位置，应先将其非导电的表面处理层除去，然后与防雷连接件连接。

（4）防雷连接件宜采用热浸镀锌处理的截面积不小于 $50mm^2$ 的钢材或截面积不小于 $16mm^2$ 的铜导线。防雷连接件与窗框或金属附框，应采用螺钉连接，并且与建筑物防雷装置应进行焊接或螺栓连接。

（5）建筑防雷体系引出线由土建施工单位提供，并且留出连接端口。

（6）当建筑外窗外侧设有金属遮阳构件或其他金属装饰构件时，还应需要采取等电位联结措施。

（7）采用铝合金断热型材，应确保室外侧铝合金型材与防雷连接件可靠连接。

（8）由于铝合金断热型材内外侧不导通，所以防雷连接件需要与型材室外侧可靠连接，以保证外窗防雷接地电阻值符合建筑物防雷接地电阻值要求。

（9）根据铝合金窗外框的安装工艺，外框安装应带附框。附框分为金属附框、非金属附框两类。金属附框需要进行防雷设计，如图 13-7 所示。

13.1.6 铝合金建筑外窗的其他设计

铝合金建筑外窗的设计需要考虑铝合金建筑外窗物理性能如抗风压性能、水密性能、传热系数、遮阳系数、隔声性能、气密性能等的设计要求，如表 13-3 所示。

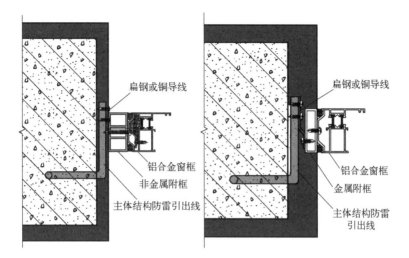

图 13-7 金属附框的防雷设计

表 13-3 铝合金建筑外窗的设计要求

项目	解 说
气密性能设计	（1）满足自然通风要求的前提下，适当控制开启扇与固定部分的比例。 （2）合理选用配合尺寸、几何形状合理的密封胶条，从而提高外窗缝隙空气渗透阻力。 （3）采用高耐候性的硅酮（聚硅氧烷）密封胶或密封条进行玻璃镶嵌密封和框扇间的密封。 （4）推拉窗框扇密封时，应采用自润滑式密封胶条。 （5）密封胶条需要保证在外窗四周的连续性，形成封闭的密封结构，接头处可以采用黏结剂黏结。 （6）窗构件拼接部位与五金件安装部位，应采取密封处理
水密性能设计	（1）未采用雨幕原理、压力平衡设计的外窗结构，应采取有效的多层密封防水措施、结构防水措施，以满足水密性能设计要求。 （2）排水系统宜采用雨幕原理、压力平衡设计外窗，以确保玻璃镶嵌槽以及框与扇配合空间形成等压腔。 （3）应设计排水槽的尺寸、数量、分布，以保证排水系统的畅通。内、外侧排水槽，应错开设置，避免直通。排水槽应在室外侧配置防风盖。 （4）型材构件连接缝隙和附件装配工艺孔处、拼樘框与窗框连接处均应有防水密封措施。 （5）外窗下框不宜开设贯通型安装孔，开设贯通型安装孔的窗下框应采取有效的防水密封构造。 （6）窗框与洞口墙体安装间隙应进行防水密封处理；带有外墙外保温层的洞口，安装外窗时宜安装室外披水窗台板，并且窗台板应与外墙间妥善收口。 （7）内开窗框部位宜使用具有披水构造的胶条且该胶条不应影响等压腔作用。 （8）窗洞口外墙面应有排水措施，洞口上沿应做滴水线或滴水槽，滴水槽的宽度和深度均不应小于10mm。外窗窗台面散水坡度不应小于 5%
保温隔热性能设计	（1）有活动外遮阳的外窗，整窗热工性能应经计算确认并通过试验验证。 （2）无活动外遮阳的外窗，平开窗框型材在洞口深度方向的厚度构造尺寸不小于65mm，推拉窗框型材在洞口深度方向的厚度构造尺寸不小于90mm；采用穿条式隔热型材时，隔热条宽度不小于24mm。 （3）应优先采用外遮阳一体化外窗或内置遮阳一体化外窗。 （4）优先采用平开窗。外窗玻璃镶嵌缝隙及框与扇开启缝隙应采用具有柔性和弹性的密封材料密封。外窗框与洞口间安装缝隙应采用密封保温处理。 （5）中空玻璃宜选用暖边间隔条，空腔内可充惰性气体。 （6）宜采用钢塑共挤型材、木塑复合型材等热阻较大材料制作的附框。 （7）宜采用低辐射中空玻璃，玻璃的综合可见光透射比系数不宜小于 0.45。 （8）外窗采用内置遮阳一体化外窗时，其遮阳装置面向室外侧宜采用可反射太阳辐射的材料，可根据太阳辐射情况调节其角度和位置。 （9）外窗在墙体中的安装位置宜与外墙保温层处于同一等温线分布区

续表

项目	解　说
隔声性能设计	（1）采用密封性能良好的外窗构造。 （2）窗玻璃镶嵌缝隙、框与扇开启缝隙以及窗框与附框、附框与洞口的安装缝隙，应采用具有柔性和弹性的密封材料密封。 （3）采用隔声性能好的中空玻璃、夹层玻璃或单层厚玻璃
采光性能设计	（1）窗立面的构造应尽量减少框架与整窗的面积比，开启方式应便于日常清洗。 （2）外窗的采光设计应充分利用天然采光，居住建筑卧室、起居室、厨房的采光窗洞口的窗地面积比不应小于1/6。 （3）兼具隔热性能和采光性能要求的外窗，应综合考虑太阳得热系数的要求，选配遮阳系数、可见光透射比适合的低辐射镀膜玻璃
耐火性能设计	（1）住宅避难间耐火窗启闭装置宜采用具有任意定位遇火自闭功能的闭窗器。 （2）有耐火完整性要求的外窗，除应满足相应的耐火完整性要求外，还应符合建筑外窗的全部性能要求。 （3）耐火窗生产企业应提供相应的型式试验报告

轻松通

　　平开窗、上悬窗应采用多点锁闭器。内开扇底边角部宜有防止人员碰伤的防护措施。外开窗滑撑紧固件连接部位应做加强处理。有防盗要求的建筑外窗，可采用夹层玻璃和可靠的锁具，推拉窗扇应有防止从室外侧拆卸的装置。住宅建筑外窗应有防止儿童或室内其他人员从室内跌落至室外的安全防护措施。

13.2　门窗加工安装一般性要求

13.2.1　门窗框安装

　　门窗框安装必须具备的施工条件如下。

　　（1）结构施工完毕且验收合格。

　　（2）做好抹灰层灰饼，如图13-8所示。灰饼是粉刷或浇筑地坪时用来控制墙面的平整度、建筑标高、建筑垂直度的水泥块。

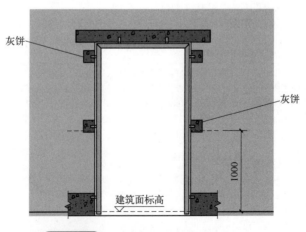

图13-8　做好抹灰层灰饼（单位：mm）

（3）弹出楼层标高控制线。

（4）窗框安装前，应在外墙抹灰完成后弹好线。

整体建筑物门窗框安装，应确定好自建筑物顶层到底层的垂直控制线、水平控制线，如图13-9所示。

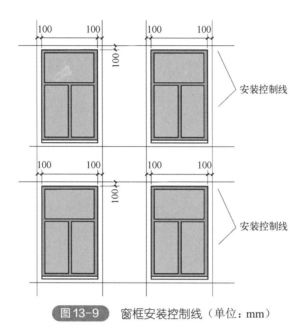

图 13-9　窗框安装控制线（单位：mm）

轻松通

超低能耗、近零能耗建筑外门窗，应采用低热导率的型材（木塑复合型材、钢塑共挤型材、纤维增强塑料型材）附框。民用建筑门窗安装用固定连接片，宜选用Q235钢材，并且应进行有效的防腐处理，固定连接片需要符合现行标准《聚氯乙烯（PVC）门窗固定片》（JG/T 132—2000）等有关标准规定，厚度不应小于1.5mm，宽度不应小于20mm。

13.2.2　窗角防渗漏节点处理

窗角防渗漏节点处理如图13-10所示。

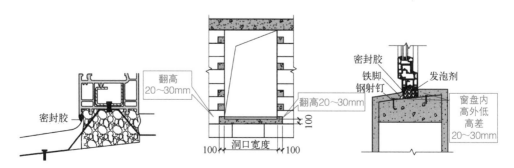

图 13-10　窗角防渗漏节点处理（单位：mm）

轻松通

门框、门扇、五金的安装过程中，质量检验需要紧随各道工序的进度逐步跟进。

13.2.3　铝合金门窗附框安装

铝合金门窗附框安装时，可以采用固定片、膨胀螺栓连接或焊接等方式与洞口墙体连接固定。附框的安装尺寸根据不同的饰面材料来决定，如图 13-11 所示。

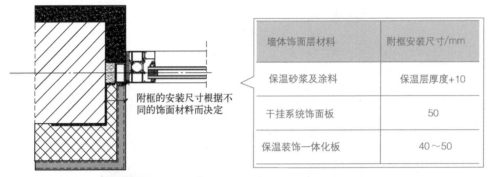

附框的安装尺寸根据不同的饰面材料而决定

墙体饰面层材料	附框安装尺寸/mm
保温砂浆及涂料	保温层厚度+10
干挂系统饰面板	50
保温装饰一体化板	40～50

图 13-11　附框的安装尺寸根据不同的饰面材料来决定

13.2.4　附框安装后内口尺寸允许偏差

附框安装后内口尺寸允许偏差如表 13-4 所示。

13.2.5　外窗安装间隙尺寸

外窗安装间隙尺寸如图 13-12 所示。

表13-4　附框安装后内口尺寸允许偏差　　　　　单位：mm

项目	尺寸范围	允许偏差
边长	≤ 1500	± 2.0
	> 1500	± 3.0
对边尺寸差	—	2.0
对角线	≤ 2000	3.0
	> 2000	5.0

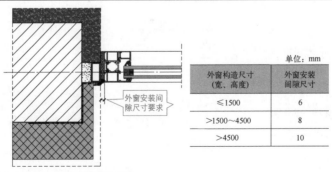

外窗安装间隙尺寸要求

单位：mm

外窗构造尺寸 （宽、高度）	外窗安装 间隙尺寸
≤1500	6
>1500～4500	8
>4500	10

图 13-12　外窗安装间隙尺寸

轻松通

　　外窗窗框与附框的连接宜采用卡槽连接。外窗窗下框型材不宜开设贯通型安装孔，开设贯通型安装孔的窗下框应采取有效的防水密封构造。窗框室外侧四周应采用密封胶做防水处理，胶缝的宽度和深度不应小于6mm。

13.2.6　铝合金建筑外窗安装允许偏差

　　铝合金建筑外窗安装允许偏差如表13-5所示。

表13-5　铝合金建筑外窗安装允许偏差　　　　　　　　　　　　　单位：mm

项目		允许偏差
框正、侧面垂直度		2.0
横框水平度		2.0
横框标高		5.0
竖向偏离中心		5.0
推拉窗框、扇搭接宽度		1.0
双层窗内外框间距		4.0
宽度、高度	≤ 2000	2.0
	> 2000	3.0
对角线长度	≤ 2500	4.0
	> 2500	5.0

轻松通

　　铝合金建筑组合外窗拼樘杆件、转角杆件，应在附框制作同时组装。拼樘杆件或转角杆件，应上下贯通，并且两端与主体结构进行有效连接，连接的强度需要达到设计、相关规范的要求。

13.2.7　铝合金门窗副框安装允许偏差

　　铝合金门窗副框安装允许偏差如表13-6所示。

表13-6　铝合金门窗副框安装允许偏差

项目	允许偏差/mm	检查方法
对角线之差 > 2000mm	≤ 5	可以用精度为1mm的钢卷尺，测量内角
对角线之差 ≤ 2000mm	≤ 3	可以用精度为1mm的钢卷尺，测量内角
副框槽口宽度、高度 > 1500mm	0 ~ +3	可以用精度为1mm的钢卷尺，测量外框两相对外端面，测量部位距端部100mm
副框槽口宽度、高度 ≤ 1500mm	0 ~ +2	可以用精度为1mm的钢卷尺，测量外框两相对外端面，测量部位距端部100mm
下框水平度	≤ 2	可以用1m水平尺和精度为0.5mm的塞尺来检查
正面、侧面垂直度	≤ 2	可以用1m垂直检测尺来检查

轻松通

　　根据设计文件要求确定门窗框在洞口墙体厚度方向的安装位置。门、窗框安装前可预先安装副框。副框宜采用固定片法与墙体连接。副框与门、窗框间需要预留热膨胀伸缩间隙。门、窗框与副框的连接应采用直接固定法，但是不得直接在塑料窗下框排水腔内进行钻孔。铝合金门窗安装采用钢副框时，需要采取绝缘措施。

13.2.8　门窗的安装允许偏差

　　门窗的安装允许偏差如表 13-7 所示。

表 13-7　门窗的安装允许偏差

项　目		允许偏差 /mm	检验方法
门、窗框（含拼樘料）水平度		3	可以用 1m 水平尺和精度 0.5mm 塞尺检查
门、窗框（含拼樘料）正、侧面垂直度		3	可以用 1m 垂直检测尺检查
门、窗框两对角线长度差	对角线长度≤2000mm	3	可以用精度 1mm 钢卷尺检查，测量内角
	对角线长度>2000mm	5	可以用精度 1mm 钢卷尺检查，测量内角
门、窗竖向偏离中心		5	可以用精度 0.5mm 钢直尺检查
门、窗下横框的标高		5	可以用精度 1mm 钢直尺检查，与基准线比较
门窗框外形（高度、宽度）尺寸长度差	尺寸长度≤1500mm	2	可以用精度 1mm 钢卷尺检查，测量外框两相对外端面，测量部位距端部 100mm
	尺寸长度>1500mm	3	可以用精度 1mm 钢卷尺检查，测量外框两相对外端面，测量部位距端部 100mm
平开门窗及上悬、下悬、中悬窗	门、窗框扇四周的配合间隙	1	可以用楔形塞尺检查
	门、窗扇与框搭接量	2	可以用深度尺或精度 0.5mm 钢直尺检查
	同樘门窗相邻扇的水平高度差	2	可以用靠尺和精度 0.5mm 钢直尺检查
双层门、窗内外框间距		4	可以用精度 0.5mm 钢直尺检查
推拉门窗	门、窗扇与框或相邻扇立边平行度	2	可以用精度 0.5mm 钢直尺检查
	门、窗与框搭接量	2	可以用刻度尺或精度 0.5mm 钢直尺检查
组合门窗	横缝直线度	2.5	可以用 2m 靠尺和精度 0.5mm 钢直尺检查
	平面度	2.5	可以用 2m 靠尺和精度 0.5mm 钢直尺检查
	竖缝直线度	2.5	可以用 2m 靠尺和精度 0.5mm 钢直尺检查

轻松通

　　安装组合窗时，应从洞口的一端根据顺序安装，拼樘料与洞口应可靠连接。不带副框的组合窗，当洞口为混凝土过梁或柱时，拼樘料可与连接件搭接，搭接量不应小于 30mm，也可与预埋件或连接件焊接。洞口为砖墙时，拼樘料两端应插入预留洞中，插入深度不应小于 30mm，并且用水泥砂浆填充固定。

第14章

门窗制图识图与实测实量技术

14.1 门窗制图与识图

14.1.1 建筑图上门窗符号与方向

建筑图上采用统一的标志符号，表达门窗扇的开关方向，区分与表达每扇门窗扇的开关面。

通过识读建筑图上的门窗符号，能够准确了解门窗扇工作状况，以及便于加工制作构配件、五金零件和进行安装施工等工作。

建筑图上门窗旋转方向、门窗标志方向的规定如图 14-1 所示。

建筑图上门窗旋转方向的规定	平开、立转两种类型的门窗，即绕竖轴旋转的门窗。 建筑平面图上以平开、立转门窗扇开启或关闭时所产生的旋转方向作为表达门窗扇开关方向的标志
建筑图上门窗标志方向的规定	在每一扇平开、立转门窗开启和关闭两个方向中选择关闭方向作为表达此门窗工作状况的标志方向，并且以符号表示

图 14-1 门窗旋转方向、门窗标志方向的规定

14.1.2 建筑图上门窗标志符号

顺时针方向旋转用 5 表示，逆时针方向旋转用 6 表示，如图 14-2 所示。建筑门窗图上用标志符号区分其开面、关面，并且表明其开面、关面位置，便于根据其位置安装五金零件、门锁等配件。

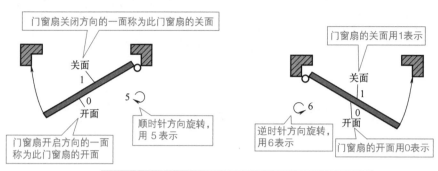

图14-2 建筑图上门窗标志符号

轻松通

当内外概念产生混淆时，对于两个同样性质房间之间的联系门，规定门关上时位于门扇开面的房间为该门所属的房间。多扇平开门窗扇，应分别根据每个单扇来表示。转门、立转窗的开关面，由于门窗扇开关时部分扇朝内，部分扇朝外，难以区分开关面，因此转门、立转窗不分开关面。

14.1.3 门的代号

门的代号为 M，具体如图 14-3 所示。也可依据图 14-3 中代号根据实际需要组合使用，组合顺序一般为：用途 / 开启形式 / 构造 / 用料 / 共同附件。如果只用其中二、三项，也可根据其次序进行组合，组合时采用图 14-3 中代号的前一位字母，并在组合代号最后一位加 M 以表示门。例如防风砂平开拼板木门的组合代号为 SPPMM，即表示用途为 S，开启形式为 P，构造为 P，用料为 M，最后加 M 表示门。

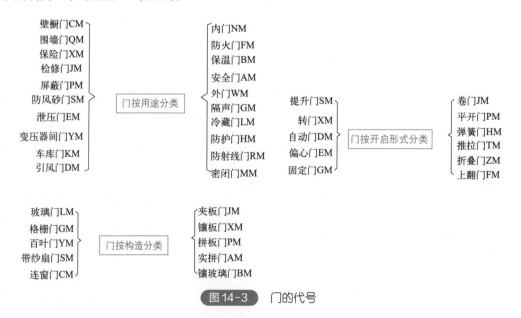

图14-3 门的代号

14.1.4 窗的代号

窗的代号为 C，具体如图 14-4 所示。

14.1.5 门窗按用途分类

根据是用于外围护结构还是内围护结构，门窗可划分为外门窗与内门窗，如图 14-5 所示。

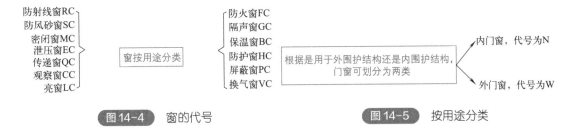

图 14-4 窗的代号

图 14-5 按用途分类

14.1.6 门窗按主要性能分类

根据主要性能划分的门窗类型如表 14-1 所示。

表 14-1 根据主要性能划分的门窗类型

类型	普通型		隔热型	保温隔热型	耐火型	隔声型		保温型	
代号	PT		GR	BWGR	NH	GS		BW	
用途	外门窗	内门窗	外门窗	外门窗	外门窗	外门窗	内门窗	外门窗	内门窗
主要性能 抗风压性能	√	—	√	√	√	√	—	√	
水密性能	√	—	√	√	√	√		√	
气密性能	√	○	√	√	√	√	√	√	√
空气声隔声性能	—	—	○	○	○	√	√	○	○
保温性能	—	—	—	√	○	○	○	√	√
隔热性能	—	—	√	√	√	○	○		
耐火完整性	—	—	—	—	√	√	ZT		

注：1. "√" 为必选性能；
　　2. "○" 为可选性能；
　　3. "—" 为不要求。

14.1.7 门窗按开启形式分类

根据开启形式划分的门窗品种如表 14-2 所示。

表 14-2 门窗的品种

开启类别	推拉平移类			折叠类		平开旋转类	
开启形式	推拉	提升推拉	推拉下悬	折叠平开	折叠推拉	平开（合页）	平开（地弹簧）
代号	T	ST	TX	ZP	ZT	P	DHP

14.1.8 门窗系列、规格与标记

门窗系列、规格与标记如表 14-3 所示。

表 14-3　门窗系列、规格与标记

项目	解　说
门窗系列	（1）门窗框厚度构造尺寸是以其与洞口墙体连接侧的型材截面外缘尺寸来确定的。 （2）门窗系列以门窗框在洞口深度方向的厚度构造尺寸来划分，并且以其数值表示，例如，门窗框厚度构造尺寸为 70mm，则其产品系列称为 70 系列。门窗四周框架的厚度构造尺寸不同时，则以其中厚度构造尺寸最大的数值来确定
门窗规格	以门窗宽度、高度构造尺寸的千、百、十位数字前后顺序排列的六位数字来表示，无千位数字时用 "0" 表示。例如，门窗的宽度构造尺寸、高度构造尺寸分别为 600mm、950mm 时，其规格代号为 060095
门窗标记	（1）门、窗的标记顺序为产品名称、标准编号、用途代号、类型代号、系列、品种代号、产品名称代号、规格代号、主要性能符号、等级或指标值等。 （2）产品名称代号：铝合金门为 LM、铝合金窗为 LC

14.2　实测实量技术

14.2.1　门扇表面平整度实测实量

住宅室内门窗工程实测实量，是指使用测量工具，对反映住宅室内门窗允许偏差项目现场进行取点测量得到真实数据，反映工程外在质量、功能状态，以量化评定施工质量的一种方法。

门扇表面平整度实测实量示意如图 14-6 所示。

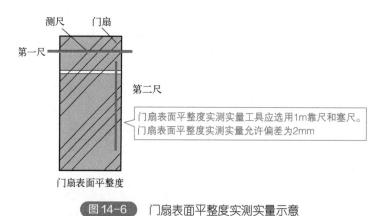

测尺　门扇
第一尺
第二尺

门扇表面平整度实测实量工具应选用 1m 靠尺和塞尺。
门扇表面平整度实测实量允许偏差为 2mm

门扇表面平整度

图 14-6　门扇表面平整度实测实量示意

14.2.2　门窗槽口对角线长度差实测实量

门窗槽口对角线长度差实测实量示意如图 14-7 所示。

14.2.3　门窗框正、侧面垂直度实测实量

门窗框正、侧面垂直度实测实量示意如图 14-8 所示。

图14-7　门窗槽口对角线长度差实测实量示意

| 门窗槽口对角线长度差实测实量工具应选用5m钢卷尺 |

门窗槽口对角线长度差实测实量允许偏差						
分项工程	木门窗		铝合金门窗		塑料门窗	
	普通	高级	≤2000mm	>2000mm	≤2000mm	>2000mm
允许偏差/mm	3	2	3	4	3	5

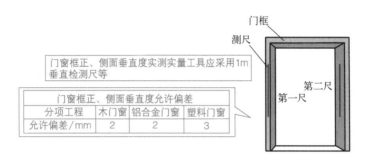

图14-8　门窗框正、侧面垂直度实测实量示意

| 门窗框正、侧面垂直度实测实量工具应采用1m垂直检测尺等 |

门窗框正、侧面垂直允许偏差			
分项工程	木门窗	铝合金门窗	塑料门窗
允许偏差/mm	2	2	3

14.2.4　门扇与地面间留缝实测实量

门扇与地面间留缝实测实量示意如图14-9所示。

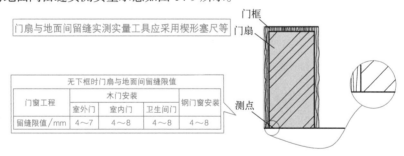

图14-9　门扇与地面间留缝实测实量示意

| 门扇与地面间留缝实测实量工具应采用楔形塞尺等 |

无下框时门扇与地面间留缝限值				
门窗工程	木门安装			钢门窗安装
	室外门	室内门	卫生间门	
留缝限值/mm	4～7	4～8	4～8	4～8

14.2.5　门扇与侧框间留缝实测实量

门扇与侧框间留缝实测实量示意如图14-10所示。

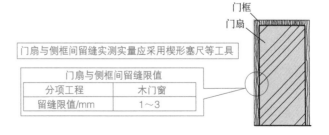

| 门扇与侧框间留缝实测实量应采用楔形塞尺等工具 |

门扇与侧框间留缝限值	
分项工程	木门窗
留缝限值/mm	1～3

图14-10　门扇与侧框间留缝实测实量示意

附录　书中增值资源汇总

门窗的作用	门的类型	窗的类型	系统窗、断桥铝窗
系统门窗的安装要点	金属窗的安装	88 系列中空玻璃推拉门与 100 系列地弹簧门的选型与尺寸	70 系列普通平开窗、70 系列普通推拉窗、85 系列推拉窗、88 系列中空玻璃推拉窗、90 系列断热推拉窗、114 系列中空玻璃透气窗、125 系列单框双玻璃推拉窗的选型与尺寸
塑钢上悬窗、塑钢外平开窗、塑钢固定窗、塑钢异形窗、塑钢推拉窗、塑钢平开组合窗、塑钢推拉组合窗的选型与尺寸	塑钢内平开门、塑钢外平开门、塑钢推拉门、塑钢地弹门、塑钢平开门连推拉门的选型与尺寸	不锈钢平开门、不锈钢地弹簧门、不锈钢推拉门、不锈钢电动推拉门、不锈钢节能窗选型与尺寸	钢塑推拉半玻门、钢塑推拉全玻门型式与尺寸
木门的安装	蜂窝板门全板选型与尺寸	模压门带玻璃选型与尺寸	植物芯板门带百叶选型与尺寸
防盗安全门	铝饰钢框彩钢复合门窗的选型与尺寸	卷帘门、防火门	防火门的配件
钢防火门、钢防火窗的选型与尺寸	门的大样与应用	窗的大样与应用与考核标准	

参 考 文 献

[1] GB 17565—2022, 防盗安全门通用技术条件 [S].
[2] GB/T 41334—2022, 建筑门窗无障碍技术要求 [S].
[3] GB/T 39866—2021, 建筑门窗附框技术要求 [S].
[4] GB/T 40405—2021, 建筑用纱门窗技术条件 [S].
[5] GB/T 5824—2021, 建筑门窗洞口尺寸系列 [S].
[6] GB/T 8478—2020, 铝合金门窗 [S].
[7] GB/T 32223—2015, 建筑门窗五金件 通用要求 [S].
[8] GB/T 30591—2014, 建筑门窗洞口尺寸协调要求 [S].
[9] GB/T 5823—2008, 建筑门窗术语 [S].
[10] GB/T 5825—1986, 建筑门窗扇开、关方向和开、关面的标志符号 [S].
[11] GB/T 29734.1—2013, 建筑用节能门窗 第1部分：铝木复合门窗 [S].
[12] GB/T 29734.2—2013, 建筑用节能门窗 第2部分：铝塑复合门窗 [S].
[13] GB/T 29734.3—2020, 建筑用节能门窗 第3部分：钢塑复合门窗 [S].
[14] GB/T 39529—2020, 系统门窗通用技术条件 [S].
[15] GB/T 5237.1—2017, 铝合金建筑型材 第1部分：基材 [S].
[16] GB/T 5237.2—2017, 铝合金建筑型材 第2部分：阳极氧化型材 [S].
[17] GB/T 5237.3—2017, 铝合金建筑型材 第3部分：电泳涂漆型材 [S].
[18] GB/T 5237.4—2017, 铝合金建筑型材 第4部分：喷粉型材 [S].
[19] GB/T 5237.5—2017, 铝合金建筑型材 第5部分：喷涂型材 [S].
[20] GB/T 5237.6—2017, 铝合金建筑型材 第6部分：隔热型材 [S].
[21] GB/T 23615.1—2017, 铝合金建筑型材用隔热材料 第1部分：聚酰胺型材 [S].
[22] GB/T 23615.1—2017, 铝合金建筑型材用隔热材料 第2部分：聚氨酯隔热胶 [S].
[23] GB/T 12008.2—2010, 塑料 聚醚多元醇 第2部分：规格 [S].
[24] JG/T 125—2017, 建筑门窗五金件 合页（铰链）[S].
[25] JGJ 103—2008, 塑料门窗工程技术规程 [S].
[26] JGJ 113—2015, 建筑玻璃应用技术规程 [S].
[27] JG/T 543—2018, 铝塑共挤门窗 [S].
[28] JG/T 208—2007, 门、窗用钢塑共挤微发泡型材 [S].
[29] JC/T 635—2011, 建筑门窗密封毛条 [S].
[30] JG/T 571—2019, 玻纤增强聚氨酯节能门窗 [S].
[31] DB42/T 1770—2021, 建筑节能门窗工程技术标准 [S].
[32] DB34/T 1589—2020, 民用建筑外门窗工程技术标准 [S].
[33] DB11/T 1028—2021, 民用建筑节能门窗工程技术标准 [S].
[34] 16J607, 建筑节能门窗 [S].
[35] 13J602—3, 不锈钢门窗 [S].
[36] 22J603—1, 铝合金门窗 [S].
[37] 陕 09J06—1, 木门 [S].
[38] 陕 09J06—2, 塑钢门窗 [S].
[39] 2015浙J72, 铝饰钢框彩钢复合门 [S].
[40] 2001浙J6, 住宅安全门 [S].
[41] 2010浙J7, 铝合金门窗 [S].
[42] 2011浙J23, 平开防火门 [S].
[43] 2004浙J53, 钢塑复合节能门窗 [S].